フェアウッド
森林を破壊しない木材調達

国際環境 NGO FoE Japan
地球・人間環境フォーラム／編著

J-FIC

本書の刊行に寄せて

　「地球環境の危機」ということが声高にいわれていますが、いまひとつ実感がわかないというのが多くの方々の本音ではないでしょうか。でも、何かおかしい、何かしなければならないのではないのか、と感じられています。あなたの直感は正しいのです。

　日本人として企業人として、今もっとも求められているのはCSR購入であり、CSR調達なのです。フェアウッド調達はその中核をなすものです。この一冊でフェアウッドとは何か、どうしたらフェアウッド調達の仕組みを構築・運営できるか、までがすべて明らかになります。万人必読の書といってよいでしょう。

　気候変動に関する政府間パネル（IPCC）は2007年の第4次評価報告書で温暖化はすでに始まっていることと、その原因はほぼ確実に人類の活動によるという科学的知見を発表しました。あわせて、急速な温暖化は生物多様性に甚大な影響を与えることも明らかにしています。別の研究では現代は第6の絶滅時代と称され、恐竜の絶滅時以上のスピードで種が絶滅しているといわれます。

　IPCCの報告書に応えて、世界は気候変動に立ち向かうという政治的決断をしました。それが2007年12月の気候変動枠組条約バリ会議で採択されたバリ行動計画です。全人類的戦い、すなわちサステナビリティ革命は途上国も巻き込まねば成功はありません。バリ行動計画は南北問題解決への着手宣言でもあるのです。

　気候変動、生物多様性にとって森林の問題は最重要課題であることは明確です。そこで、バリ行動計画では全人類が取り組むべきものとして次のことを規定しました。

本書の刊行に寄せて

「途上国における森林減少および森林劣化を原因とする排出の削減に関連する問題に対する政策手段の採用とプラスのインセンティブの提供、ならびに途上国における保全の役割、森林の持続可能な管理、森林炭素貯留量の増加」

　すべての生命は多様な生態系サービスの中で、その恩恵を受けているからこそ存続してきましたが、それが危機に瀕しているのです。中でも森林は木材や医薬品原料の供給機能だけではなく、大気、洪水等の調節機能やさまざまな文化的サービスも提供しています。わずかに残された貴重な森林の多くは途上国にあり乱開発等の危機にさらされています。だからこそフェアウッドなのです。

　人類はいま、農業革命、産業革命を経てサステナビリティ革命に突入しています。変化は、挑戦する企業にとっては絶好のビジネス・チャンスです。2010年には生物多様性条約締約国会議（COP10）が名古屋で開催されます。テーマのひとつは民間の取り組みといわれ、日本企業の動向が注目されます。
　フェアウッド調達は、その重要な取り組みのひとつなのです。

NPO法人サステナビリティ日本フォーラム代表理事
後藤　敏彦

ナラやタモなどの広葉樹は、主に家具や内装用に高値で取引されるため、ロシア沿海地方では違法伐採の対象になりやすい（写真右下は盗伐されたナラ）。多くが中国に運ばれ、加工されて、アメリカや日本などに向けて輸出されている。
©FoE Japan

▼違法伐採問題が深刻なインドネシアでは、様々な違法伐採対策の取組みが見られる一方、森林減少のスピードは衰えを見せない。生産国だけの取り組みには限界があり、需要国における消費パターンや調達の改善が求められる。ワシントン条約で取引が規制されているラミン（写真）は、日本でもNGOのキャンペーンにより取り扱いをやめる企業が増え、現場での違法伐採が沈静化していることが報告されている。
©Telapak

▶ ロシア沿海地方のウスリータイガには世界的にもまれな針広混交林が広がる。アムールトラなど大型哺乳類を頂点とする豊かな生態系は、ウデヘやナナイなどの狩猟民族（写真右）が暮らす森でもある。
©FoE Japan

▼ 保護された子どものオランウータン（インドネシア・タンジュンプテイン国立公園）。インドネシアでは国立公園内でも違法伐採が報告されており、オランウータンなどの生息地が脅かされている。
©ウータン・森と生活を考える会

▼ アムールトラ（シベリアトラ）は、中国東北部からロシア沿海地方のアムール川流域に生息する、現存するネコ類の最大の動物。中国や朝鮮半島ではすでにほとんど絶滅し、ロシアでも生息数は2005年に約500頭と推定されている。
©Hisashi Kinnai

■G8諸国の違法伐採木材の輸入（2006年）と主な生産国の違法伐採の推定割合

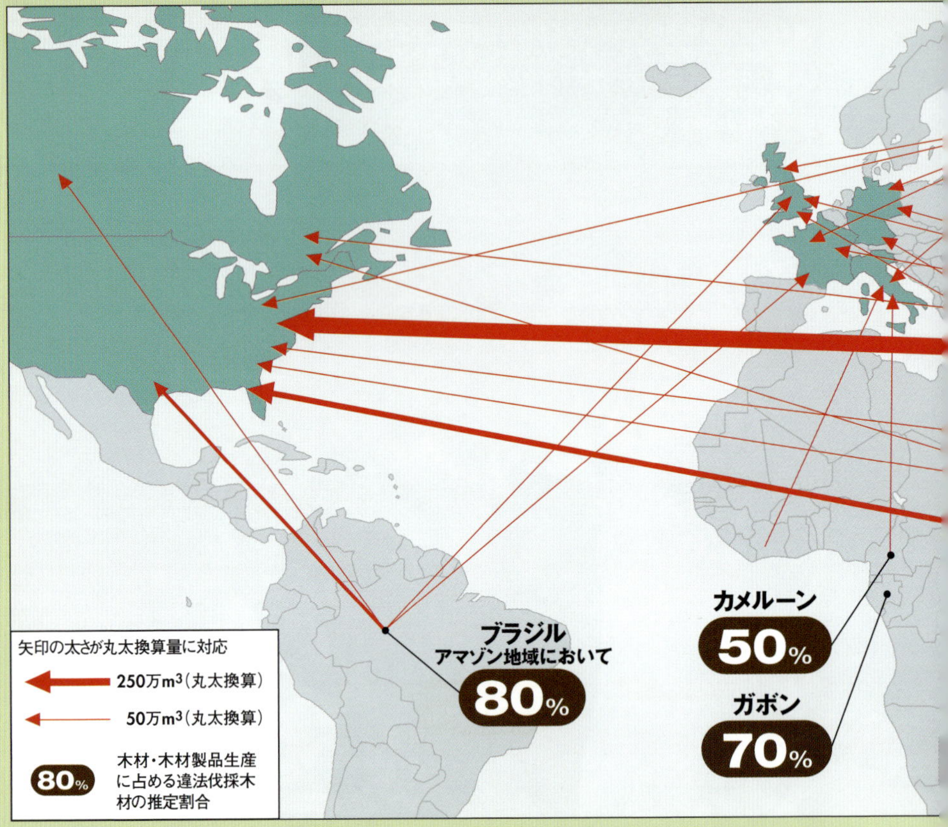

矢印の太さが丸太換算量に対応
- 250万m³（丸太換算）
- 50万m³（丸太換算）
- 80% 木材・木材製品生産に占める違法伐採木材の推定割合

ブラジル アマゾン地域において **80%**
カメルーン **50%**
ガボン **70%**

■中国を経由する違法木材製品（2006年）

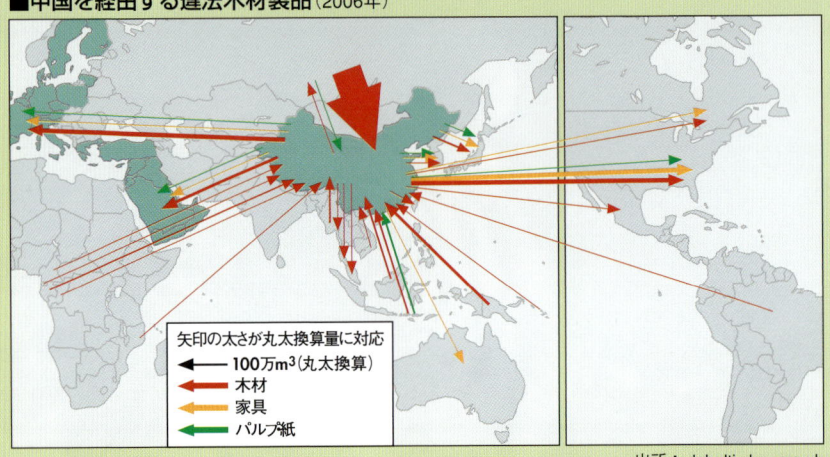

矢印の太さが丸太換算量に対応
100万m³（丸太換算）
- 木材
- 家具
- パルプ紙

出所：globaltimber.org.uk

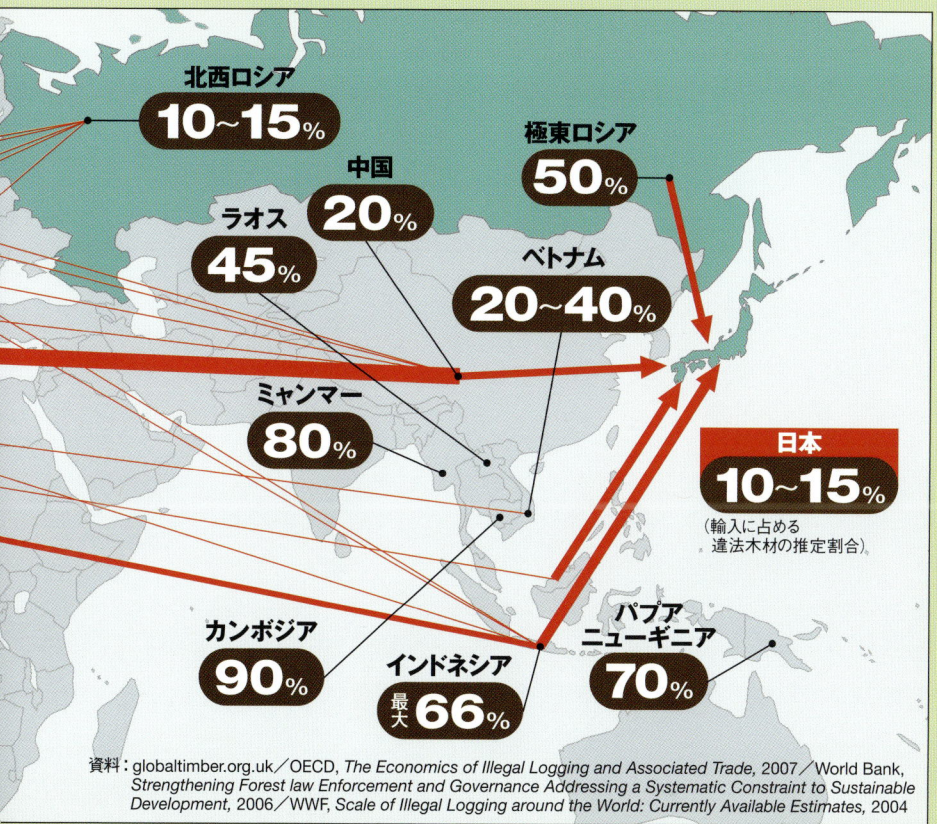

資料：globaltimber.org.uk／OECD, *The Economics of Illegal Logging and Associated Trade*, 2007／World Bank, *Strengthening Forest law Enforcement and Governance Addressing a Systematic Constraint to Sustainable Development*, 2006／WWF, *Scale of Illegal Logging around the World: Currently Available Estimates*, 2004

毎年、世界中で1,300万ヘクタール（日本の国土面積の3分の1）の天然林が減少している。東南アジア、中南米、アフリカなどの熱帯林のほか、ロシアなどの温帯林も危機に瀕している。8,000年前に比べ、現在残っている原生林はわずか5分の1だとされている。減少の要因は、農業開発や道路・ダム開発などのほか、違法伐採に代表されるような非持続的な伐採が挙げられる。世界の違法伐採木材の約40％がG8諸国に輸入されており、そのうちの半分を日本が、また4分の1をアメリカが輸入している。さらに現在中国の木材輸入が急増しており、ロシア、インドネシア等から中国を経由した違法木材製品の流れが推測される。また、日本に木材・紙原料を多く供給しているカナダやタスマニアなどでは、違法ではないが破壊的な伐採が問題となっている点も注意が必要である。

はじめに

　木材・木質材料は、「再生可能天然資源」である森林の樹木が伐出され、様々に加工され、需要家に届くものです。これに対し、石油・石炭・鉄鉱石などは「再生不可能天然資源」であり、やがては枯渇します。鉄やアルミ、ガラスは、リサイクルは可能ですが、「人工再生」であるが故に、再生にはかなりのエネルギーが必要で、そのエネルギーが化石燃料由来であれば、温室効果ガスを排出することになります。一方、木質資源は太陽や雨の恵みにより「天然再生」が可能で、しかも樹木の生長の過程では、温室効果ガスを吸収します。ある一定の地域の森林において、持続可能な管理・経営がなされ、森林面積が減少せず、森林蓄積量も維持されるなら、その森林から木材を伐採・搬出・加工・利用し続けても、二酸化炭素（CO_2）排出量は増えることなく、森林の持つ公益的機能（水源涵養・土石流災害防止など）も損なわれることはありません。

　本書は、このような特長を有する木材・木質材料に焦点をあてて、地球環境を損なわない、社会的にも「公正」な調達＝「フェアウッド調達」の具体的な手法を提示するものです。あわせて、インドネシアやロシアの木材生産国の森林資源とその利用の状況や世界の違法伐採対策の動向をまとめています。

　国際環境 NGO FoE Japan と地球・人間環境フォーラムでは、政府や企業など木材や紙の大口の買い手に対してフェアウッド調達の推進を働きかけてきました。世界の森林と自らの事業とのかかわりに気づき始めた企業は、グリーン調達を一歩進めたフェアウッド調達に取り組み始めています。また、木材製品の合法性・持続可能性の確認を求めるグリーン購入法の基本方針の改定（2006 年）は、公共調達においてもフェアウッドの視点を取り入れようという動きの一歩といえるでしょう。今後、フェアウッド・キャンペーン

はじめに

では、企業や行政への働きかけと同時に、最終的な買い手である一般の消費者に向けてフェアウッドの購入を呼びかけていくことになります。企業や行政の取り組みを支えるのは一人ひとりの消費者である市民です。家具や紙を使うときにフェアウッドに目を向けることで、生産現場での持続可能な森林経営を支援し、そして世界と日本の森林環境の維持・改善に一役買えることを訴えれば、必ず反応してくれる市民が出てくるはずです。

ところが、古紙の偽装問題に見られるように、消費者は何を信じて購買行動を選択していいのかわからないのが現実です。企業が情報提供や情報公開を適切に行い、賢い消費者が一人でも増えることに努力し、そのことが企業の持続可能な経営に欠かせないとの確たる認識を持つことが、今なによりも求められているのです。フェアウッド調達は、そのような長期的な企業の経営戦略の中にきちっと位置づけられて初めて、本来の目的を達することになるのです。

本書は、(社)全国木材組合連合会が実施した違法伐採総合対策推進事業(林野庁補助金)による「合法性・持続可能性証明木材供給事例調査事業」(2006年度及び2007年度)、地球・人間環境フォーラムが実施した「平成18年度世界の森林保全のための違法伐採問題に関する検討調査業務」(環境省請負事業)の成果を利用しています。また、ロシア、インドネシア、イギリス等のヨーロッパでの現地調査では、行政機関、企業、NGOなど多くの皆様に聴き取り調査や資料収集にご協力いただきました。この場を借りて関係各位に心よりお礼申し上げます。最後に、日本林業調査会には快く出版をお引き受けいただき深く感謝申し上げます。

国際環境NGO FoE Japan 副代表理事

岡崎　時春

目 次

Contents

基礎編

第1章　木材調達、違法伐採の現状と国内外の動き…13

1－1　日本の木材調達…14
1－2　木材の炭素固定機能…19
　　　COLUMN　木材製品の種類…21
1－3　森林と地球温暖化のかかわり…23
1－4　森林・木材と生物多様性保全…25
　　　COLUMN　オランウータンがラミンの森に戻った！…27
1－5　違法伐採・貿易の規模…28
1－6　違法伐採対策は国際社会共通の課題…30
1－7　日本国内での検討経緯…33
1－8　グリーン購入法による違法伐採対策…36

第2章　欧州の違法伐採対策…39

2－1　EU-FLEGT行動計画とVPA…41
　　　2－1－1　VPAとライセンス制度…42
　　　2－1－2　VPA合意の条件…43
　　　COLUMN　英国のVPA支援…45
2－2　欧州の政府調達制度…47
　　　2－2－1　欧州3ヵ国の政府調達制度…48
　　　2－2－2　英国の政府調達制度…51

目 次

2－3　欧州企業の持続可能な木材調達事例…55
　　　2－3－1　TTF（Timber Trade Federation：木材貿易連盟）…55
　　　COLUMN　合法材供給を目指すTTAP…63
　　　2－3－2　Latham社…64
　　　2－3－3　B&Q社…68
　　　2－3－4　Wijma社…72
　　　COLUMN　アメリカのペーパーワーキンググループ…76

第3章　日本の違法伐採対策…79

3－1　グリーン調達の広がり…80
3－2　林産物のグリーン調達…82
3－3　林産物に関する基準・ガイドライン…85
　　　3－3－1　エコマーク制度…85
　　　3－3－2　グリーン購入ネットワークガイドライン…88
　　　3－3－3　CASBEEシステム…91
3－4　木材業界・企業の対応…92
3－5　林産物のグリーン調達事例…97

目次

[実態編]

第4章　インドネシアで進む違法伐採とその対策…*111*

4－1　インドネシアの森林…*112*
4－2　インドネシアの木材産業…*114*
4－3　違法伐採の形態…*118*
　　　4－3－1　天然林の不正伐採と不適切な管理…*121*
　　　4－3－2　流通過程でのロンダリング…*123*
　　　4－3－3　輸出時における不正…*124*
　　　COLUMN　高級樹種・メルバウ材の違法伐採…*126*
4－4　インドネシアの違法伐採対策…*127*

第5章　ロシア沿海地方で進む違法伐採とその対策…*135*

5－1　ロシア沿海地方の森林…*136*
5－2　ロシア極東における違法伐採…*137*
5－3　沿海地方における違法伐採…*139*
5－4　沿海地方における森林開発…*142*
　　　5－4－1　沿海地方の高級樹種資源…*142*
　　　5－4－2　森林開発と先住民…*144*
　　　COLUMN　ロシア極東の森林…*147*
　　　COLUMN　ロシア極東の林産業…*148*
5－5　沿海地方における森林の利用・管理…*149*
　　　5－5－1　沿海地方の森林管理体制…*149*

目 次

　　　　　　5－5－2　森林利用の種類と手続き…*150*
　5－6　沿海地方の木材生産・加工・流通…*153*
　　　　　　5－6－1　沿海地方の木材生産量…*153*
　　　　　　5－6－2　沿海地方の木材加工工場の例…*155*
　　　　　　5－6－3　沿海地方の木材流通…*160*
　　　　　　5－6－4　沿海地方の木材輸出…*162*
　5－7　ロシア材輸入国の動向…*164*
　　　　　　5－7－1　日　本…*164*
　　　　　　5－7－2　中　国…*166*
　5－8　ロシア森林法典の改正…*172*
　5－9　ロシア極東における違法伐採対策…*174*
　　　　　COLUMN　沿海地方の森林開発集中地域…*178*
　　　　　COLUMN　森林開発のリスク評価…*180*

対策編

第6章　フェアウッド調達のすすめ方…185

- STEP 0　フェアウッド調達方針の策定…186
  - フェアウッド調達のコンセプト…187
  - フェアウッド調達の7ステップ…188
  - 実施体制づくり…190
- STEP 1　木材製品のリストアップとデータベースの作成…190
- STEP 2　調達製品のリスク評価…191
- STEP 3　仕入先の調査とリスク評価…195
  - サプライチェーン管理の意義…195
  - 仕入先業者への調査…198
  - 仕入先質問票の回収と評価…200
- STEP 4　サプライチェーン管理…202
  - サプライチェーン管理の構築…202
  - CoC認証…204
  - 電子管理によるトレーサビリティシステム…204
  - 生産者との直接契約取引…206
- STEP 5　合法性・持続可能性の確認…208
  - 合法性の確認…208
  - 持続可能性の確認…212
- STEP 6　実施状況の検証と情報公開…214
- STEP 7　ロードマップと行動計画作成…215

目 次

資料1 リスク評価のためのツール・情報源…*218*
　　　　貴重樹種・規制樹種リスク…*218*
　　　　違法伐採リスク…*220*
　　　　森林環境影響リスク…*223*
資料2 森林認証への対応…*227*
　　　　森林認証制度とは？…*227*
　　　　森林認証面積の推移…*228*
　　　　認証制度の種類と違い…*229*

森林の見える木材ガイド…*235*

おわりに…*263*
索引…*271*

執筆者（五十音順）

江原　誠（えはら・まこと）／第 4 章執筆

　国際環境 NGO FoE Japan スタッフ（森林担当）。大学卒業後、2 年間のインドネシア勤務を経て、2007 年より現職。インドネシア語関連の情報収集をはじめインドネシア森林法、現地森林セクター調査および報告書作成に従事。

岡崎　時春（おかざき・ときはる）／はじめに、第 1 章執筆

　国際環境 NGO FoE Japan 副代表理事。電機メーカを定年退職後、「気候変動問題」「開発金融と環境社会配慮」をテーマに政策提言活動を開始。1999 年、木材を含む農業分野の自由化が主要議題となった WTO（世界貿易機関）シアトル会合に参加したのを機に、熱帯林・北方林保護と国内林業の活性化に重点を置き、「フェアウッド」なる造語をつくり、キャンペーンを立ち上げた。Transparency International Japan 理事、グリーン購入ネットワーク（GPN）理事、「緑の循環」認証会議（SGEC）専門委員。林業の現業にも従事。

坂本　有希（さかもと・ゆき）／第 2 章執筆、全体編集

　地球・人間環境フォーラム企画調査部次長。2002 年にフェアウッド・キャンペーンを立ち上げ、日本の木材市場をフェアなものにする活動に取り組む。環境省の森林生態系保全に係る研究調査業務や違法伐採政策調査、月刊環境情報誌「グローバルネット」企画・編集などにも従事。林野庁違法伐採対策協議会メンバー。消費生活アドバイザー。

佐々木　勝教（ささき・かつのり）／第 5 章執筆

　国際環境 NGO FoE Japan スタッフ。2004 年より同団体ロシアタイガプログラムスタッフとしてロシア語関連の情報収集業務およびロシア沿海地方のビキン川流域における森林生態系保全活動に携わる。2006 年からは森林プログラムのロシア担当として、現地森林セクター調査および報告書作成に従事。

執筆者

中澤　健一（なかざわ・けんいち）／第 3 章および第 6 章執筆
　国際環境 NGO FoE Japan スタッフ（森林・気候変動担当）。2002 年よりフェアウッド・キャンペーンを立ち上げる。2003 年環境省政策提言で日本国内でのフェアウッド調達の推進をテーマに優秀提言を受賞、国内公共調達の木材流通状況や欧州や米国の政府・企業の木材調達事例を調査。2006 年度林野庁違法伐採対策協議会メンバーとしてロシアの違法伐採調査、環境省より欧州の違法伐採政策調査を担当。

三柴　淳一（みしば・じゅんいち）／第 4 章執筆
　国際環境 NGO FoE Japan スタッフ（森林担当）。理化学機器メーカーに勤務後、青年海外協力隊で西アフリカ・ガーナに派遣。2004 年より現職。フェアウッド・キャンペーンにおいて、主にインドネシア、マレーシアの現地森林セクター調査等を担当。

満田　夏花（みつた・かんな）／おわりに執筆
　地球・人間環境フォーラム主任研究員。開発途上国における企業の社会的責任、国際金融機関の環境社会配慮、原材料調達のグリーン化支援の調査に従事。調査研究に根ざした政策提言活動を行うことを目指し、フェアウッド・キャンペーンにも従事。2001 ～ 2004 年まで国際協力銀行環境審査室に出向。現在、明治学院大学非常勤講師を兼任。

山根　正伸（やまね・まさのぶ）／第 5 章執筆
　神奈川県自然環境保全センター専門研究員。総合地球環境学研究所アムール・オホーツクプロジェクト共同研究員。農学博士。野生動物保護管理、地域の自然再生に加えて東アジア森林保全、特に中ロ木材貿易の調査研究に従事。主著は、「ロシア森林大国の内実」（共著・日本林業調査会、2003 年）、「アジアにおける森林の消失と保全」（分担執筆・中央法規）、「森林環境　2006 世界の森林はいま」（分担執筆、朝日新聞社）ほか。

基礎編

第 1 章

木材調達、違法伐採の現状と国内外の動き

基礎編

　本章では、日本の木材の調達先・輸入先の森林・林業について地域別に概観し、特に「地球環境問題」の視点から問題となっている事象を紹介する。また、現時点で把握されている違法伐採・貿易の規模についてみた上で、国外および国内で繰り広げられてきた違法伐採対策にかかわる議論の経緯と現状を解説する。

1－1　日本の木材調達

　図1－1にみるとおり、日本は自国に充分な森林資源があるにもかかわらず、経済のグローバル化、即ち、自由貿易の拡大を目的とした関税障壁の低減により、紙・パルプを含めて木材の約80％を、輸入に依存している。過去10年間、この輸入依存の傾向はほとんど変わっていない。FAO（国連食糧農業機関）の統計によれば、2002年時点で、先進国の中で、木材の純輸入量（総輸入量－輸出量）が最も多いのが日本である。米国の木材輸入量は世界一だが、輸出量も日本向けをはじめとしてかなりの量になるため、純輸入量としては日本の方が多い。

　日本の木材輸入量（2004年）を国別にみると、カナダ（12.0％）、オーストラリア（10.2％）、ロシア（9.5％）、そしてアメリカ（8.2％）と、温帯林ないしは北方林を持つ、いわゆる先進国が多い。

　カナダやオーストラリアの森林については、オールドグロースと呼ばれる原生林の減少を問題にする環境団体が依然として活発な伐採反対運動をしているが、森林面積の減少までには至らず、したがって地球規模の環境問題になっているとまでは言い難い。

　ロシアについては、市場経済への移行の中で森林・林業政策が二転三転し、本来、林業を監督する立場の営林署が、無秩序な伐採活動に加担するなど、混乱の最中にある。特に、中央政府から遠い、極東ロシアやシベリアでは、木材生産量そのものは減少しているにもかかわらず、いわゆる違法伐採が横

第1章　木材調達、違法伐採の現状と国内外の動き

行していると言われている。極東ロシアやシベリアでは、人為的な原因による森林火災も多発しており、僻地であるため森林資源の減少が正確に把握されていない、あるいは情報開示がなされていないケースも多い。また、この地域の森林のかなりの部分が永久凍土の上にあり、伐採・火災跡地に太陽光が降り注ぐと凍土が溶けて、閉じ込められていたメタンガスが地上に噴出す

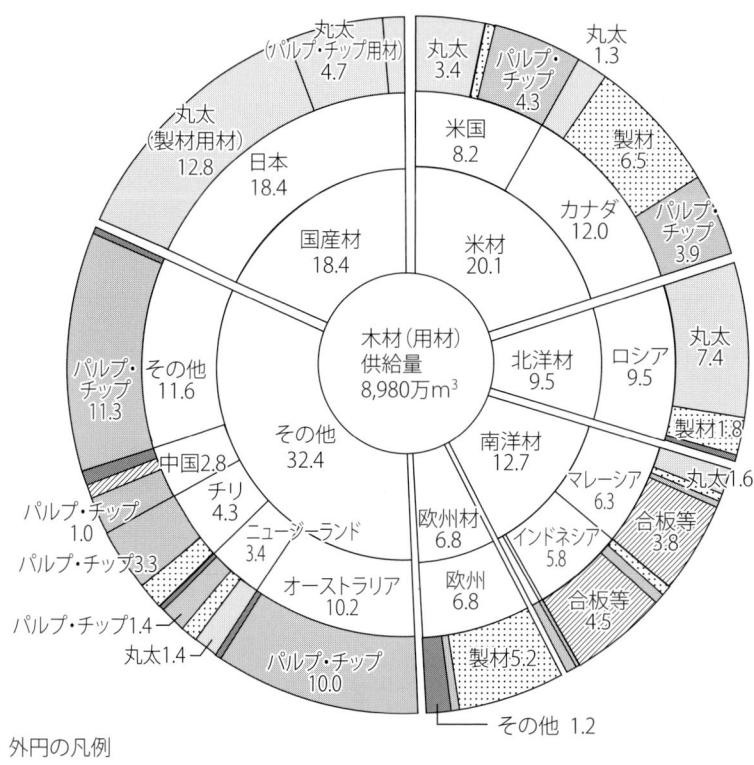

図1−1　日本の木材供給構造（2004年）
出典：林野庁『平成17年度森林及び林業の動向』

ることになる。メタンガスは二酸化炭素（CO_2）の約20倍の温室効果があると言われ、ロシアでの森林減少は CO_2 吸収源の損失以上に負の影響が大きい。

　極東ロシア・シベリアからの木材の輸出先は、1990年代は日本向けが最も多かったが、2002年頃を境に中国向けが急増し、いまや日本の3倍の輸出量となっている。中・ロの政府が対策をとり始めているが、税関・役所の汚職構造やガバナンスの弱さが改善されないかぎり、違法伐採・貿易は収まらないだろうと言われている。

　日本の木材輸入量のうち中国のシェアは2.8％だが、図1−2にあるように輸入金額では、カナダを抜いて第2位になった（2006年）。この中の大部分はロシアなど他国から丸太を輸入して、加工後、日本やアメリカなどに再輸出しているものである。

　中国から日本への木材輸出額が1,800億円と大きいのは、合板・集成材・

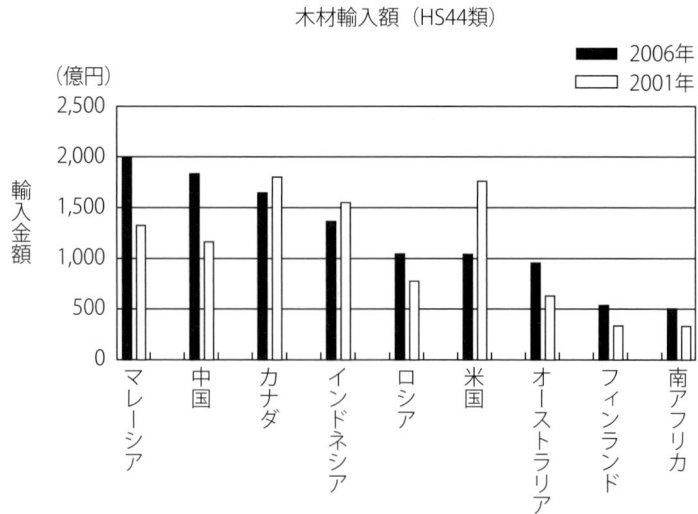

図1−2　金額でみる日本の木材輸入
資料：2007年4月9日林野庁報道発表資料「2006年木材輸入実績」

第1章　木材調達、違法伐採の現状と国内外の動き

ボードなど加工度の高い木質材料が多いからである。しかも、家具はこれには含まれていない。家具や建具には極東ロシア産の高級樹種が使われているケースもみられるので（詳しくは第5章参照）、中国から木材・木材製品を調達する際には、原産国までのトレーサビリティを確認することが難しいため細心の注意が求められる。

　熱帯木材を輸出しているインドネシアとマレーシアが日本の木材輸入量に占めるウエイト（シェア）は、それぞれ5.8％、6.3％である。日本からみると、数量的に大きいとは言えないが、インドネシアやマレーシアからみると、日本向けが両国の木材輸出量の第1位となっている。熱帯雨林の破壊は、南米アマゾンやアフリカ・コンゴ盆地で1960年代から問題になってきた。熱帯雨林には利用可能な多様な樹木が豊富に存在するので、現地の安い労働力を使った、先進国主導の森林資源開発が早くから行われてきた。インドネシア・マレーシアの熱帯雨林は欧米から遠かったこともあり、1980年代以降になって、日本や華僑の業者が森林開発を推し進めた。インドネシア・マレーシアは、いまやアマゾンなどよりも森林減少のスピードが早い地域として、欧米から注目されている。特にインドネシアでは火災による森林減少も大きく、森林のCO_2吸収・蓄積量が大きく減少している。また、熱帯地域には陸上生態系の約半分の生物種が育まれているとされるが、例えば、インドネシアの森林が分断されていくが故に、希少動物であるオランウータンやスマトラゾウが生息地を失っているという。地球規模の生態系・生物多様性の問題だと言えよう。

　日本の木材輸入はこのように世界中に広がっているが、表1－1に地域別の課題をまとめてみた。

　木材の輸入・流通には、多くの中間業者が入るので、調達サイドから輸出国の伐採・搬出現場に関する情報を入手するのは難しい。しかし、森林減少の問題が取り沙汰され始めてからすでに十数年がすぎ、日本国内でも違法伐

基礎編

採問題がクローズアップされるようになった。日本の企業や行政機関などの調達担当者にとって、自らの木材調達と世界の森林問題を結び付け、調達の現場で何をどうすればよいのかを、具体的に考える時期に来ている。

表1－1　日本の木材輸入先：地域別の課題

地域	主たる製品	用途	森林減少・森林火災	違法伐採	生態系影響	地域社会との摩擦	森林認証	ウッドマイルズ*
北米	原木、製材品、パルプ	構造材、造作材	原生林の皆伐・減少、虫害による立枯れ	特に大きな問題なし	大規模な天然林皆伐に伴う植生変化	アラスカトンガス国有林、カナダグレートベア雨林	森林認証（CSA、SFI）普及	中～大
極東ロシア東シベリア	原木、製材品	構造用針葉樹合板、羽柄材	原生林の皆伐・減少、火災、凍土融解	違法伐採蔓延も対策不十分	沿海地方での生物多様性への影響	先住少数民族の狩猟地への影響	欧州部でFSC普及も、極東・シベリアは僅少	小～中
中国	フリー板、ボード、床板、家具	内装・造作材、家具	過伐による林地荒廃、砂漠化	世界の違法材のロンダリング地	過伐による土壌・水源涵養機能の破壊	家庭用燃料需要、劣悪な労働環境	制度づくりは進展。CoC認証は急増中	中
東南アジア	原木、合板	コンクリート型枠、床板基材、造作、外装材、家具	熱帯林の荒廃、火災、農地や植林地プランテーションへの転換	一部で対策進行もガバナンスに問題	熱帯林の生物多様性への影響。植林地の多様性喪失	植林・プランテーションの先住民族との土地所有権をめぐる対立	制度づくりは進展も普及に至らず	中
欧州	製材品	構造用集成材	特に大きな問題なし	特に大きな問題なし	特に大きな問題なし	特に大きな問題なし	森林認証（FSC、PEFC）普及	大
豪州	チップ	紙	原生林の減少、火災	特に大きな問題なし	大規模な天然林皆伐に伴う固有種への影響	タスマニアで環境保護側と摩擦	森林認証（AFS）普及	中
南米	チップ	紙	熱帯林の荒廃、火災、農地や植林地プランテーションへの転換	アマゾン周辺で違法伐採蔓延。ガバナンスに問題	熱帯林の生物多様性への影響。植林地の多様性喪失	植林・プランテーションの先住民族との土地所有権をめぐる対立	一部植林地などでFSC普及	大
アフリカ	チップ、原木	紙、家具	熱帯林の荒廃、火災、農地や植林地プランテーションへの転換、薪炭材利用	コンゴ流域周辺で違法伐採蔓延。一部対策進行もガバナンスに問題	熱帯林の生物多様性への影響。植林地の多様性喪失	家庭用燃料需要、植林・プランテーションの先住民族との土地所有権をめぐる対立	一部植林地などでFSC普及	大

＊「ウッドマイルズ」は木材の産地から消費地までの距離に応じた輸送エネルギーに関する指標。

1－2　木材の炭素固定機能

　森林にある樹木はその成長過程でCO_2を吸収するという重要な機能を果たしている。この機能は若齢樹（スギでは20年生から40年生の間）において大きく、樹齢が成熟期に達するとCO_2吸収機能は衰える。したがって、特に人工林においては50～80年生で伐倒・再植林することが、炭素固定機能を最大限に生かすことにつながる。そして、伐倒された樹木は、運び出して建築用資材などとして利用すれば、その製品の寿命が尽きるまで炭素が固定されることになる。

　図1－3の実線が示すように、50年生の樹木を伐採し、木造住宅を建て、33年間使えば、伐採・加工の過程で出る残材分は除いて、その樹木を都会に移し変えて33年間さらに炭素固定を続けたことになる。言い換えれば、森林を都会の中に増やしたのと同じ効果がある。さらに、住宅廃材を家具に活用すれば、その製品寿命分だけ炭素固定期間が長くなる。ただし家具の場合は落葉樹が使われる場合が多く、端材が大量に出るので、丸太からの歩留まりはかなり小さくなる。

　樹木には寿命があり、いつかは枯れる。住宅や家具にも製品寿命があり、最終的には腐るか燃やされるかして、木材中に固定されていたCO_2は大気

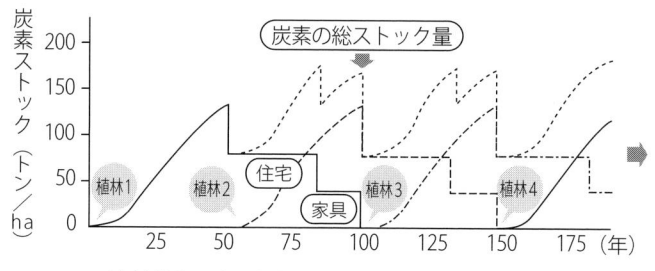

造林伐期50年、住宅使用33年、家具使用17年とする。

図1－3　木材製品の炭素ストック
資料：宮崎県木材利用技術センター

基礎編

中へ放出されることになる。森林面積や製品数量が増えないとすれば、炭素ストックの総量を増やすには、製品寿命を伸ばす以外に方法はない。また、住宅や家具の材料を木材からコンクリートやプラスチックに替えると、炭素ストック総量が減少することになる。

森林が「カーボンニュートラル」であると言われるのは、森林面積を減少させずに更新を続ければ、CO_2の吸収・排出が循環して、森林における炭素固定量（カーボンストック）が維持されることを意味している。そして都会では、木造住宅や木質家具の総量・寿命が従来どおり維持されれば、都会にあるカーボンストックも減少せず、「カーボンニュートラル」となる。

最近は、木材を無垢材としてではなく、人為的な加工を施して「工業材料」として使う割合が増えつつある。加工には必ずエネルギー消費を伴うが、耐震対策などで木質材料の代替として使われる「鋼材」や「アルミサッシ」などの製造過程におけるエネルギー消費量は、木質材料に比べて1桁も2桁も大きい（図1-4）。また、木材の寿命は、使い方・保守の仕方にもよるが、鋼材やアルミに劣ることはない。

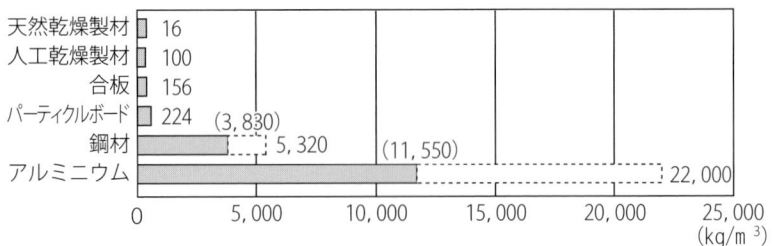

（　）内はリサイクル利用を次の条件で実施した場合の数値
鋼材：回収率35%、回収再加工のためのエネルギーは鉄鉱石からの20%とする。
アルミニウム：回収率50%、回収再加工のためのエネルギーはボーキサイトからの5%とする。

図1-4　各種材料製造における直接炭素放出量
資料：林野庁「カーボンシンクプロジェクト推進調査事業」

木材製品の種類

　本書では、読者が理解しやすくなるよう、「木材」という言葉で木質材料を代表させている。伝統的に、木材は製材品として、柱・梁などの構造材や、造作に使われる板材として使われてきた。しかし最近では、未乾燥の無垢材が持つデメリットを避けるために、構造材には集成材が、板材の代わりには合板が主に使われている。また、木質材料の工業化が進んで、建材や家具にはパーティクルボードやファイバーボードが大量に使われるようになってきた。

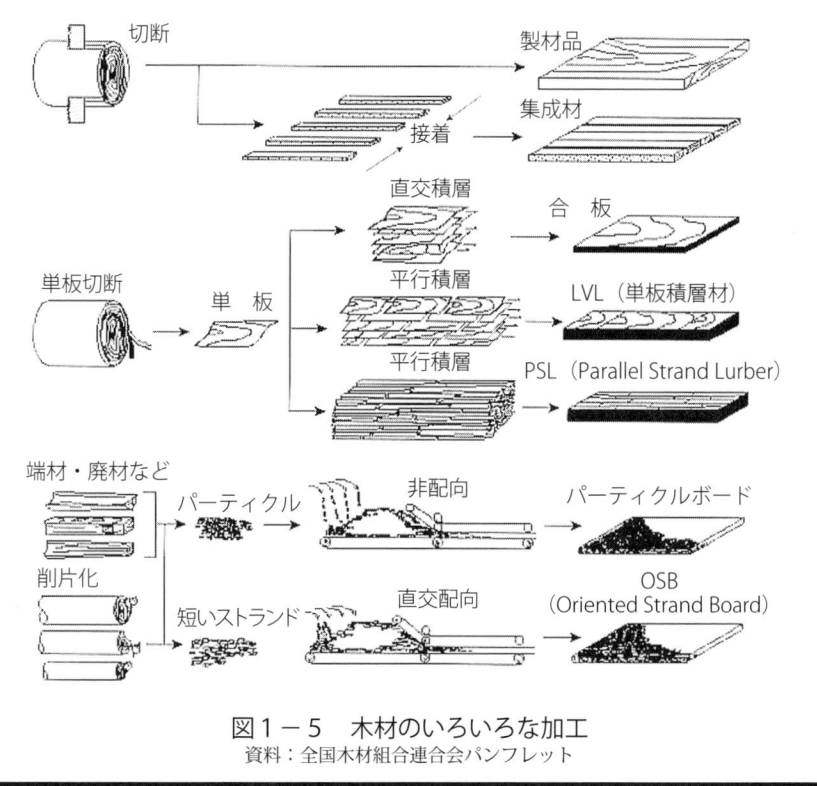

図1－5　木材のいろいろな加工
資料：全国木材組合連合会パンフレット

木材製品の種類

　パーティクルボードは、木材やその他の植物繊維質の小片（パーティクル）に合成樹脂接着剤を塗布し、一定の面積と厚さに熱圧成形してできた板状製品である。パーティクルボードの最近の需要構成比率をみると、家具56％、建築30％、電気機器11％となっている。家具のシェアが最高だが、今後、合板代替材として、建材の分野でも伸びていく材料と考えられている。

　ファイバーボード（繊維板）は、木材やその他の植物繊維を主原料とし、これらをいったん繊維化してから成形した板状製品の総称で、JIS（日本工業規格）では密度により3種類（インシュレーションファイバーボード：IB、ミディアムデンシティファイバーボード：MDF、ハードファイバーボード：HD）に分けられる。

　IBは遮音・遮熱などの特性を持ち、ほとんどが建築用に使われるが、特に畳床が62％（下地21％）ときわめて高い需要先（比率）となっている。HDが使われるのは、自動車が36％と最も高く、次いで包装25％、家具17％、建築11％となっている。MDFは、表面の平滑性と端面のち密さが好まれて、建築32％、家具30％、住設機器28％と平均して使われている。

　パーティクルボード、ファイバーボードともに、原料には未利用の端材や建築廃材を使っており、「資源循環型」の木質材料と言える。ただし、原料の廃材や端材がどこから調達されたのか、伐採地までのサプライチェーンをたどることは極めて困難である。中国から日本に輸入されているパーティクルボードやマレーシアから入ってくるファイバーボードの一部には、丸太をチップや繊維にして原料にしているものがあるとみられている。加工された木質材料の原料について合法性を確認するためには、サプライチェーンを可能な限り遡る努力が必要となる。

1−3　森林と地球温暖化のかかわり

　地球規模の環境問題で、現在もっとも重要視されているのが、「気候変動」であり、「地球温暖化」である。G8（主要国首脳会議）などの場で、地球温暖化対策の重要性が確認され、違法伐採の防止を含めて、乱開発による森林の減少・劣化を食い止め、地球全体の森林の持つ CO_2 吸収を増進させることが重要課題となっている。

　2006年10月に発表された、経済学者のニコラス・スターン氏（英国政府気候変動・開発における経済担当政府特別顧問）が作成した「気候変動と経済に関するスターン・レビュー」によると、「土地利用変化がもたらす排出は2000年時点で、地球全体の温室効果ガス排出の18％を占めると推計されている。電力部門に次いで2番目に大きな排出源である。土地利用変化における排出とは森林から牧草地への転換などといった、人為的な土地管理の変化によって起こる」とある。FAOの「森林資源評価2005」によれば、世界で毎年13万 km^2 前後（日本の国土の約3分の1）の森林が消失して

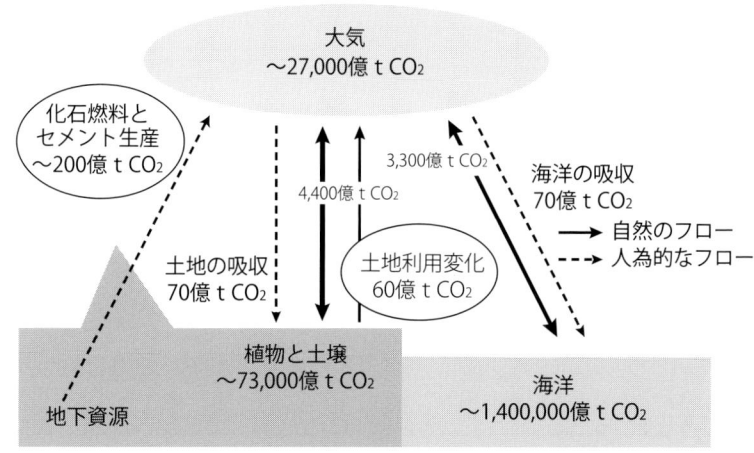

図1−6　1980年代における炭素フローの推計
資料：STERN REVIEW: The Economics of Climate Change Annex 7.f Emissions from the land use sector

いるとされているが、もし森林面積の減少がなければ地球温暖化の進行速度は2割ほど遅くなったという計算になる。

　北半球の森林面積は、統計上は若干増えているが、南半球の、特に熱帯地域での森林減少には歯止めがかかっていない。熱帯林では、地域住民の薪炭材の伐採や焼畑農業が、森林減少の大きな原因とされてきたが、木材貿易の拡大による大規模伐採、その裏にある伐採許可証の不正取得等による違法伐採や不正な木材取引、アブラヤシなどプランテーション開発などが注目されている。その背景には、途上国では、海外資本・援助による資源・インフラ開発が急速に進んでいることがある。

　図1－7に示したように、1940年以降のCO_2吸収に貢献しているのは、アメリカやヨーロッパにおける森林面積の増加である。一方、1990年には、インドネシアの森林火災によりCO_2排出が増加した。図1－7には含まれていないが、ロシアの森林火災（2000年前後）と中国の乾燥化・砂漠化による森林減少でもCO_2排出が増加しているとみられる。

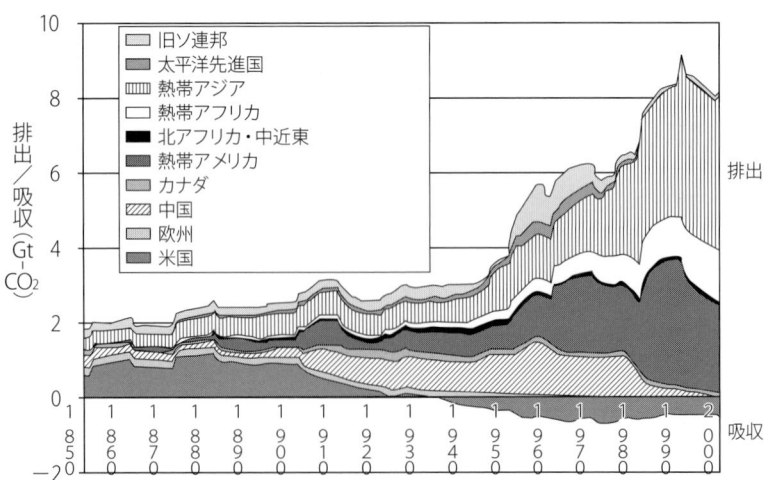

図1－7　1850年から2000年における土地利用変化からのCO_2吸収及び排出
資料：STERN REVIEW: The Economics of Climate Change Annex 7.f Emissions from the land use sector

第 1 章　木材調達、違法伐採の現状と国内外の動き

　1992 年以降、全体の CO_2 排出量が減っているのは、熱帯アメリカからの排出量が減っているためで、熱帯アジアと熱帯アフリカは依然として排出量が増加傾向にある。

　1980 年代は、アマゾン流域の森林面積の減少が大きな問題だった。これに対して、欧米の NGO のキャンペーン活動を背景にした各種対策により、アマゾンの森林減少は縮小の方向にある。代わって最近は、アフリカ、そして東南アジアの森林減少が大きくクローズアップされている。すでに述べたように、東南アジアの木材生産国の主たる輸出仕向け地は日本であり、1990 年代の森林減少の責任の一端は、日本の木材輸入にあったことは否定できない。したがって、森林の減少・劣化を伴わない、持続可能に管理された森林からの木材を調達・利用することが、木材輸入国の責務である。木材輸入量を拡大させている中国も巻き込みながら、日本が率先的に木材のグリーン調達＝フェアウッド調達を行うことで、地球環境の保全に貢献することが求められている。

1－4　森林・木材と生物多様性保全

　森林には、樹木をはじめ多くの植物が生育し、その植物を餌とし、木の幹や土の中などをすみかにしている動物や昆虫が多く生息している。地球上の野生生物種の約半分が生育・生息している熱帯林が「生物種の宝庫」と言われるように、世界の陸地のおよそ 3 割を占める森林は生物多様性に富んだ生態系である。生物多様性の保全機能は、森林のもつ機能のうち最も根本的なものである。

　1995 年 11 月に公表された UNEP（国連環境計画）の『生物多様性に関する報告書』によると、熱帯林の消滅に伴い、種子植物及び動物の一部が、今後 25 年〜 30 年の間に 2 〜 25％絶滅（自然状態で予測される 1 千倍から 1 万倍に当たるスピード）に向かうとされている。このような急激な種の絶

滅の原因は、人間の行動にある。ミレニアム生態系評価によれば、生物多様性破壊の原因は、生息域の改変、気候変動、外来侵入種、過度の資源利用、汚染の5つがあげられている。

日本を含む約190カ国が加盟する生物多様性条約では、「生物多様性の保全と持続可能な利用」が目的の一つに掲げられ、生態系の健全な働きを損なうことのないように自然資源の利用や管理を行うための原則「エコシステムアプローチ」が合意されている。

木材調達と生物多様性保全に関しては、まず最低ラインとして、保護区に指定されていたり、保護価値の高い地域と特定されている場所や希少樹種の調達を避けるべきである。

保護区には、国ごとに法律に基づいて指定されているもの以外に、ユネスコの「生物圏保護区」や「世界遺産」などのように国際的に登録されているものもある。また、保護価値の高い地域としては、WWF（世界自然保護基金）の「グローバル200」、WRI（世界資源研究所）の「フロンティア森林（未開拓林）」、CI（コンサベーション・インターナショナル）の「生物多様性ホットスポット」などが、それぞれの視点で保護すべき自然環境を特定している。

樹種としての希少性に目を向けてリスクの高いものを判別し、また保護すべき樹種を特定するには、IUCNが世界規模で絶滅のおそれのある野生生物の情報をとりまとめた「レッドリスト」や、野生動植物の国際取引を規制するワシントン条約（絶滅のおそれのある野生動植物の種の国際取引に関する条約、CITES）に注意する必要がある。

木材取引の対象となっている樹種の中で、ワシントン条約の規制にかかっているものとしては、インドネシアのラミンが挙げられる。2001年5月、インドネシア政府は、盗伐の規制と生態系保全を目的にしたラミン伐採・取引禁止令（国内向け販売も禁止）を施行、ほぼ同時にワシントン条約付属書Ⅲに登録された。この登録によって、インドネシアから輸出されるラミンに

は、同国政府の発行する輸出許可書が、またインドネシア以外の国から輸出される場合は、原産地証明書が必要になった。さらにインドネシア政府は、自国からのラミンの輸出割当量をゼロにすることをワシントン条約事務局（付属書Ⅱ）に通告しているので、インドネシアから合法的に輸出されるラミンはゼロになる。これに対して、日本のラミン材を取り扱う商社などは、輸入先（マレーシア）や代替材（ラバーウッドなど）への切り替え等の対策を講じているという。

インドネシアのラミン以外にも、マホガニー、チーク、メルバウ、ウリンなどがワシントン条約にすでに登録されているか、登録準備中である。

オランウータンがラミンの森に戻った！

環境団体であるウータンは、インドネシアのTelapakや英米に事務所を置くNGOのEIAなどと情報交換し、違法伐採・違法貿易の調査を行っている。2003年、スマトラ島で違法伐採により約250人の死傷者が出た事件をきっかけに2004年からラミン材の違法貿易停止を日本の取り扱い企業に働きかける「ストップ・ラミン！　キャンペーン」を、ラミン調査会と一緒に始めた。

その他のNGOや日本政府の協力もあり、2006年9月に375社が「ラミン材使用停止」を表明するにいたった。これらの企業の中には、全店の商品をチェックし、ラミン材使用を止めた百貨店や「ラミンは違法材が多いと知りましたので、我々は扱いません」とWEBサイトでPRする企業が現れている。ウータンは、30種以上に及ぶラミン材の代替材についても企業に情報提供を行った。その結果、代替材に転換する企業が増えてきている。

基礎編

1−5 違法伐採・貿易の規模

　違法伐採の規模を把握することは、そもそもの性質から、また「違法伐採」の定義が地域によって異なることもあって、極めて困難である。

　違法伐採の規模については、2005年5月、全米林産物製紙協会の依頼により作成されている「Illegal Logging and Global Wood Markets: The Competitive Impacts on U.S. Wood Products Industry」が、最もよく引用さ

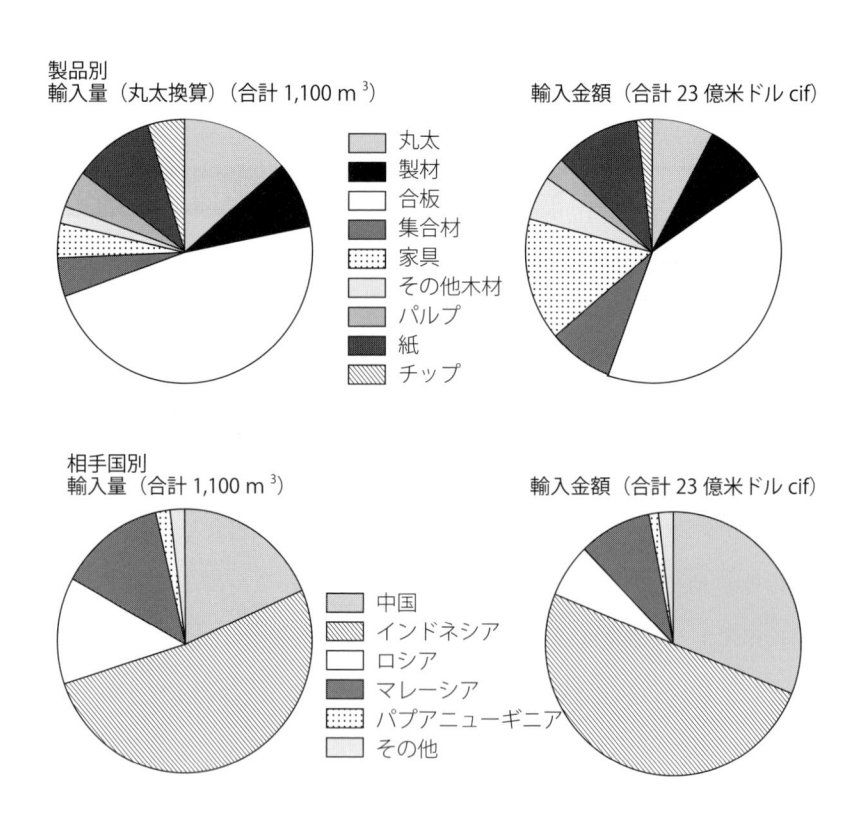

図1−8　日本の違法伐採材推定輸入量（2005年）
資料：Global Timber, http://www.globaltimber.org.uk

第1章　木材調達、違法伐採の現状と国内外の動き

れる文献である。同報告書では下記のように結論づけている。

- 違法に伐採された木材による（不正な）利益は世界中で毎年230億米ドルに達している。そのうち50億ドルは国際的に取り引きされている。
- 国際的に取り引きされている丸太、板材、木質パネルの流通総額の5～10％は違法に伐採されたものから来ている疑いがある。
- 国際的に取り引きされている広葉樹板材の4分の1近くと広葉樹合板の3割は、その出所が違法伐採という疑いをもたれている。

また、世界銀行は違法伐採の価値は年間230億ドルにのぼると発表している。

一方で、2003年にカナダで開催されたサミットの際に、WWFをはじめとするNGOが国際流通している林産物に関する違法伐採量の推定を試みた。ここでは、毎年データを更改・公表しているGlobal Timberのいくつかのデータ（http://www.globaltimber.org.uk/）を紹介する。

世界の違法伐採材の約40％がG8諸国に輸入されており、そのうちの半分を日本が、また4分の1をアメリカが輸入している。ブラジル、中国、

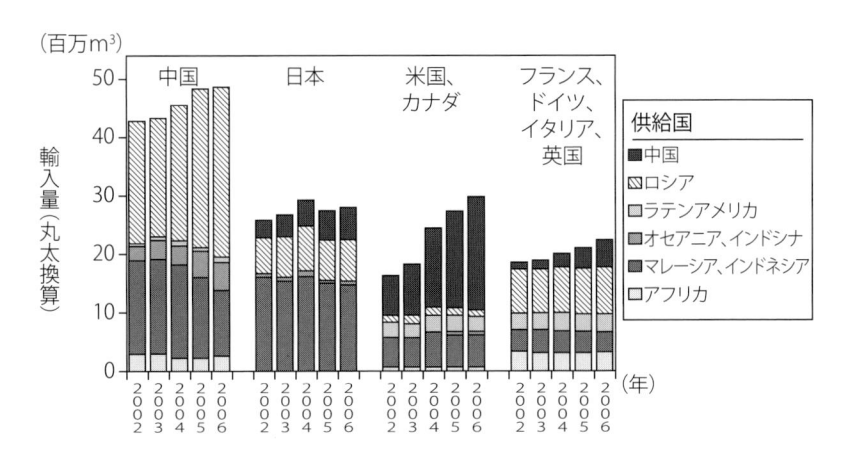

図1－9　G8及び中国におけるハイリスク木材製品の輸入推定量推移
資料：Global Timber, http://www.globaltimber.org.uk

基礎編

インドネシア、マレーシア、ロシアの5ヵ国が、G8諸国が輸入する違法伐採材の多くの供給源とされている。2005年に日本に輸入された違法伐採材は1,100万m³（紙を含む、丸太換算）、23億米ドルにのぼり、輸入木材全体の10〜15％にあたると推定されている（G8諸国の違法伐採木材の輸入と主な生産国の違法伐採の推定割合は、巻頭カラーページを参照）。

図1-8から、日本の違法伐採対策は、製品で言えば合板から、国で言えばインドネシア、中国、ロシア、マレーシアを中心に進めるべきことがわかる。

なお、米国は家具を中心に中国から大量の違法と疑われる木材製品を輸入しており、その木材の出所はロシアということになる。違法伐採対策の面でも、中国の動向が今後、大きな問題になることを示唆している。

1-6　違法伐採対策は国際社会の共通課題

1992年の地球サミット（国連環境開発会議）では、森林減少を食い止めるための「森林条約」についても議論が行われたが、木材貿易を拡大しようとする産業界の思惑と、燃料を薪炭材に依存する途上国の意見が対立し、拘束力のない「森林原則声明」が採択されるに留まった。その後、国連においては、「森林原則声明」を受けて、IPF（森林に関する政府間パネル）、IFF（森林に関する政府間フォーラム）、そしてUNFF（国連森林フォーラム）と継続して「森林条約」へ向けた議論が続けられている。しかし、FAOの統計によれば、この議論の間にも、1990年から2000年にかけて年間約900万ha、2000年から2005年にかけては年間740万haの森林が減少している。

途上国の経済開発を支援する世界銀行は、1970年代から途上国の外貨収入を助けるため「森林開発」に低利の融資を行っていた。しかし、途上国のガバナンス（統治力）が弱いため、乱開発が行われたり、地域住民とのトラブルが起こったりして、世銀の森林開発政策に対する見直しを要求する運動が、先進国及び途上国の市民団体（NGO）から、大規模かつ組織的に起こ

第 1 章　木材調達、違法伐採の現状と国内外の動き

されるようになった。

　このような国連機関や世界銀行の動きに対して、日本の政府・産業界は、森林減少や違法伐採は木材輸出国の問題であり、木材輸入国は当該国の国内法の枠内に踏み込めないとして、当初は活発な反応は示さなかった。一方、欧米では、国際的な NGO が、木材調達国・木材輸入国も違法伐採に対処すべきとの活動を強めた。その結果、1998 年に英国・バーミンガムで開催された G8 サミットから、違法伐採問題が連続的に討議されるようになった。

　バーミンガム・サミットで、G8 諸国は、「違法伐採は、国及び地方政府、森林所有者及び地域社会から重要な収入と便益を奪い、森林生態系に被害を与え、木材市場と森林資源評価を歪め、持続可能な森林経営を抑制する因子として機能する」とし、次ページのような「G8 森林行動プログラム」を採択して、違法伐採対策を位置づけた。

　2000 年 7 月に行われた G8 沖縄サミットでも、「違法伐採問題」が取り上げられ、日本政府も積極的に取り組む姿勢を明確にした。

　2001 年 9 月には、インドネシアで「森林法の施行に関する東アジア閣僚会合（東アジア FLEG）」が開催された。東アジア FLEG には、インドネシア、中国、タイ、フィリピン、ラオス、ベトナム、カンボジアのほか、G8 から日、米、英、独、EU、豪州の代表と、世銀、ITTO（国際熱帯木材機関）、FAO など国際機関、環境 NGO が参加して違法伐採問題について話し合い、この問題に積極的に取り組む旨の閣僚宣言が採択された。閣僚宣言の内容は、以下のとおりである。

・違法伐採問題に輸出入国双方が取り組む。2 国間・多国間協議、協力が必要
・違法材の輸出入を排除する方策の追求
・政策決定に利害関係者の参加を促進し透明性を高める
・持続可能な森林経営のため森林資源に依存する人々の経済面を改善

G8森林行動プログラム（要旨）

（1）モニタリングと評価
森林の状況、持続可能な森林経営の進捗状況のモニタリングと評価を推進

（2）国家森林プログラム
国家森林プログラム（国家レベルの計画など、森林・林業に関する基本的な政策の総称）の策定・実施に関する経験の共有と、各国における国家森林プログラムの策定・実施の支援

（3）保護地域
森林における生物多様性及び生態系等保全のための、保護地域の分類、評価、維持及び設定の推進

（4）民間セクター
持続可能な森林経営への民間分野（森林所有者、林業・林産業関係者、NGO等）の参加及び責任ある行動の促進

（5）違法伐採
違法伐採と違法伐採された木材の貿易に関する正確な情報把握等の対策と協力の推進

- 森林資源のモニタリングと評価の取り組み
- NGO、企業等にアドバイス要請
- G8諸国等へ支援や問題への取り組み要請
- WSSD（持続可能な開発に関する世界首脳会議）等で違法伐採問題等が扱われるよう努力

　東アジアFLEGでの合意を受けて、2002年には2国間・多国間での具体的協力体制も構築されるようになった。まず4月に、英国とインドネシアがMoU（覚書）を締結、8月にはノルウェーとインドネシア間で、さらに12月には中国とインドネシア間でも同様のMoUが締結された。これらのMoUの内容は、関連法の実施体制や木材取引の監視体制強化、合法木材の

識別などを目指し、各国間での協力支援体制の構築を目指すものである。日本とインドネシア間でも2003年6月に、当時の小泉首相とメガワティ大統領の間で同様の2国間共同宣言とアクションプランが締結され、国際社会に対して違法伐採対策に取り組む姿勢をアピールした。

前述した「G8森林行動プログラム」では、違法伐採問題はようやく5番目に登場する「課題」であったが、2004年に英国で開催されたグレンイーグルズ・サミットでは、「違法伐採問題に効果的に対処するためには、木材生産国・消費国双方の行動が必要である」ことが合意され、サミットの「行動計画」において木材輸入国・調達側での「具体的な制度・枠組み」を構築することが決議・採択された。

グレンイーグルズ・サミットで承認された「森林違法伐採対策に関するG8閣僚声明」では、輸出国側でのガバナンスの改善や法施行の強化のためにG8が支援を強化することを約束した。同時に、輸入国側の責務として、違法木材の輸入や取引を停止するための施策や、公共調達において合法な木材のみを調達する施策を講じるよう推奨している。また、木材取引に関係する民間企業に対しても、合法木材の取引を促すとともに、自主的な行動規範の策定や木材取引の透明性を高めるよう働きかけていくとしている。

1－7　日本国内での検討経緯

2005年のグレンイーグルズ・サミットの主要議題として「違法伐採問題」が取り上げられることが2004年の初めに判明し、日本政府は違法伐採対策に対する態度と行動の表明を迫られる状況に直面した。

これに先立ち、FoE Japanやグリーンピース・ジャパンなど世界の森林保護を訴えているNGOは、1990年代の後半から、関心を持つ個々の国会議員に違法伐採の現状を報告し、対策を求めていた。また、英国等からの働きかけなどもあり、GLOBE（地球環境国際議員連盟）のメンバーが違法伐採

森林違法伐採対策に関する G8 閣僚声明（骨子）

1. 我々は、違法伐採に取り組むことは持続可能な森林経営及び持続可能な開発に向けた重要なステップであることに合意する。我々は、違法伐採、関連する貿易及び汚職が環境の悪化、生物多様性の喪失、森林破壊及び気候システムに与える影響を認識する。違法伐採は、また、最貧国における生活に影響を与え、政府の歳入減少を引き起こし、市場及び貿易を歪曲し、紛争を継続させるものである。
2. 我々は、アフリカの開発における森林の重要性をハイライトしたアフリカ委員会の作業を歓迎する。
3. 我々は、また、FLEG 地域閣僚プロセス、アジア森林パートナーシップ、コンゴ川流域森林パートナーシップ、「森林法施行、ガバナンス及び貿易に関する EU 行動計画」といった国によるイニシアティブ及び地域的なプロセスを歓迎する。また、我々は、国連森林フォーラム、国連食糧農業機関、生物多様性条約、国際熱帯木材機関等の機関による取り組みを歓迎する。
4. 我々は、違法伐採への取り組みには、木材及び木材製品の生産者及び消費者双方による行動が求められることに合意する。我々は、それぞれの国が最も効果的に貢献できるような幅のある様々な措置をとることを約束する。我々は、また、他の主要な木材消費国と連携する。
5. 我々は、既存の森林法執行及びガバナンスのプロセスへの支援を増強し、この支援を他の地域にも拡大することにより、木材生産国を援助することを約束する。これは、違法伐採への取り組みに対し、より広い認識、理解及びコミットメントを築くことに資するであろう。
6. 我々は、透明性の強化や情報、特に森林伐採の権利と歳入の配分に関する情報へのアクセスの強化を通じた腐敗との戦い、森林法、野生生物法及び関連法規の施行能力の強化、これらの行動への市民社会及び地域社会の巻き込み、紛争後の状況における法施行及び行政体制の再構築、並びにワシントン条約の義務の遵守を助けることより、違法伐採及び関連する貿易に対処する生産国への支援を増強することに合意する。

第1章　木材調達、違法伐採の現状と国内外の動き

7. 我々は、技術的知見を共有し、違法伐採の発見や防止、犯罪者の逮捕や起訴にそれらの技術を適用するための手段の開発や能力の構築を助ける。これには、リモートセンシング、地理情報システム、その他森林の活動と状態をモニターするためのシステムが含まれる。
8. 我々は、我々自身の国で行動する。例えば、自主的な二国間貿易協定やその他の取り決めを通じて国境管理当局に適切な権限を付与することによって、違法伐採材の輸入と市場売買を止めるため、段階を踏む。
9. 我々は、貿易に関連する二国間及び地域的な取り決めを通じ、野生生物の違法売買を含む違法伐採と関連する貿易を管理するための行動を強化する。
10. 我々は、公共木材政府調達政策や民間セクターが合法的な起源を持つ木材を利用するのに影響を有する場合は、合法的な木材を優先する公共木材調達政策を奨励、採択または拡大する。我々は、我々の経験を他国と共有する。
11. 我々は、合法的な出所の木材製品を開発し促進するため、生産国及び消費国における木材加工業者、輸出業者、輸入業者、市民社会団体等の民間セクターと協働し、彼らを励ます。また、我々は、民間セクターが自主的な実施規則、よいビジネス慣行及び改善された市場の透明性を採択し、実施するのを助けるため、彼らと協働する。
12. 我々は、違法伐採によって生じる問題を説明することにより消費者に情報提供するため、市民社会と協働する。
13. これらの結論は、G8各国首脳の注意を引くようグレンイーグルズ・サミットに持ち込まれるべきである。
14. 我々は、我々の専門家が、我々が行ったコミットメントに向けての進展を点検するために2006年6月までに会合を開いて、違法伐採に対処するための行動に関する教訓を共有し、見出したことを公表することを保証する。

資料：2005年3月19日環境省報道発表資料「G8環境・開発退会会合の結果について」より

問題を取り上げ、自民党には「世界規模の違法・不法な伐採及び輸出入等から地球環境を守る対策検討チーム」が設置された。以降、同対策検討チームは、立法・行政・産業界合同で違法伐採対策を討議する定常的な場として機能している。

　同対策検討チームは、2004年5月28日に、違法伐採の現状などについて環境NGOからのヒアリングを行った。この場で、FoE Japan は、合法木材の購入を企業に働きかける「フェアウッド・キャンペーン」を展開していることを紹介し、違法伐採を減らすためには購入する側からの対策が必要であると強調した。また、グリーンピース・ジャパンも出席して、パプアニューギニアでの不法伐採の現状を説明し、「企業に対して国内の人工林で生産された木材を利用していくべきと働きかけている」と主張した。

　このように、環境NGOは「民間企業のグリーン調達」を推進する活動を行ってきたが、まず対策が講じられたのは、政府調達に関してだった。日本政府は、英国（2000年）、オランダ（1997年）、デンマーク（2001年）などに続き、2006年にグリーン購入法によって違法伐採材を排除する仕組みを導入した。

1−8　グリーン購入法による違法伐採対策

　グリーン購入法（国等による環境物品等の調達の推進等に関する法律）は、循環型社会づくりのために国などの公共機関が率先して環境負荷の低減に資するモノ・サービスの調達を推進すること等を目的に、2001年から全面施行されている。同法に基づいて閣議決定される基本方針に、調達の対象となる品目や環境物品に求められる要件などが決められている。独立行政法人を含む各政府機関は、基本方針を参考にして自ら定める調達方針に基づいてグリーン購入を実施することになっている。

　このグリーン購入法の基本方針が、2006年4月に改定され、木質資源に

第1章　木材調達、違法伐採の現状と国内外の動き

関連する物品について、合法性・持続可能性の確認された木材の調達を推進することが明記された。また、合法性・持続可能性の定義や証明方法について、林野庁が「木材・木材製品の合法性、持続可能性の証明のためのガイドライン」を作成・公表した。

このガイドラインでは、「合法性」について、「森林関係法令上合法的に伐採されたものであること」と定義し、「持続可能性」については、「持続可能な森林経営が営まれている森林から産出されたものであること」とした。また、証明方法については、①森林認証②業界団体認定③事業者独自の取り組み——の3通りの方法を示した。

グリーン購入法の改定に対応するため、木材業界側は急ピッチで対応策を講じた。全国木材組合連合会は2006年度から、林野庁補助事業として「違法伐採総合対策推進事業」を開始した。この事業は、合法性等が証明された木材・木材製品の円滑な供給を可能とする体制を整備することを目的にしている。全木連は、証明方法の一つである業界団体認定を推進することを主眼において、全国各地での説明会やWEBサイト「合法ナビ」（http://www.goho-wood.jp/）の開設などによる普及啓発活動を展開している。その結果、133団体の傘下にある約7,000の事業者が合法木材供給事業者として認定されている（2008年3月現在）。

個々の団体の対応状況をみると、例えば、日本合板商業組合は、インドネシア・マレーシアからの輸入が多く、早くからこの問題に取り組んでいたこともあり、2006年4月に自主行動規範を発表し、合法性証明制度を制定して、265の認定企業が登録されている（2007年7月現在）。日本木材輸入協会などの流通関係団体、日本林業経営者協会、全国森林組合連合会などの素材供給関係団体も、業界団体認定制度を発足させている。このように、ガイドラインにある3つの証明方法のうち業界団体認定が突出した形で進んでいるのが現状である。

表1−2　林野庁ガイドラインに基づいた合法木材供給事業者認定団体及び認定事業者数

（2008年3月10日現在）

団体区分	認定団体数	認定事業者数
中央団体	19	1,347
地方団体	114	5,633
計	133	6,980

　その一方、現状のガイドラインでは違法伐採を十分に排除することができない可能性が指摘されている。例えば、3つの証明方法のうち、森林認証制度以外の証明方法では、最終需要者である政府機関の調達担当者が木材の伐採地までのサプライチェーンを確認しようとしても、合法性や持続可能性についての包括的な基準や指標が設けられていないため、合法であるか、持続可能であるかを判断することは難しい。また、第三者のチェックを義務づけている森林認証制度による証明方法と、事業者の自主性に任されているそれ以外の証明方法が同等に扱われていることも問題である。

　ガイドラインでは、NGOを含む関係者で構成する違法伐採総合対策推進協議会が、「取組状況を検証し、必要に応じて見直しを行う」ことが定められている。グリーン購入法を活用した違法伐採対策をより実効力の高いものにしていくためには、調達実績の公表・検証を踏まえた上で、ガイドラインの見直しを進めていくことが不可欠となっている。さらに、政府調達政策は複雑で根の深い違法伐採問題を解決するための第1ステップであり、木材生産国側にとって実効性のある包括的な対策を購入国である日本で戦略的に構築することが求められる。

第2章

欧州の違法伐採対策

基礎編

　第1章で述べたとおり、違法伐採問題は2000年前後からG8（主要国首脳会議）や地球サミットなどハイレベルな政治プロセスの場において継続して取り上げられる重要な取り組みになってきている。その中でも特に熱心に取り組みを行ってきているのが欧州だ。

　とりわけバーミンガム・サミットの議長国だった英国は、この問題に対してリーダーシップを発揮してきた。2001年に東アジアFLEG閣僚会議を開催させると、その結果を受けて、2002年に率先してインドネシアとの間でMoU（覚書）を締結。英国国際開発省（DFID）が主導して現場レベルでの調査活動や地元のアクター（関係者）との対話を地道に根気強く行い、合法性の基準策定支援、トレーサビリティシステムの開発支援などの取り組みを行ってきた。同時に国内では、2000年に政府の調達方針を発表、木材業界にも調達対策が広がり始めた。

　違法伐採の問題に対してはオランダやデンマークの取り組みも顕著であった。オランダは英国よりも早い1997年に、デンマークも2001年には政府の調達方針を発表している。いずれも熱帯材の輸入が顕著であり、熱帯林問題が重要な課題として認識されていた国々である。

　このような動きは欧州各国に急速に広がっていった。2002年のヨハネスブルグ・サミットで違法伐採問題が取り上げられると、欧州委員会は翌年、EU-FLEGT（欧州連合 Forest Law Enforcement and Governance Trade）行動計画を策定した。これは、生産国へのガバナンス改善支援、トレーサビリティシステム支援、政府調達制度の奨励、生産国林産業への投融資資金の規制、そして主要生産国との協定に基づく貿易措置の導入など含む包括的な行動計画である。これを受けて、ベルギーやフランスなどのEU加盟国も次々と政府調達方針を発表。生産国に対する取り組みや業界の取り組みを促進することになる。

　業界の取り組みとしては、英国、オランダなど各国の木材輸入協会がそれ

それぞれ行動規範や調達方針、行動計画を策定していくとともに、生産国の供給業者に対する支援を連携して行うようになっている。また、欧州最大の DIY チェーンである英国 B&Q 社や、親会社であるキングフィッシャー社における非常に意欲的な調達方針も、重要な役割を担っている。これら企業による巨大な需要が要求する高いレベルの環境配慮は、サプライチェーンを遡り、木材の輸入商社や生産国の供給業者まで動かしている。

このような欧州の動きの背景にあるのは、NGO の活発な活動だ。欧州では NGO は市民からの絶大な信頼と支持を得ており、行政、産業界と並び重要なセクターとして確立している。特に、生産国の NGO と連携した調査活動と業界に対する監視活動は非常に効果的に働いてきた。

また、ステークホルダー間のオープンな対話と透明な政策決定プロセスもある。英国王立国際問題研究所（チャタムハウス、RIIA）が半年ごとに開催する違法伐採対策会議は、英国内だけでなく欧州各国や生産国からのあらゆるステークホルダー（行政、企業、NGO）を集めている。筆者らが参加した 2007 年 1 月の会議には 200 人もの参加者が集まり、2 日間、集中的に議論を行っている。現場の問題を浮き彫りにし、様々な主体が行う対策の実施状況や抱えている課題等を発表し合い、互いに学び合うことで、改善へのフィードバック・ループが効果的に働いていると言える。

2－1　EU-FLEGT 行動計画と VPA

EU レベルでは、欧州委員会が 2003 年 5 月「森林法の施行・ガバナンス・貿易に関する EU 行動計画」（EU-FLEGT）に関する提案を公表した。そして、同じ年の 10 月、欧州理事会は「FLEGT の問題は、持続可能な開発、持続可能な森林管理、貧困削減、社会的公平性と国家主権の観点から取り組まれるべきもの」として、この提案を承認している。

この行動計画には、生産国における合法性証明システムの開発支援、ガバ

ナンス（統治力）の改善やキャパシティビルディングとともに、違法材需要を削減するための消費国側（EU内）での対策も盛り込まれている。生産国で合法性が確認された木材しかEU内に輸入させないという自主的ライセンシング・スキームや、EU市場における違法木材製品の輸入や取引を制限するための法規制を検討することが明記されている。さらに、加盟国の政府調達における指針や業界に対する自主的行動規範の導入促進、金融機関が違法伐採活動を助長するような投融資を行わないための手段なども記載されている。

2－1－1　VPAとライセンス制度

EU-FLEGT行動計画において、特徴的な対策がVPA（Voluntary Partnership Agreement、自主的パートナーシップ協定）とそれに基づく合法性証明のためのライセンス制度、そしてEUの水際での貿易管理である。このうちVPAは、EUと生産国が自主ベースの二国間協定であるVPAを結び、生産国側において、EUに輸出する木材が合法であることを担保するライセンス制度を構築するものである。ライセンスの発行は、VPAを結んだ国のみが対象となる。これによりEUでは、水際の税関において、パートナー国か

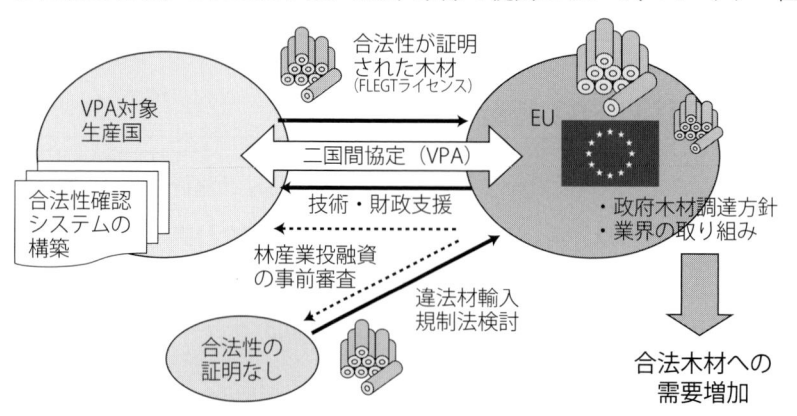

図2－1　EU-FLEGT行動計画が進められる違法伐採対策

らの木材にFLEGTライセンスがなければ差し止めることができるようになる。一方、EUはこれらの国に対してキャパシティビルディングや低所得住民への影響を低減する対策など、技術的・財政的支援を行う。

生産国にとっては、EU市場のアクセスの向上、ライセンス制度の運営コストを上回る税収の増加、EUからの開発援助の優先順位が高まる——などの利点がもたらされるとみられている。

欧州委員会では、このライセンス制度の中で、違法に伐採・取引された木材・木材製品を、EUに持ち込むことが違法であるとする法律の検討も進めている。ただし、このような貿易施策をとった場合に問題となるのがWTO（世界貿易機関）協定との整合性だ。この点について、欧州委員会は、「FLEGT行動計画の中で提案している貿易措置は、WTOとの整合性に関して何も問題はない」と結論づけている。というのも、自ら自主的に締結をする協定に対してFLEGTパートナー国がWTO提訴をする可能性は極めて低く、また第三国が異議を申し立てるインセンティブもないこと、さらに生産国で違法に採取された野生生物の取引を禁止する米国Lacey法の例にあるとおり、WTOルールには違法行為に取り組む二国間の合意を阻むような規定はないと分析しているからだ。

2005年12月に欧州理事会が採択したFLEGTライセンス制度の規則によれば、木材ライセンス制度が成立するのに必要な要素は、①木材生産国ごとの合法性の基準、②それらの基準への遵守を検証するためのシステム、③森林から輸出地点までの追跡システム、④輸出許可制度、そして⑤②から④まですべての運用状況を監督する第三者モニタリング——である。

2−1−2 VPA合意の条件

EUは2006年から、VPAに関する非公式の交渉を進めてきた。その結果、マレーシア、インドネシア、ガーナ、カメルーンとの間で正式交渉を行って

いる（2008年3月現在）。その他、コンゴや中央アフリカ、リベリア、ガボン、ベトナム、エクアドルでも非公式な交渉や準備作業を進めている。

　VPAの合意には、マルチステークホルダーによる合法性基準の策定、トレーサビリティシステムの確立、独立モニタリングを持つことなどが条件になる。EUとしては、システムが信頼のおけるものとなることが必要であり、そのためには「NGOが納得するものでなければならない」（欧州委員会ジョン・バゼル氏）としている。一方で、インドネシアのように既にトレーサビリティシステムの開発に取り組んでいる国とそうでない国とでは状況が異なる。システムが存在することを合意の条件とするかどうかは交渉次第だが、システムづくりが終わるのを待っていては、「せっかくVPA交渉を正式に開始した国々の関心を失いかねない」という懸念もある。したがって、例えば合法性基準やパイロットテストのクリアなど最低限の基本的なことをおさえた上で、合意文書の中でいつまでにシステムが動き出すかのスケジュールを明示しておくのがよいと考えている。

　VPA合意の条件の一つに挙がっている合法性基準については、最低限、環境、社会、経済の3側面を考慮したものでなければならないとされているものの、「どの法律を含むべきかという特定の合法性基準をEU側から押し付けることはできない」「もし現地のNGO等から『これはフェアではない』と抗議されれば、EUとしてももう一度検討をしてもらうことになるだろう」（バゼル氏）と、ステークホルダーのコンセンサスが十分に得られているかなどプロセスを重視する方向を打ち出している。VPAの交渉を公式・非公式に始めている生産国では、ステークホルダーへのコンサルテーションなど合法性基準策定のプロセスが、EU、英国やオランダなどの支援を受けて進んでいる。最も早いケースとしてインドネシアでは2007年1月に合法性基準の策定が完了している（第4章参照）。この合法性基準に第三者検証と追跡システムを組み合わせた木材合法性保証制度（TLAS：Timber legality

英国のVPA支援

　英国の国際開発省（DFID）は、違法伐採が深刻な生産国に対して様々な支援プロジェクトを行ってきており、FLEGT／VPA関連の支援もその一つである。英国が生産国に対してとっている共通の姿勢は、「あなた方が合法性基準をつくるのであって、私たちが指示するのではありません。あなた方がコントロールシステムを説明してください。もし信頼性があるならば、私達には明確な要求事項があるのでそれを説明します。もし、システムを改善・強化する必要があるならば私達はそれを支援します」というものだ。

　DFIDのFLEGT関連の予算は5年間のプログラムで2,400万ポンド（約57.6億円）。そのうち、1,900万ポンド（約45.6億円）がVPA支援のためにFLEGTパートナー相手国で直接使われ、残り500万ポンド（約12億円）が民間を通した事業で、英国木材貿易連盟（Timber Trade Federation: TTF）などの木材業界の取り組み支援や、チャタムハウスの調査、その他のNGOへの支援にあてられている。

　インドネシアとの間では違法伐採に関する覚書締結を受けて、特にマルチステークホルダーによるプロセスによって林業政策のガバナンス改革を目指す「マルチステークホルダー林業プログラム（MFP）」を2000年から開始した。また、実際に行われているインドネシアとの取引を通じても対策を進めていくためには民間企業を巻き込むことが必要だということで、DFIDはTTFと協働でインドネシアのサプライヤーとの対話を始めた。さらにNGOのThe Nature Conservancy（TNC）と協働してインドネシアで木材トラッキング制度を開発する作業にも取り組んでいる。

　MFPでは、西カリマンタンとジャンビの2つの異なる現場においてケーススタディを行った。これらの地域の現場では、実際にどのような問題が起きていて、どのような推進要因があるのか、原因は何か、市民社会や地方行政の中にいる人たちとどのように協働していくことができるかを調べたという。「既存の政治的構造を通して何かやっても、結局は泥沼にはまるだけ。それは、その構造にこそ問題があるからだ」とDFIDで英国の違法伐採対策を担当するヒュー・スピーチリー氏は指摘する。

英国の VPA 支援

　このケーススタディの結果、行政の中にも現状への問題意識を持っていて、本当に変化や改革を望んでいる人たちがいることがわかったという。地方の森林部署や地区長、警察署長など上層部の役人の中にも本当に問題を解決したいと考えている人もいたという。「単に報告書が上がってくるだけでは何も変わらない。しかし市民社会を巻き込んで、声を上げさせることができれば、変化は可能になる」と、現場の様々な関係者による関わりを重要視している。

　また、DFID は Telapak などインドネシアの NGO を積極的に支援し、違法木材貿易の実態の公表等を後押ししている。

　そして、これらの活動による直接的な効果についてスピーチリー氏は、民間セクターの意識の変化がみられると指摘する。「木材業界と協働を始めてから 2 年間で英国のインドネシアからの合板輸入は 50％も減少した。木材業界が自ら違法伐採木材を買っていることに気がついたためだ。この状況はインドネシア側にとって容認しがたいことで、彼らを動かすのに十分強烈なインパクトを与えることになった」。

　DFID は VPA の開始を視野に入れて、2007 年からインドネシアで新しいプログラムを開発しているという。スピーチリー氏は、「VPA を機能させるためには、ガバナンスシステム、コントロールシステムを機能させなければならない。合法性の基準が合意されたところだが、インドネシア政府の承認を待って、合法性基準をチェックするためのシステムやトラッキングシステムも必要になる。また、木材輸出ライセンス制度も必要だ」と DFID の今後の支援の方向性を示唆している。さらに、インドネシア材の最大の輸入国である日本に対しては、「日本政府も調達方針などの取り組みにあわせて、このような生産国への支援にも乗り出してくれれば、我々の取り組みを一層強化できることになる」と期待を示している。

Assurance System）は、2008年以内の開始が見込まれている。

2－2　欧州の政府調達制度

　欧州では、1997年のオランダ、2000年の英国、2001年のデンマークが先行する形でベルギーやフランス、ドイツのEU 6ヵ国において木材の合法性や持続可能性を要求する政府調達方針の導入が広がっている。EU以外でこのような政府調達方針を取り入れているのは、日本、ニュージーランド、ノルウェー、メキシコである。

　オランダでは、持続可能性について既存の認証制度を評価するためのガイドラインであるBRL基準がNGOを含めた26人のステークホルダーから構成される協議会で5年をかけて策定され、2005年に合意された。BRL基準には先住民族の権利など社会的指標が盛り込まれているのが特徴だ。この基準に照らし合わせてFSC（森林管理協議会）を含む6つの森林認証制度の評価が行われたが、残念ながらいずれの制度もBRLをクリアしていないという結果が2007年夏に出ている。そこでオランダでは再びBRL基準の内容の見直しを含めて制度全体の検討に入っている。

　デンマークでは、「熱帯木材の調達：環境ガイドライン」を改定し、対象をすべての木材に広げるための新しいガイドラインづくりを進めている。新ガイドラインには、英国のケースと同様にクライテリアとそれらを証明するための証拠の評価だけでなく、製品別の対応など、調達者や納入者などのユーザーの実践的なニーズに応えられるガイダンスが含まれる予定だ。新ガイドラインは、英国やオランダの調達制度とのハーモナイゼーション（協調）を考慮しながら策定されている。

　ここでは政府木材調達方針の内容を、オランダ、デンマーク、英国の3ヵ国で進められている調達制度のハーモナイゼーションの概要と、英国のケースを例にみていくことにする。

基礎編

2－2－1　欧州3カ国の政府調達制度

　各国に広がる政府調達方針で、それぞれの要求事項が異なってくると、納入する企業としては、国ごとに別々の対応が要求されることになり、コストアップ要因になりかねない。

　そうした業界からの要望や、各国政府間でも調達方針に関しての経験を共有する会議を重ねてきていたことから、ハーモナイゼーションに関する議論が進められるようになってきた。

　ここでは、ハーモナイゼーションを図ろうとしている担当者が、自らの国の調達方針を比較した結果などをもとに、欧州の政府調達の特徴をみてみよう。

　表2－1に示したように、3ヵ国の調達制度の方針の目的は持続可能な森林管理の促進で一致しており、方針の記述も、政府機関が合法で持続可能な木材を買うということは共通している。対象については、納入される木材、紙製品が対象となることは一致しており、主に発注工事の契約業者で使われる木材や紙については、オランダと英国は既に対象としており、デンマークも検討をしている。さらに、バイオマスやバイオ燃料を使用するような電力・エネルギーについても、デンマークと英国では検討をしている状況である。

　各国の木材調達制度において、森林管理に関する具体的な要求事項（クライテリア）が設定されているが、合法性に関する要求事項を比較したものが表2－2である。合法的な伐採権を有していることをすべての国が要求しているほか、森林関連法だけでなく、環境関連法、労働者や土地利用権に関する法律への遵守も要求している。また、木材生産に関わるすべての手数料や税金の支払いの遵守もすべての国が要求している。ワシントン条約への遵守もすべての国が要求しているが、生産国ごとに策定されるEU-FLEGTの基準では明記されていない。

表2−1　欧州3ヵ国の調達制度の比較

	デンマーク	オランダ	英国
方針の目的	持続可能な森林管理の促進	持続可能な森林管理の促進	持続可能な森林管理の促進
関連する調達方針と最低要求事項	すべての公共機関は合法で持続可能な木材を買うべき(持続可能性が最低要求事項)	中央政府は可能な限り合法で持続可能な木材を買わなければならない	中央政府は合法で持続可能な木材を買うことを追求しなければならない
対象/義務か推奨か	中央政府及び地方自治体に推奨	中央レベルの公的機関に義務	中央政府及びそれらの実施機関には義務、地方自治体には推奨
公共機関に納入される木材及び紙	対象	対象	対象
契約業者で使われる木材及び紙	検討中	対象	対象
公共機関に納入される電力及びエネルギー	検討中	不明	検討中

表2−2　欧州3ヵ国の調達制度の合法性に関する要求事項

		デンマーク	オランダ	英国	EU-FLEGT
合法的な伐採権		○	○	○	○
国・地方の法律への遵守	森林管理関連	○	○	○	○
	環境関連	○	○	○	○
	労働者、土地利用権など	○	○	○	○
すべての関連手数料及び税金の支払い		○	○	○	○
ワシントン条約への遵守		○	○	○	

　次に、森林管理における持続可能性に関する要求事項を比較した表2−3をみてみよう。

　いずれも、多くの項目で共通しているが、社会経済的な要素についてのみ、デンマークとオランダは持続可能性の要求事項に含めているが、英国は入れていない点が異なっている。これは、英国はEUの公共調達規則において社会的側面によって制限を加えてはならないと解釈しているためである。

　各国とも合法性、持続可能性を確認するのに、認証制度を利用しているが、EUの調達規則に従えば、調達者は認証材のみに限定するのではなく、十分

基礎編

表2－3　欧州3ヵ国の調達制度の持続可能性に関する要求事項

	デンマーク	オランダ	英国
合法性、政策、制度枠組への遵守	○	○	○
資源の量・広がり	○	○	(○) ※
森林の健全性と活力	○	○	○
森林資源の生産力	○	○	○
森林資源の保護機能	○	○	○
生物多様性	○	○	○
社会経済機能	○	○	検討中

※「資源の量・広がり」がはっきり明示されていないため

な代替材を認めなければならないと解釈されている。そこで各国では、認証制度以外での合法性、持続可能性の証明方法に関するガイダンスを出している。

　デンマークでは、熱帯木材に対して納入企業、納入企業の調達先、関係当局などからの宣誓書などをもとに証明する予備的なガイダンスを始めている。英国では、森林管理やCoC（木材製品の加工・流通）への要求事項を規定したカテゴリB（認証製品以外のもの、詳しくは「2－2－2　英国の政府調達制度」を参照）の証拠に関する詳細なガイダンスを2006年に出している。オランダも、合法性に関しては英国のカテゴリA、Bの証拠を使用することを決定している。カテゴリBでは、これに対応することのできる民間の様々な合法性の第三者証明制度とともに、証拠として特別に用意した書類によるサプライチェーン証明も認められる。いずれの国でも、これらの要求事項は、中立機関によって評価がなされている。

　合法性の基準は、デンマーク、オランダ、英国において、すでにハーモナイズされてきている。合法性確認についての次のステップは、共通のクライテリアの使用と証拠の評価や意思決定の手続きについてハーモナイズしていくことである。

　一方、持続可能性確認についての課題は多いが、どのように進めていくか、

方策についての議論が進んできている。デンマークが現在行っている評価プロセスにおいても、他国とハーモナイズするというオプションが検討されている。

なお、現在はこれら3ヵ国でハーモナイズについての議論が始められているが、このプロセスを独占しようという意志はまったくないので、他の国からの参加も募っているとのことだ。

2-2-2　英国の政府調達制度

英国では、1997年、政府の各部門に対し、持続可能で合法的な出所からの木材及び木材製品を購入するよう勧告する自主的な指針が発表された。2000年7月、DEFRA（環境・食糧・農村地域省）大臣が、すべての中央省庁に対して「持続可能で合法的な木材及び木材製品を購入する」ことを求める声明を発表したことにより、この指針は拘束力を持ったものとなった。2003年には、「Central Point of Expertise on Timber（CPET）」が政府の調達部門に対して合法性と持続可能性に関するガイダンスを提供するために設置され、政府調達を達成するための指針「木材調達アドバイスノート」が2004年に策定（2005年に改定）されている。

英国政府の木材調達方針は、すべての中央政府の機関に対し、持続可能で合法的な木材及び木材製品の調達に努めることを求めている。地方自治体に対しては義務ではないが、同様の調達方針を持っているところもある。

紙は別の政府指針により再生原料を使用することとされており、バージンパルプを用いる場合はこの調達方針の適用を受ける。

各政府機関の担当者が参照することになるアドバイスノートには、入札書類作成、入札招待、入札評価、契約、契約管理の各段階において、どのように本方針を反映させていくべきかが詳しく示され、仕様書のモデル案なども添付されている。

表2-4 英国政府が求める合法性及び持続可能性の定義

合法性
森林所有／管理者が法律上の森林利用権を持っている
森林管理者及び作業請負業者が地域・国レベルの法的要件（森林管理、環境、労働福祉、健康衛生、他者の所有権・利用権）を遵守している
すべてのロイヤリティ・税金が支払われている
ワシントン条約を遵守している

持続可能性
持続可能な、または責任ある森林管理に関する、広く受け入れられている国際的な原則・基準の定義と一致している
パフォーマンスをベースとする（測定可能な結果がある） 　・森林管理は以下を守らなくてはならない 　・生態系への負の影響の最小化 　・森林の生産性の維持 　・森林生態系の健全性と活力の維持 　・生物多様性の維持
持続可能性を定義するプロセスに、経済・環境・社会の各分野の関係者がバランスよく参加する

　合法性は、入札において最低限の要求事項であり、請負企業は政府に供給するすべての木材及び木材製品が合法に伐採・取引されたものであることを担保しなければならない。また、政府は可能な限り、持続可能な木材・木材製品を選ぶこととされ、業者には応札の際に持続可能な木材を提供するという選択肢を示すことができることになっている。

　政府から要請があった場合は、請負企業は合法性または持続可能性に関する証拠書類を提出しなければならず、十分な書類を提出できなかった場合は、契約変更やその後の入札資格の停止、場合によっては契約不履行に伴う損害補償の支払い等の罰則を受けることになる。

　また、政府が提出された証拠が十分でないと判断した場合には、請負業者は木材の生産地を検証し、合法性または持続可能性の基準に合っているかど

うかを評価するため、独立機関による検査を受ける義務がある。

　なお、英国では持続可能な開発を実現するため、「持続可能な調達タスクフォース（Sustainable Procurement Task Force）」を設けて調達のあり方を検討する作業を行っている。このタスクフォースは 2005 年から始まったもので、産業界や地方行政も入った 40 人からなるチームである。DEFRA などが事務局を務め、英国政府の持続可能な開発のための調達に関する国家行動計画を 2007 年初めに策定、発表した。その対象には、木材・紙のほか、食糧、エネルギー、バイオ燃料も含まれている。

　請負業者に提出が求められる、合法性及び持続可能性を証明するための証拠は、カテゴリ A とカテゴリ B の 2 つに分けられている。

　2004 年に設置された CPET が最初に開発したのが、いわゆるカテゴリ A と呼ばれる合法性、持続可能性の証拠となるもので、具体的には種々の森林認証制度に関する評価である。2006 年 12 月の時点で 5 つの認証制度が評価されている。評価見直しは 2 年ごとに行われることになっている。

　しかし、納入業者に認証材だけを要求することはできない。そこで、認証制度を使わない形で合法性、持続可能性を保証する証拠について、3 年にも及ぶ検討の末、2006 年に 6 月に策定されたのが「カテゴリ B の証拠の評価のための枠組み（Framework for Evaluating Category B Evidence-First Edition）」である。ここでは、調達スタッフ及び供給業者が証拠をチェックするための基準やチェックリストが用意されている。チェックリストでは、サプライチェーンが森林までさかのぼれるか、そして木材の出所となっている森林における合法性や持続可能性を確認するためのクライテリアが具体的に並んでいる。

　実際の調達業務における合法性の確認は、簡単なリスクマネジメントに基づいて実施している。例えば、もし針葉樹であれば、北欧からのものがほとんどであり、リスクは少ないと判断し、南洋材広葉樹の場合は、リスクが高

表2－5　カテゴリAの評価の結果（2006年12月時点）

	合法（100%合法な原料）	持続可能（70%以上持続可能な原料）
CSA	Yes	Yes
FSC	Yes	70%以上の認証原料 または再生原料を含む認証製品
MTCC	100%認証原料で作られた製品	No
PEFC	Yes	70%以上の認証原料 または再生原料を含む認証製品
SFI	Yes	70%以上の認証原料 または再生原料を含む認証製品

いので、調達担当者は合法性の証拠を確認するという基本姿勢をとっている。

　木材や森林について専門家ではない調達者に対しての教育や助言も重要である。CPETではこのために電話のヘルプラインを設置しており、調達者が木材調達について困ったときに日常的に相談できる体制をとっている。また、無料の講習会も毎月開催している。この講習会には、地方自治体の担当者や納入企業も自由に参加できるようになっている。納入企業に対しても適切な管理をされた森林からの木材を供給できるようにサポートしている。

　英国政府の調達方針では、合法性の証明はあくまで一時的なものであり、究極の目標はすべてを持続可能材にすることを目指している。2007年初め、英国政府は木材調達方針の今後の改定について発表した。2009年4月からは、合法性及び持続可能性が独立検証されたもの、あるいはFLEGTライセンスのついたもののいずれかが、そして2015年4月以降は、合法かつ持続可能な木材のみが認められることになる。この改定に向けてパブリックコメント等が行われ、その結果を踏まえたアドバイスノート改訂版が2008年4月に公表される予定だ。

　政府調達方針は、中央政府機関に対しては義務となるが、地方自治体や民間企業に波及しなければ、違法伐採対策としては効果があがらない。DEFRAでは、大臣から地方自治体の首長に木材調達対策の推進を要請する手紙を出

したところ、半分ほどの自治体では中央政府と同様の調達方針をつくる予定、または検討しているという返答が返ってきたという。また、CPET は木材調達に関するサービスを地方自治体にも提供をしており、例えば、講習会を地方自治体関係者にも開放し、地方でも開催している。

民間企業については、B&Q 社などが独自に先進的な取り組みを進めており、TTF（英国木材輸入連盟）によって木材輸入業界の取り組みも進んできているが、需要側となる建設業界ではまだまだ動きが鈍いことが大きな課題だ。調達資材全体に占める木材の割合が 1 割にも満たない程度で、木材への関心があまり高くないためと見られている。

このため、調達方針に基づいて実際の調達がどれだけ改善しているかを把握するために、納入業者に報告させる制度を 2009 年くらいから実施することを検討中だという。

2－3　欧州企業の持続可能な木材調達事例

欧州における持続可能な木材調達の先進事例として、1 団体 3 社の取り組みをみる。

EU-FLEGT 行動計画に対応する形でいち早く行動規範を導入した英国の木材貿易連盟（TTF）は、調達方針の策定に始まり、調達する木材のリスク評価をしながら継続的改善をするためのシステムを会員である商社に提供している。そのシステムの詳細とともに、違法伐採対策としての木材調達に積極的な会員企業である Latham 社を紹介する。さらに、世界的に最も早く木材調達方針を定めた DIY 企業である B&Q 社とオランダでアフリカ材を取り扱う Wijma 社を取り上げる。

2－3－1　TTF（Timber Trade Federation：木材貿易連盟）

英国においては、もともと企業がその社会的責任を果たす一環として、認

証木材等を購入する動きが盛んであるが、英国政府方針の策定は、今までこの問題について特段意識していなかった中小の建設業者も含め、業界全体に危機感を与えることとなった。

その中で、業界全体の取り組みの音頭をとったのが、木材貿易連盟（TTF）である。TTFは2002年に「行動規範（Code of Conduct）」を策定し、会員企業が合法かつ適切に管理された森林からの木材や木材製品を調達することに責任を持つことを明確に打ち出した。さらに2004年には、「環境木材調達方針（Environmental Timber Purchasing Policy）」を進化させた「責任ある調達方針（RPP：Responsible Purchasing Policy）」を策定し、会員企業がいかにサプライ・チェーンを管理していくかの具体的な指針を示した。

また、TTFはインドネシアにおける木材加工工場の実態調査を通じ、合法性証明システム開発を目指した「Scoping Study」を実施、これをもとに、他国の木材業界団体と共同で合法証明木材を購入していくための「共通した監査枠組み（Common Auditing Framework）」を構築することを提唱、その後これを発展させた形で「木材貿易行動計画（Timber Trade Action Plan）」という取り組みを始めている（詳しくは63ページ参照）。

政府調達方針の導入とそれに応えようとするTTFなどの取り組みによって、英国の輸入材における認証材の割合は2005年現在で約56％に達している。

行動規範では、TTF会員企業は「木材及び木材製品を合法的で管理の行き届いた森林から調達することを約束する」としている。160社にのぼる会員企業すべてに遵守義務があり、この行動規範が守れない場合は規定された異議申立て手続きに則り、罰金の徴収、会員権の一時的な撤回、連盟からの追放につながることがある。

TTFは、会員企業のみならず、NGOや政府などとのコンサルテーションを重ねた上で2001年から運用していた「環境木材調達方針」を見直し、リ

スク・アセスメント手法、段階的な改善アプローチなどを盛り込んだより詳細な「責任ある調達方針（Responsible Purchasing Policy：以下RPP）」を2005年1月に公表した。

　この見直しの背景には、政府の木材調達方針の内容がより詳細に規定されてきたこと、EUのFLEGT行動計画により合法材の貿易管理政策が進んできたことや、民間に対してベストプラクティスを推進する取り組みが支援されるようになったこと、そして一部の無責任な企業によって木材業界全体のイメージが損害を被っており以前の環境木材調達方針では弱かった、などの理由がある。

　RPPは、TTFの行動規範及び英国政府調達方針について遵守していることを示すツールとして位置づけられている。TTFは、「非認証木材製品について合法性及び持続可能性の証拠を収集するためのツール」として会員企業への参加を呼びかけている。

　2007年2月現在、RPPに署名している会員企業は39社である。TTFの会員企業数160社の約1／4、取扱量にして45％の割合になるが、39社のほとんどが大手企業で、中小企業への対応が今後の課題となっている。また、RPPへの署名はTTF会員に限定されているが、将来はRPPへの参加を会員外にも認めていくことも考えられている。

　RPPへの署名企業は、以下の6ステップによって進めていく調達管理システムを社内に位置づけることが求められている。いずれのステップに対しても必要な書類はすべてテンプレートが用意されており、署名した企業は実施に当たって自ら思い悩む必要はない。

● RPPへの参加表明
●ステップ1：企業方針の策定
　企業方針へのコミットメント及び策定の担当者を決める。企業のトップ

と RPP 担当者が方針に署名をし、コピーを TTF に送付。

● ステップ 2：予備スクリーニング

すべてのサプライヤー及び製品のリストを作成し、継続的に使う。納入品がすべて認証されているサプライヤーを除き、問題の多いとされる国から非認証製品を扱っているサプライヤーを特定する。取扱量の多いサプライヤーを優先する。リストは年次監査のために保管する。常時行う。

● ステップ 3：質問票の送付

非認証サプライヤーに対して企業方針と質問票にあわせて「サプライヤー・パック」（カバーレター、企業のコミットメント、質問票に関するガイドライン）を送付する。質問票の送付は毎年、9 月〜 1 月に行う。

● ステップ 4：サプライヤー査定

サプライヤーからの質問票の回答を分析する。各分析は 15 分ほどを要する。12 月〜 3 月に行う。

● ステップ 5：サプライヤーへのフィードバック

サプライヤーに、質問票で点数の低かった分野に関する「改善点」を示した採点結果を知らせる。この返信のコピーは保管しなければならない。12 月〜 3 月に行う。

● ステップ 6：管理レポートの作成

サプライヤー採点結果の概要を示し、経営上層部のレビューを含めてその年の自らの改善目標を設定する。年次管理レポートを記入し、RPP 公式監査機関へ送付する。12 月〜 3 月に行う。

● 監査

RPP 署名に当たっては TTF 会費以外には費用負担は求められないが、署名企業の担当者が費やす時間と、今のところ任意で受けることになる監査にかかる費用が別に必要になる。しかし、上記 6 ステップに必要な文書等や

その他のアドバイスなどは提供されることもあり、TTFは「これまでの署名企業ではスタッフへの負担は問題とはなっていない」としている。

TTFでは、RPPへの参加を促進するために専用のホームページを設けて情報提供を図っている（http://www.ttfrpp.co.uk）。また、RPPは毎年レビュー・改定されることになっている。

RPPでは、調達木材の違法伐採リスクが高いほど、合法性／持続可能性確認のための証明レベルも高いものが必要になるという対応をとっている。そのために最も重要なステップがリスク評価である。RPPでは、サプライヤーと生産国に対するリスク管理によるアプローチをとっており、以下の3段階で評価を行っている。

1. プレスクリーニング

   認証の有無を確認。すべて認証材であればそのサプライヤーはリスク評価から除外。

2. 国ごとのリスク評価

   TI（Transparency International）の汚職腐敗指数や種々の出版物・レポートを参考に違法伐採問題が深刻な生産国10ヵ国に関してのレポート類のデータベースを持っており、会員企業へ提供している。最終判断は今のところ個別の企業にまかせているが、そのうち評価方法を変える予定。リスクの低い国には詳細な証拠は求める必要はない。

3. サプライヤー評価

   サプライヤーに答えてもらう質問表は、サプライヤーのマネジメント情報（B：木材調達方針等、C：調達方針の実施、D：サプライヤーとの関係）と製品情報（E：認証製品の比率とその内容、F：非認証製品）の2パートに分かれている。サプライヤーから提出された質問表の答え（B〜D）についてRPPで提供されているマトリックス（図2-2）等を使って、署名企業はサプライヤーごとに高、中、低の3段階でリスク評価を行う。

基礎編

RPP選択表：リスクアセスメント・マトリックス						
	リスク評価 高　←----------　低					点数
木材調達方針	1	2	3	4	5	
調達方針の実施	1	2	3	4	5	
サプライヤーとの関係	1	2	3	4	5	
合計						0

サプライヤーを合計スコアで3段階評価
高リスク　3-7　中リスク　8-11　低リスク　12-15

図2-2　TTFのサプライヤー評価表

　また、RPPでは、ネットワーク上でのリスク評価のサービス「RPPオンライン」も提供している。RPP署名の企業と取り引きしているサプライヤーが、RPP質問票への回答と関連する証拠書類をデータベースにアップロード、登録された情報は企業がダウンロードすることはもちろん、RPPオンラインの専門スタッフがリスク評価を行ってくれる。すなわち、RPP署名企業はリスク評価をオンラインでアウトソーシング（外部委託）ができるということである。この「RPPオンライン」は、TTFとIT企業トラック・レコード社の共同事業により提供されている。

　製品ごとのリスク評価は、合法性と持続可能性の2つの観点から行われる。CPETの認証制度評価で持続可能性まで認められた4つの森林認証制度（CSA、FSC、PEFC、SFI）についてはリスク評価「低」、合法性が認められたMTCCについてはリスク評価「中」とされている。また、生産国のリスクが「高」とランクされた場合には、合法性／持続可能性について確認できる度合いから、低、中、高、特に高いの4段階でランク付けされる。

　合法性については、まず合法性の第三者証明や認証を取得しているかを調

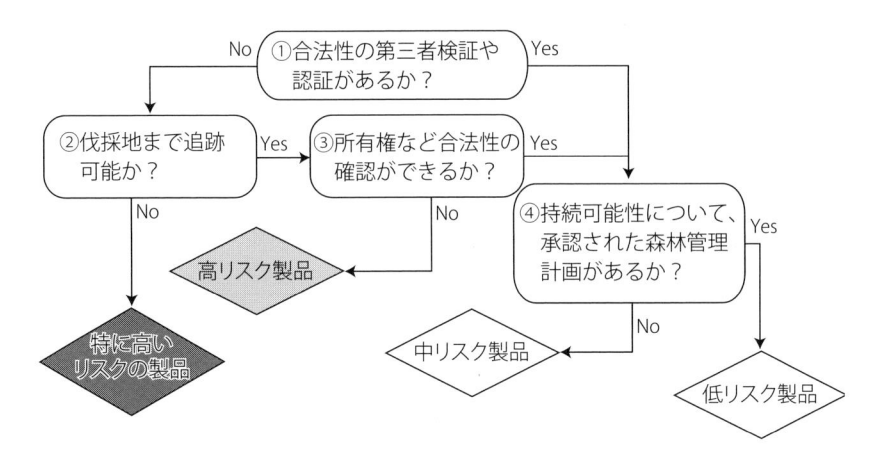

図2−3　TTFの製品リスク評価の手順

べる。もしそれらがなければ、伐採地までサプライチェーンを遡及することが可能かどうかを調べる。遡及できなければ、取り扱わないという判断を下す。追跡可能なら、以下の2段階の確認を行う。いずれの場合も、確認可能な許可証や申告書など適切な行政当局からの書類が揃っていることが必要とされる。

1. 伐採地及び伐採権・所有権の確認

木材の生産者が、定められた期間と林地において、樹種・等級・サイズが認められた木材を伐採するのに必要な権利や許可を持っていること。

2. すべての法規制への遵守

木材の生産者が、森林管理及び森林管理による影響に関連するすべての法規制を遵守していること、及び関係する税金や手数料がすべて適切に支払われていること。

合法性が確認されると、持続可能性に向かって改善しているかどうかについて、以下の指標によって判断される。

・FSCやPEFCの事前審査を終了している。
・TFT（熱帯林トラスト）またはGFTNのメンバー団体と協働している。

基礎編

・認証取得へ向けた明確な作業計画とスケジュールを持っている。

・完全に機能している効果的なトレーサビリティシステムを持っている。

　伐採地まで遡及可能で2段階の合法性が確認されたら、持続可能性について確認を行うことになる。当局や第三者機関等により承認された森林管理計画の有無を確認し、森林管理計画の内容が持続可能性の基準（具体的にはCPETのカテゴリB）を遵守しているかどうか会員企業自身で評価し保証する。

　RPPの署名企業は、1年間の調達管理の実施状況と進捗状況について年次監査を受けることになる。監査は、SGS社が担当している。2007年1月までに監査を受けているのは、参加企業37社のうち10数社程度である。

　監査機関は、リスク評価が適切に実施されているかを書類上で監査するとともに、不明な点や不適合事項があった場合は電話による確認も行う。さらに、調達管理制度の実施状況や、記録が保管されているかを確かめるための訪問監査が行われることもある。

　秘匿性の高い取引情報を外部に流さないということを、参加企業に安心させるため、TTF自体は各企業のレポートはみないことになっている。

　RPPへの不適合には、2段階が想定されている。

　1つは軽度の不適合で、目標値に対してわずかに届かない場合、確認状況を保証する十分な証拠がない場合、リスク評価手続きにおける部分的な過失などである。軽度の不適合と判定された場合には、署名企業に対して一定期間内に改善を求める改善要求が出されることになる。

　もう1つは重度の不適合で、故意に要求事項を無視している場合、監査機関やTTFに対して虚偽の報告をしている場合、目標値に対して大きく届かない場合、継続的改善がみられない場合などである。重度の不適合と判定された場合、署名企業に対して、速やかに問題を是正することを求める勧告を通知するとともに、他のメンバー企業に対しても報告されることになる。勧

合法材供給を目指す TTAP

　TTAP（木材貿易行動計画）は、欧州委員会の資金提供とベルギー、オランダ、英国の3ヵ国の木材貿易団体による共同出資による2005年3月から2010年2月までの5ヵ年に及ぶプログラムである。2010年2月までに、英国、オランダ、ベルギーの木材貿易協会の輸入する熱帯木材の20％を合法証明材とすることを目標に、サプライチェーンの評価や供給側に対するCoCシステムの導入支援を行っている。対象国はインドネシア、マレーシア、カメルーン、ガボン、コンゴの5ヵ国で、実施機関は、FSC認証支援等を行っている非営利団体のTFT（熱帯林トラスト）である。

　TTAPでは約350（アジア200、アフリカ150）のサプライヤーに対する「ギャップ評価」を実施し、約35のサプライチェーンに対してCoCシステムの実施のためのフォローアップ訓練を行うことになっている。サプライチェーンを通じて合法性を証明するために、以下の3つの段階がある。

　これらに必要なコストの72％は欧州委員会からの資金により、残りの28％分は各企業や各国の木材協会が負担することになっている。対象国のサプライヤー企業に合法性証明材の供給について関心があるかどうか、そして合法性証明について第三者監査を受ける意思があるかどうかを確認した上で、EU側の購入企業がTTAPへの参加を申し出ることになる。

1段階：ギャップ評価

　TTAPチームはサプライチェーンの中にある個々の主要ポイント（伐採地、工場など）を訪れ、違法木材が混入する可能性のある弱点を特定、個々の業者が合法性証明を実現できるようにするために必要な改善行動計画とコストの見積もりを提供する。おおよそ1つのサプライチェーン当たり、4つのサイトを訪問して評価されると見込んでいる。

2段階：CoCシステムのための訓練と支援

　ギャップ評価に基づいて可能性があると判断されたサプライチェーンには、第1段階として合法性を証明するためのCoCシステムの導入実施が推奨される。TTAPの基準に適合したCoCシステムを導入するため、TTAPは財政的・技術的に支援する。

3段階：サプライチェーンの第三者機関による検証

　TTAPはCoCシステムが合法性を証明するのに十分であることを保証するため、第三者機関による監査を受けられる財政的な支援をする。

告に対して期限までに問題が是正されない場合には、RPPから除名が勧告され、それに従わない場合には行動規範に規定された調停プロセスに基づいた手続きが行われる。

RPPの意思決定は、環境NGOや英国政府（CPETまたはDEFRA）などからなるRPP委員会でなされることになっている。また、委員会のもとに適宜設けられる技術部会では、政府調達方針との整合性、認証制度との整合性、中小企業への支援方法などが検討される。

現在、RPPに参加している企業は大手が中心であり、今後は小規模企業の参加を促していくことが課題である。必要な人材や予算を確保できないなどの制約があることから、小規模企業向けに経理システムとリンクして、取引される木材のリスク評価が自動的にできるソフトウェアをつくることを計画している。

2－3－2　Latham社

Latham社は、1757年創業の英国の木材輸入・卸売企業である。グループ企業であるJames Latham社全体では、合板やベニヤ、フローリング、デッキなどを扱っている。業界団体であるTTFの違法伐採対策に積極的に参加しており、「責任ある調達方針（RPP）」の創設メンバーである。合法性が確認された木材のみを扱うとする木材調達方針を設け、すべてのサプライヤーに対してリスク評価を行うことを明記している。

Latham社は、合法性が確認された製品のみを扱うことが自らのCSR（企業の社会的責任）を全うすることにつながると考えている。

同社の「環境方針」には、「すべてのサプライヤーのリスクを評価し、原料について実践的な明確な情報を求める」と明記している。この文書では、英国政府に木材製品を納入する企業に求められる合法性や持続可能性の要件についての解説や、Latham社が在庫として抱える第三者認証を受けた製品

をリストアップし、顧客に対して情報提供も行っている。

さらに、「責任ある木材・木材製品の調達に関するコミットメント」では、木材調達に関する自社の責任を下記のように定めている。

1. 管理体制
2. 責任範囲
3. TTFの行動規範
4. 合法性
5. 絶滅危惧種
6. トレーサビリティとサプライヤーのモニタリング
7. 木材認証
8. ボイコット回避
9. 継続的な改善
10. 報告と監査

RPPの実施責任者は、調達担当者2人にアシスタントの計3人としている。TTFが実施するトレーニング・コースに、これまで社員の3〜4人が参加をしている。

Latham社がRPPに署名をしたのは、合法材に対して顧客から明らかな需要があったからではないという。最大の顧客である建具・店舗設計業界や建材・建設業界は、CSRや木材調達方針を持つ大手企業が多く、今後、合法材に対する需要が増えることを予測してのことだ。また、これらの企業は政府プロジェクトにかかわっているところも多く、Latham社が扱うかなり多くの原材料が間接的に公共事業に流れていると考えられる。

木材調達のリスク・アセスメントの実施によるLatham社の木材調達の実績は、表2−6のとおりである。欧州産の割合が高いパネル製品で、認証材の割合が高くなっている。目標が達成できていない木材部門にRPPを活用することを検討しているところだという。

表2－6　Latham社の木材調達の実績と目標

		合法かつ持続可能（認証材）	第三者による合法性の確認
パネル	2004年	60%	—
	2005年	75%	3%
	2006年目標	77%	5%
木　材	2004年	15%	10%
	2005年	24%	9%
	2006年目標	27%	13%

資料：「James Latham Annual Report 2006」2006年7月発行より。

　2006年のサプライヤー評価では、リスクの高い熱帯の合板や広葉樹に焦点を当てたという。高リスクとされたのは同社のサプライヤー全体の約6割に当たり、次の評価では残りの4割も含む全サプライヤーを調査対象にする予定だ。なお、TTFのRPPシステムにより、2005年に第三者監査（SGSによる）を実施したのは10社程度にすぎないが、Latham社はそのうちの1つで、自らの成果を外部にチェックしてもらうことにも積極的な姿勢をみせている。

　また、同社は調達方針を推進する中で、欧州3ヵ国の木材貿易団体が実施するTTAPに参加している企業からの調達を優先している。

　木材調達方針に合法性や持続可能性の視点を取り込むことのメリットについて、同社会長のピーター・レイサム氏は「顧客の多くは熱帯の広葉樹を扱っており、違法伐採に絡む問題があるために、このような木材を使い続けることに大きなプレッシャーを感じている。そこで、合法的な、または適切に森林管理がされている材の原料調達に自信を持てる状況を、我々が提供していることになる。これは我々にとっても顧客にとっても有効なマーケティング・ツールであり、利益になるともいえる」と語っている。

　さらに、「この取り組みの追加のコストと、（このような取り組みをしない場合に）サプライチェーンに問題が生じた際にふりかかるコストを考えると、前者はわずかで後者はかなり高くなる」と、保険的な要素も強調している。

第2章　欧州の違法伐採対策

　RPP の準備・実施にかかるコストについては、技術で克服することも可能だとして、Latham 社では、顧客の求めに応じて原産地、樹種、製材所、量、認証・検証方法などで取り扱う材に関する情報をすぐに提供できるように、コンピュータシステムを改善している。

　「サプライヤーからあがってきた情報をバックアップする証拠を集めることが、これからの課題である」とレイサム氏は指摘する。一部のサプライヤーは、情報提供を渋る。外に情報が流れて、プレッシャーを与えられるのではないか、または自らの取引の実態を明らかにすると、取り引き自体を失うのではないか、と懸念しているところもある。これらのサプライヤーに対しては、調達方針を実施する本来の狙いをきちんと理解してもらうよう、丁寧に説明をしていく方針だ。

　NGO の役割については、「問題を浮き彫りにするという点で、よい仕事をしている」と評価する一方、認証制度に関する議論では市場に混乱を与えるようなメッセージを発しているとも指摘する。「我々がこれから一層取り組むべきは、認証制度間の違いを突くことよりも、もっと多くの製品が認証を受けるようにすることである」。さらに、NGO には、木材が持続可能な材料であることを最終消費者に対して訴える活動を展開してくれることを期待しているともいう。過去には、特に広葉樹材に対してマイナスのイメージが普及し、木材を使うこと自体が否定的にとらえられてきたこともあったが、そうした状況を変える動きを NGO がこのところ展開している、とレイサム氏は実感している。

　レイサム氏は、「持続可能な材を要求しているというメッセージは明確であり、政府と取り引きをしたければ従うより他に選択肢はない」と政府調達を評価する。さらに、政府が先行した木材調達方針の取り組みが小売業界など民間企業にも広がり、調達方針の内容についても「自然に調和されていくのではないか」とレイサム氏は予測している。調達方針が調和されれば、生

産国側にとっても望ましいことである。

2－3－3　B&Q 社

　B&Q 社は、欧州最大、世界第 3 位の DIY 小売企業であり、Kingfisher 社の子会社である。英国国内に 332 店舗、英国国外に 60 店舗をもち、従業員は 39,000 人（2007 年 5 月現在）。CSR（企業の社会的責任）の実施では、環境、倫理的取引、多様性、コミュニティという 4 本の柱をたて、幅広い分野について方針を掲げ取り組んでいる。

　同社は、世界的にみても最も早い 1991 年に木材調達方針を導入し、一貫して FSC 認証材を優先して調達している。同社の CSR レポート「B&Q, Social Responsibility Review 2003-2005, Performance Data 2004-05」によれば、2004 ～ 2005 年において販売した木材について（335 万 m^3）、① 71.8％は FSC、②その他の認証は 14.6％、③ 13.0％は認証取得に向けて行動計画を策定中、④残り（0.6％）はデータが不完全のもの――である。②のほとんどは FFCS 認証（フィンランド）のもの、③のほとんどは TFT（熱帯林トラスト）を通して供給されたものである。

　同社のもともとの木材購入方針は、1991 年に策定された。1990 年に FoE イギリスが熱帯木材の購入に反対するキャンペーンを展開していたとき、あるジャーナリストから「B&Q の商品のどのくらいが熱帯雨林からきているのか」という質問があり、答えられなかったことがきっかけとなった。

　1991 年 9 月、B&Q は購入するすべての木材・紙製品について、段階的に出所の明らかなもの、適切に管理された森林からのものを使うという方針を打ち出した。そして、包括性、独立性、透明性の観点から最も信頼性の高い FSC の認証制度を確立させるため、WWF ＋ 95 のバイヤーズ・グループの設立メンバーの一員となった。

　その後、何度かの改定を経て、最新の木材調達方針は 2006 年 8 月に発

表されている。

　最新版の木材調達方針（B&Q Timber Policy and Buying Standards 2006）では、認証制度についての評価結果を踏まえて、それまで FSC と同等とみなされる可能性があるとされてきたインドネシア・マレーシアの認証制度である LEI（Lembaga Eco-Label Institute）及び MTCC（マレーシア木材認証協議会）については、改善がみられないとして、除外した。また、FSC 認証材が入手できない場合についての選択肢として、GFTN（Global Forest and Trade Network）や PEFC の欧州材が加えられた。

　さらに、調達の実態を把握するために、サプライヤーに対して新製品の納入の際には、以下の項目を報告することを義務づけている。

・量（cm^3）
・認証制度（取得している場合）
・製品カテゴリ（例：合板、MDF、製材など）
・樹種、原産地
・CoC の詳細

　B&Q 社では、調達方針のレビューの際に認証制度の評価を行っている。信頼できる認証制度の基準を、次のように設定している。

①国際的に合意された持続可能な森林管理基準を持つ
②環境・社会的な圧力団体を含むすべてのステークホルダーの参加
③異議申し立て手続きにおける透明性
④独立した、完全な CoC
⑤監査に関する最低の基準
⑥森林レベルでの定期的な監査
⑦世界的に適用可能である、または世界規模の制度の傘下にある

　最新の調達方針改定に当たって 2006 年に行った評価では、英国政府の

基礎編

> **B&Qの木材購入方針要旨（2006年8月版）**
> - すべてのバージン原料は、出所となる森林がわかっており、サプライヤーが、当該森林が適切に管理され、それに関して独立した認証が行われているということに関する十分な保証を与えるものでなければならない。
> - B&Qは、基本的にはFSC認証原料のみを購入するが、FSC認証原料が入手不可能な場合には、下記も例外として受け入れる。
>   - 最大でも3年のうちに、FSCの基準を達成すると公に約束している認証制度によって認証されている製品。
>   - 認証取得に向けて取り組んでいる原料を使った製品。ただし、伐採地とCoCが、①SGSの認証サポートプログラムに登録、②TFTと契約、③WWFのGFTN（Global Forest and Trade Network）が適当だと判断した場合にはGFTN会員であり、かつFSC認証機関との契約を結んでいることを示し、独立検証可能な完全なCoCを持っていることを証明する――のいずれかの形で独立検証可能な行動計画が実行されている場合に限る。これらはプロジェクトごとにB&Qの社会的責任チームの承認が必要になる。
>   - PEFCの欧州材については、6ヵ月以内に独立検証される形でFSCのコントロールウッド基準を遵守することを公に約束している場合。
>   - B&Qでの取り扱いが限定された数量の製品の場合、認証取得が可能な状況で、サプライヤーが6ヵ月以内に認証を取得すると約束することが条件。これについてもプロジェクトごとにB&Qの社会的責任チームの承認が必要になる。
> - 月ごとにランダムな監査が実施され、本方針に適合しない場合、取り引きは継続されない。

CPETが行った評価基準を基本に社会的側面を加え、NGOや産業界などの見解を参照しながら、5つの認証制度（FSC、PEFC、SFI、CSA、MTCC）について、長所・短所を整理している。

　実際の取り引きに際しては、サプライヤーに質問状に応えてもらう

第 2 章　欧州の違法伐採対策

B＆Q 社は店頭でも FSC などを紹介し、自らの木材の調達の取り組みを顧客に伝えている。

「Quest」方式を実施している。「Quest」は、品質、倫理、安全、環境を含んだもので、これを通じて 10 の原則に照らしてサプライヤーの環境社会面におけるパフォーマンスを判断している。新規の取り引きに当たっては、数時間にわたるインタビューを行うこともある。また、現場主義をとっており、しばしば現地を訪れ、NGO の意見に耳を傾けて、実際現地でどのような方法で伐採が行われているかを確認している。さらに、TFT の会員となり、彼らと共同でインドネシアの林業の改善を支援している。

　B&Q 社で調達方針の取り組みが始まってからすでに 10 年になる。社会責任マネージャーのレイチェル・ブラッドリー氏が「木材調達方針は社内で一番理解されている指針である」と言うとおり、木材調達に関する取り組みについて社内の理解度は高い。NGO などからのプレッシャーにさらされるというリスクがあることなどから、そもそも「出所の不確かな木材を扱うという選択肢はありえない」としており、B&Q 社では調達方針の実施による違法伐採への取り組みはしっかりと根づいていると評価できる。なお、B&Q

社だけで対応できる問題ではないとしながらも、認証木材の供給量が少ないことは大きな課題であるととらえているという。

ブラッドリー氏は「お客様から『FSC材を扱っているなんて素晴らしい』と評価されることで、調達方針に対する誇りや自信を持っている社員も多い」と、この取り組みの間接的な効果を評価する。さらに、木材調達方針の実施により、リスクの回避、企業としての評判の向上などの効果があることから、実施にかかる費用は「投資」であると同社ではとらえている。しかしながら一方で、「FSC材だけを買うという理解あるお客様も一部いるが、大半はほとんど気にとめていない」という現実も認めている。

B&Q社では販売する商品で使う環境ラベルはFSCとTFTのみに限定しており、消費者に対して明確なメッセージを伝えようとしている。店頭での掲示やパンフレット、またはWEBサイト等を活用して、FSCやTFTのロゴが何を意味しているのかについて積極的に情報提供を行っている。

NGOの活動については、消費者が生活の中で解決策を提示するという役割の一方で、問題があることを常に認識させるよう人びとに対しメッセージを発信し続けるという役割を担っているという点で重要だと認識しているという。

2-3-4　Wijma社

1897年に設立されたWijma社（Koninklijke Houthandel G. Wijma & Zonen BV）は、森林管理から木材輸入、木材製品の加工・販売、土木・建築事業までを行うオランダの企業である。設立当初は、欧州のオーク材を扱っていたが、戦後復興のための需要の高まりを受けて、より強度の高い熱帯広葉樹材を求めてアフリカから木材を輸入するようになり、1947年にカメルーンに製材所を持つに至った。

グループは、国内2社（生産、建設、コンサルティングを行うWijma

第2章 欧州の違法伐採対策

Kampen B.V 社と、加工・販売を行う A.T.C Houthandel B.V 社)、海外7社(ドイツ、英国、フランスに販売会社、カメルーン、ガーナ、アイボリーコースト、ブラジルに森林コンセッションや製材工場)で構成される。全体で従業員は約 1,300 人。製材工場は、オランダ1ヵ所(カンペン)とアフリカ3ヵ所の計4ヵ所にある。

現在、Wijma 社の販売先の75%は、オランダ以外の日本、EU、中国市場である。中国からは品質の要求レベルが低いため、積極的な輸出を行っている。一方、インドネシア、マレーシア、パプアニューギニアからの輸入量が多くなっている日本への輸出量は減っている。

数年前にグリーンピースに違法伐採の疑いがあると攻撃されたことをきっかけに、持続可能な森林管理の取り組みを開始した。アフリカのコンセッションで森林管理を行っている経験から、違法伐採問題の解決に調達者としてだけではなく生産者として自ら関わっている点が Wijma 社の特徴である。

同社は、1968 年にカメルーンで現地法人を設立。2001 年にコンセッションを南西部に獲得し、最近新たに4つめのコンセッションが認められ、現在は約 18 万 ha の森林管理を行っている。

カメルーンでは、新たな森林関係法が 1995 年に制定され、コンセッションの割当も新しい法制度に応じて見直されている。Wijma 社が 2001 年に獲得したコンセッションも、新森林法に基づいている。

Wijma 社は、環境方針の中で合法材のみを扱い、サプライヤーにも同様の取り組みを要求し、認証材を優先すると同時に、違法材を購入しないとしている。具体的な取り扱い禁止樹種としては、ワシントン条約付属書Ⅰに掲載されている樹種を挙げている。

カメルーンの森林管理では、責任ある森林管理を実現するために、次のような段階的アプローチをとっている。

第1段階　コンセッションの割当(森林調査と森林管理計画の策定)

第2段階　合法性の検証（OLB）
第3段階　森林管理計画の承認・実施
第4段階　責任ある森林管理に向けた認証の取得

　2001年のコンセッション獲得から、森林調査（木の種類、大きさ等）、森林計画の文書化、認証機関による認証を経て、カメルーン政府の森林管理計画が森林委員会に承認されるまで、3年がかかったという。

　同社は、2005年12月に、1ヵ所のコンセッションでFSCの森林認証を取得した。これはカメルーンでのFSC森林認証の第1件目である。また、他の3ヵ所も含めてすべてのコンセッションでOLB（Origine et Legalite des Bois、フランスのBureau Veritas社が提供する合法性証明制度）によって合法性が確認されている。今後は、カメルーンにおける認証森林面積を所有森林の約50％程度にまで広げる意向である。

　2006年の生産量は、OLB証明を取得した森林からは年間約40,000m^3、FSC認証森林からは7,000～8,000m^3となっている。

　なお、コンセッション地域では養鶏場の設置や病院の改装、教育サービスの提供、道路建設、密猟対策などの地域貢献事業も行っている。

　同社では、自らが所有するコンセッション以外から木材を調達する場合は、まずは供給業者に「合法性宣言書」に署名してもらい、次にTTAP（木材貿易行動計画）への参加を要求している。だが、TTAPから助成金を得るには時間がかかるため、すべてのサプライヤーに必ずしも参加してもらえるとは限らない。

　また、ガーナのように民間企業がコンセッションを持つことができない国の場合、国レベルでの認証取得を進めるよう促している。ブラジルの場合は、FSC認証木材のみを輸入している。

　森林認証を取得し、または支援することが、カメルーンのケースのように他の国でも可能かというと、Wijma社の経験ではそうとは言えない。アイ

第 2 章　欧州の違法伐採対策

ボリーコーストではコンセッション期間が短いため、段階的アプローチを実行する時間が確保できない、インドネシアでは生産者が認証取得に意欲をみせないなど、認証取得が進んでいない理由は国ごとの事情により様々あるという。

「わが社の成功を知れば他の真面目な会社も我々を追随することが見込まれる」と、自らの認証材への取り組みについてアド・ヴィセリンク副社長は評価している。他社が認証材マーケットに参入してくれば、先行企業であるWijma 社にプレミアムを得る機会が出てくることを期待した先行投資だと言える。

現時点で認証材の扱いを広げていくことの課題について、同氏は「業務用マーケットは認証材を強く要求しているが、入手可能性が課題である。例えば翌日納品という緊急の需要に対応することはできない。簡単に入手できないならば、早く手に入る木材以外の市場に転換する可能性もあり、ビジネス・チャンスを逃すこともありうる」と語る。

一方で、Wijma 社は、自らが会員であるオランダの木材輸入業者の協会であるVVNHの違法伐採に関する行動規範に違反していると、FoE オランダに訴えられたが（伐採サイズ、コンセッション域外の伐採など5項目）、独立調停委員会に無罪を認められた経験がある。

「事件が度々起きても、それが繰り返されていない限り組織的な犯罪とは考えていない。当社も過去に間違いをしてきたが、問題の少ない容易な地域で操業しているわけではない。むしろ、『失われた大陸』であるアフリカで森林認証取得を実現した功績は大きいと考えている」と自らの行動に自信をみせている。さらに、「ステークホルダーそれぞれにはそれぞれの役割がある。摩擦はいつでも存在するものであるが、NGO には時々背中をたたいてもらっている感覚である」とNGO の役割も認めている。

アメリカのペーパーワーキンググループ

　紙に関しては、利用が広範に及ぶことから、様々な企業で違法伐採対策の取り組みがみられる。原生林産のものを使用しないと明言する方針を掲げている企業は、北米を中心にマイクロソフトやインテル、IBM などのハイテク大手をはじめ、文具、化粧品など様々な業種の大手企業に広がっている。その中でも、ナイキやスターバックス、ヒューレット・パッカードや Norm Thompson（通販大手）などの異業種からなるグループは Metafore（メタフォー）という持続的な木材の利用を推進する NPO の支援をうけ、「ペーパーワーキンググループ」（紙調達に関するワーキンググループ、Paper Working Group：PWG）をつくって原生林からの紙を排除するためのツールの開発や情報交換などを行っている。PWG のメンバーは、自らが調達するあらゆる紙製品（カタログ、包装、コピー用紙など）について独自の調査票を供給者に配り、古紙の配合率、バージン原料のうち森林認証や原生林産の有無や、その比率について製品ごとに細かく調査し、スコアの高い製品を購入するという取り組みを行っている。

　PWG には、バンク・オブ・アメリカ、北米最大の印刷会社センピオ、ヒューレット・パッカード、マクドナルド、スターバックスなど 11 社が参加している。これらの企業は、CSR（企業の社会的責任）の観点から自らが扱う紙がどこから来ているかをきちんと調べ、その供給源の状況を把握したいという共通のニーズを持っていた。

　PWG では「環境に好ましい紙の供給を増やし、かつ手頃な価格にすること」をグループの目標と定めた。各参加企業のブランドイメージを維持しつつ、環境に好ましい紙に対する意識と利用率を高めるために、まず環境に好ましい紙の定義を明確にし、次に紙の評価ツールを開発することを決めた。

　メタフォーのクリスティン・ボナー氏によれば「特定の用途に応じて紙を調達するとき、その時点で最善のものを選ばざるを得ない。しかも PWG に参加しているのは大企業であり、紙の調達にかかわっている人は社内外に大勢いるので、いろいろな要因から判断を下さねばならない」と企業の

アメリカのペーパーワーキンググループ

中で環境に配慮した紙調達を進める難しさを語っている。

PWGでは、以下の7つの期待される成果という観点から環境に好ましい紙を定義した上で、環境面で紙を評価するツール、EPAT（Environmental Paper Assessment Tool）を開発した。

- 原材料のより効率的な利用と保全：再生不可能な原材料は使わない
- 廃棄物の最小化：リサイクルを強化しゴミを出さない
- 自然生態系の保全：持続可能なものにする
- クリーナープロダクション：水、空気、土に対する汚染を最小限にする
- 地域社会と人間の健全な暮らし：社会的影響への配慮
- 信頼性のある報告と証明：第三者機関の設立と情報の公開
- 経済的実現性：経済的に見合うこと

EPATを使えば、調達企業は参加企業が合意した共通の枠組みの中で各自の目標と優先事項に応じて柔軟に紙を選べる。まず、紙の供給側は、7つの基準に関連した工場ごとのデータをEPATツール上で入力する。例えば、クリーナープロダクションでは、紙の製造工程における環境負荷パフォーマンスデータが提供される。入力されたデータは業界平均をもとに10段階で数値評価され、購入側は自らの優先順位に応じて100にも及ぶ項目で重み付けを行う。最終的に製品ごとのスコアと購入側の重み付けがかけあわされた最終スコアが出され、購入側は、自らが望む紙製品にどれが最も近いものなのかを判断できる。

EPATの基本的な枠組みは2004年に開発され、2005年からの2年間の試行期間を経て、ウェブ上で本格稼動している。日本からのユーザーも歓迎とのことだ。

第3章

日本の違法伐採対策

基礎編

3－1　グリーン調達の広がり

　環境に配慮した製品を選択して購入するグリーン購入の動きは、1990年代から徐々に広がっていった。1989年に（財）日本環境協会により様々な商品類型ごとに環境配慮の基準を設けてラベリングをするエコマーク制度が開始され、購入者に対して商品選択時にわかりやすく環境配慮ができるようにした。1996年にはグリーン購入ネットワーク（GPN）が設立、特に企業や自治体に対して、グリーン購入を推進・普及するためのガイドラインの整備を進めてきた。2000年には、グリーン購入法が制定され、すべての国の機関がグリーン購入を進めるという義務が生じるようになった。これらの制度や推進体制が整備されてきたことなどから、企業や行政機関の間でグリーン購入へ組織的な取り組みが一段と普及してきた。GPNの2005年時点の調査によると、組織的にグリーン購入に取り組んでいる団体は約9割、明文化されたグリーン購入方針を持つ団体も約7割に及んでおり、毎年取り組みが拡大してきていることがわかる（表3－1）。

　グリーン購入は、初期の頃は、紙や文具など事務用品が中心で、廃棄物削減や温暖化対策への要請からリサイクルや省資源・省エネルギーといった環境性能が求められてきた。しかし、徐々に製品分野が拡大し、次第に業務の中核で調達する物品のグリーン調達が広がってきた。図3－1（左）は

表3－1　グリーン購入に取り組んでいる団体（企業、行政、民間団体）

	組織的にグリーン購入に取り組んでいる	明文化された方針がある	年度ごとの実施把握、目標設定をしている	何らかの方法で実績を公表している
2005年	88%	67%	43%	36%
2004年	85%	62%	40%	33%
2003年	83%	60%	38%	29%
2002年	－	53%	32%	26%

資料：GPN第10回グリーン購入アンケート調査結果報告

第 3 章　日本の違法伐採対策

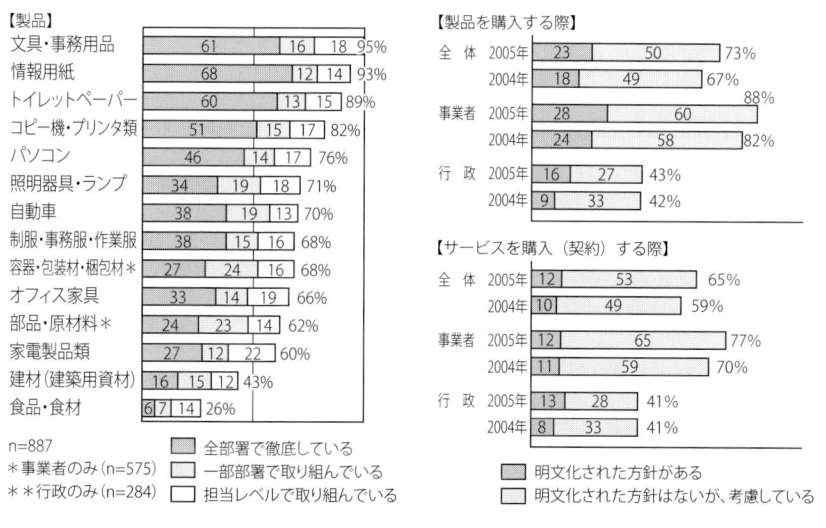

【製品】

商品分野	全部署で徹底している	一部署で取り組んでいる	担当レベルで取り組んでいる	計
文具・事務用品	61	16	18	95%
情報用紙	68	12	14	93%
トイレットペーパー	60	13	15	89%
コピー機・プリンタ類	51	15	17	82%
パソコン	46	14	17	76%
照明器具・ランプ	34	19	18	71%
自動車	38	19	13	70%
制服・事務服・作業服	38	15	16	68%
容器・包装材・梱包材＊	27	24	16	68%
オフィス家具	33	14	19	66%
部品・原材料＊	24	23	14	62%
家電製品類	27	12	22	60%
建材(建築用資材)	16	15	12	43%
食品・食材	6	7	14	26%

n=887
＊事業者のみ(n=575)
＊＊行政のみ(n=284)

【製品を購入する際】

		明文化された方針がある	明文化された方針はないが、考慮している	計
全体	2005年	23	50	73%
	2004年	18	49	67%
事業者	2005年	28	60	88%
	2004年	24	58	82%
行政	2005年	16	27	43%
	2004年	9	33	42%

【サービスを購入（契約）する際】

		明文化された方針がある	明文化された方針はないが、考慮している	計
全体	2005年	12	53	65%
	2004年	10	49	59%
事業者	2005年	12	65	77%
	2004年	11	59	70%
行政	2005年	13	28	41%
	2004年	8	33	41%

図 3 − 1 　商品分野ごとのグリーン購入の取り組みと取引先に対する環境取り組み評価の考慮
資料：GPN 第 10 回グリーン購入アンケート調査結果報告

　GPN の 2005 年の調査結果だが、幅広い商品分野でグリーン購入が行われていることがわかる。先行的に取り組まれてきた文具や情報用紙においては、全体の 9 割以上の団体で取り組みが行われており、全部署で徹底しているという団体も 6 〜 7 割に達している。グリーン購入が始まったばかりの建材においては、取り組んでいる団体はまだ 4 割程度だが、ほぼすべての商品分野で取り組みの割合が上昇しており、過去の経緯を見ても今後さらに取り組みが拡大していくことが期待される。

　近年のもう 1 つの大きな変化は、とりわけ大手企業において広がっているCSR（企業の社会的責任）経営による流れの中で、グリーン購入やグリーン調達から CSR 調達へと進化していることだ。

　これまでは、環境に配慮した製品をカタログで選んで購入していただけであったのが、仕入先の環境経営や仕入先の仕入先、つまりサプライチェーンを遡って原材料を確認するような動きが出てきた。図 3 − 1（右）は、取引

基礎編

先（購入先や仕入先）に対する環境取り組み評価の考慮状況を示したものだが、製品購入の際には全体の7割が考慮するようになっており、明文化された方針を持つところも2割を越えている。また、建築・工事を含むサービス購入の際にも全体の6割強が考慮しており、方針を持つところも1割強となっている。

　こうした動きは、特に消費者の意識に敏感な食品業界で先行してきた。牛肉のBSE問題や鳥インフルエンザ、野菜の残留農薬など、様々な問題が重なったこともあり、生鮮食品を中心に生産履歴を把握・管理し、消費者に伝えていくようになってきている。生産者の名前や使用された農薬や飼料を記録し、出荷時にそれら情報をバーコードなどに乗せて流通させ、スーパーの店頭で表示するという取り組みも広がってきている。

　食品以外では、電気・電子機器業界での動きが顕著である。2003年にEU（欧州連合）で公布されたRoHS指令（電気・電子機器に含まれる特定有害物質の使用制限に関する欧州議会及び理事会指令）や2006年に可決されたREACH規制（化学物質の登録、評価、認可及び制限に関する欧州議会及び理事会規則）に対応するため、とりわけ電機業界において、製品の化学物質管理のための仕入先に対する調査やトレーサビリティ管理が厳格に行われるようになっている。

3－2　林産物のグリーン調達

　2002年暮れからFoE Japan、（財）地球・人間環境フォーラムの2団体は共同でフェアウッド・キャンペーンを開始し、国内外の林産物のグリーン調達に関する様々な取り組みや生産国の違法伐採対策などの情報を業界や行政を対象として発信を始めた。2003年には環境省へ「国内各層におけるフェアウッド利用推進」の政策提言を行い、これが優秀提言に選ばれたことがきっかけとなって、政府、業界への働きかけを強めた。公共事業における木材調

森林生態系に配慮した紙調達に関する NGO 共同提言

　世界の森林問題を憂慮する私たち日本の NGO は、コピー用紙や印刷物、包装などの紙製品を利用するすべての企業や行政機関に対して、持続可能な社会の実現に向けた企業の社会的責任の観点および予防原則に基づき、紙原料生産時の環境・社会影響に配慮した紙製品の調達・購入を推進するために、古紙などの資源の有効活用を前提に、以下の 6 つの指針に沿った調達方針および具体的アクション・プランを作成・公表すること、さらに供給業者に対して同様の取り組みを要求することを求めます。また、紙製品の生産者、流通・小売業者に対しても、以下の指針に従った紙製品の生産や販売を進めていくことを求めます。

①調達しているすべての紙製品の種類・量・使途を把握するとともに、それらに使われている原料の生産地における森林管理などの情報をすべて明らかにする。また、それらの情報が明らかにならないバージンパルプ原料の紙製品は使用しない。

②調達する紙製品のバージンパルプ原料は、最低限合法性が確認されたものでなければならない。

③調達する紙製品のバージンパルプ原料は、保護価値の高い森林の生態系を破壊するものであってはならない。

④調達する紙製品のバージンパルプ原料は、地域住民や生産従事者の生活や権利に悪影響を及ぼしたり、利害関係者との対立や紛争が生じている地域からのものであってはならない。

⑤調達する紙製品のバージンパルプ原料を生産する森林経営(植林を含む)は、元来の生態系に重大な影響を与えるという点で、利害関係者との対立や紛争が生じている天然林の大規模な皆伐を行っているものや、周辺生態系に著しい悪影響を及ぼす除草剤や肥料などの薬品の使用、遺伝子組み換え樹種を使用したものであってはならない。

⑥調達する紙製品のバージンパルプ原料は、天然林、人工林にかかわらず、第三者機関によって審査され、生産から消費まで追跡可能な、信頼のおける森林認証制度により、適切な森林管理が行われているとの認証を受けた原料の利用を目指す。認証材が入手可能でない場合は、認証に向かって継続的に改善をしている森林からの原料を優先して利用する。

（2004 年 10 月発表）

達・利用状況やそのサプライチェーンのヒアリング調査、木材利用に関連する法制度の調査、グリーン購入法における木材基準の見直しに向けた関係省庁との意見交換を行った。業界に対しては、シンポジウムやセミナーを通じて情報提供と同時にGPNに紙の購入ガイドラインの改定を呼びかけた。

一方、グリーンピースや熱帯林行動ネットワーク（JATAN）などのNGOがオーストラリア・タスマニアでのチップ生産による森林破壊やインドネシア製コピー用紙の調達に伴う熱帯林破壊を問題としてキャンペーンを繰り広げ、リコー、キヤノン、富士ゼロックス、アスクルなど国内のコピー用紙販売企業を中心にグリーン調達の動きが広がっていった。

2004年10月、FoE Japan、（財）地球・人間環境フォーラム、WWFジャパン、熱帯林行動ネットワーク、グリーンピース・ジャパンの5団体は共同で、「森林生態系に配慮した紙調達に関するNGO共同提言」を発表し、企業や自治体に対して森林生態系に配慮した調達方針の策定を呼びかけた。その後、2005年夏からこれらNGO5団体は紙の調達に関する連続の検討会を開催し、紙の利用企業に生産地の森林に関する情報や森林認証、調達方針策定に関する具体的な情報提供を行った。このような環境NGOの働きかけに応じる形で複写機メーカーや製紙企業などの個別企業が調達方針を導入し、自らが利用・調達する紙原料に配慮する動きが見られるようになった（詳しくは後述）。

住宅業界に対しては、フェアウッド・キャンペーンがフェアウッド建築セミナーを2006年に東京2回と、大阪、名古屋、福岡、仙台で実施した。ここでは各地の先進的な有力ビルダー（菊池建設、新産住拓、安成工務店、生地の家など）とともに大手住宅メーカーの住友林業が、工務店・建築士など住宅建築に携わる参加者に向かって自らの木材調達への理念や取り組みを披露した。

また、環境NGOのラミン調査会はラミン材のワシントン条約への登録を

機に、インドネシアで続く同材の違法伐採問題解決のため、日本国内のラミン材流通の実態調査を開始した。そして、ラミン材を取り扱っている国内の企業に対して、アンケートや要請書の送付などにより一社一社地道な説得を続けてきた結果、ラミン材の日本での流通はほぼ終息に向かうこととなり、2007年6月にラミン材流通の終息宣言を発表した。

3－3　林産物に関する基準・ガイドライン

環境に配慮した林産物の調達に関する基準・ガイドラインとして、エコマーク制度（http://www.ecomark.jp/）、GPN ガイドライン（http://www.gpn.jp/）、CASBEE システム（http://www.ibec.or.jp/CASBEE/）を紹介する。

3－3－1　エコマーク制度

地球を優しく抱きかかえているような図柄のエコマークは、消費者に最も知られている環境ラベルであろう。エコマーク制度の普及に関しては、2000年度時点の消費者意識調査でも「見たことがある」と回答した人は92％、「知っている」との回答も72％に上るなど、消費者の間でも高い認知度となっており、市場シェアでみても、PPC用紙で16.5％、トイレットペーパーで41.5％などと普及している。

エコマーク制度は、様々な製品について、認定基準を設けているが、木材に関する項目としては、建設資材や家具に対して「間伐材・再・未利用木材などを使用した製品」「木材などを使用したボード」及び「家具」が、紙類に対しては「情報用紙」「印刷用紙」「衛生用紙」「文具・事務用品」「包装用の用紙」「紙製の包装用材」「紙製の印刷物」が規定されている。

図3－2　エコマーク

基礎編

　現在の木材関連の基準は、グリーン購入法ガイドライン制定以前の2004年7月に改正されたものだが、この段階でもすでに原料の確認に踏み込んでいる。再・未利用木材として、間伐材、廃木材、建設発生木材、低位利用木材を対象としているが、それぞれに応じて決められた「原料供給証明書」を提出することを義務付けている。間伐材に関しては、樹種、数量、植栽年、間伐率、何回目の間伐か、および末口径の記載を要求。廃木材や建築発生木材に関しては、どのように発生したものであるのかの記載を要求。低位利用木材に関しては、その種類と、産出された森林が天然林か人工林かの区別、森林認証の有無、原産地、樹種、数量、植栽年、末口径の記載を要求している。対象製品を再・未利用木材に限定していながらも、森林環境についてもできる限りの配慮をする基準になっている。

　一方、紙製品関係の基準では、古紙配合率が長年にわたって原料について

表3－2　紙製品におけるエコマーク認定商品市場シェア

種類	数量ベース	2002年度	2003年度	法人向	小売向
PPC用紙	推定市場規模	1,086,000トン	1,140,000トン	95.7%	4.3%
	シェア	16.0%	16.5%		
インクジェット用紙	推定市場規模	25,550トン	32,600トン	33.4%	66.6%
	シェア	3.4%	4.0%		
フォーム用紙	推定市場規模	330,200トン	330,800トン	100%	0%
	シェア	3.9%	3.8%		
ジアゾ感光紙	推定市場規模	19,100トン	17,700トン	100%	0%
	シェア	44.1%	67.6%		
OCR用紙	推定市場規模	22,550トン	21,850トン	100%	0%
	シェア	0.9%	0.9%		
トイレットペーパー	推定市場規模	972,600トン	943,000トン	15.4%	84.6%
	シェア	40.8%	41.5%		
ティッシュペーパー	推定市場規模	492,000トン	474,300トン	0.8%	99.2%
	シェア	2.3%	1.4%		
ちり紙	推定市場規模	32,700トン	32,000トン	4.3%	95.7%
	シェア	24.9%	24.9%		

資料：(財)日本環境協会　エコマーク事務局「平成15年度市場調査　エコマーク認定商品の市場シェア調査（情報用紙、衛生用紙、塗料）」

木材製品に関するエコマーク基準（2004年7月改正）

間伐材、再・未利用木材などを使用した製品
（1）木質部の原料は、用語の定義に定める再・未利用木材および廃植物繊維の配合率が100％であること。なお、低位利用木材のうち小径材において、aあるいはbに該当する場合の森林認証については、別表1を満たしているものであること。（以下略）

木材などを使用したボード
（1）木質部の原料として、用語の定義に定める再・未利用木材および廃植物繊維の配合率が100％であること。なお、低位利用木材のうち小径材において、aあるいはbに該当する場合の森林認証については、別表1を満たしているものであること。（以下略）

■用語の定義
再・未利用木材：以下に定義する間伐材、廃木材、建設発生木材および低位未利用木材をいう。

【間伐材】
林分の混み具合に応じて、目的とする樹種の個体密度を調整する作業により生産される木材。

【廃木材】
使用済みの木材（使用済み梱包材など）、木材加工工場などから発生する残材（合板・製材工場などから発生する端材、製紙未利用低質チップなど）、剪定した枝、樹皮などの木材および木質材料。

【建設発生木材】
建築物解体工事、新築・増築工事、修繕模様替え、その他工作物に関する工事などの建設工事に伴って廃棄物となった木材および木質材料。

【低位利用木材】
林地残材、かん木、木の根、病虫獣害・災害などを受けた丸太から得られる木材、曲がり材、小径材などの木材。また、竹林で産出される環境保全上の適切な維持管理のために伐採する竹も含む。
なお、小径材については、末口径14cm未満の木材とし、以下のaあるいはbに該当する場合は、中立的な第三者あるいは公的機関によって、持続可能な管理がなされている森林であることの認証を受けているものとする。
a. 天然生林から産出された丸太から得られる小径材
b. 人工林において皆伐、群状択伐および帯状択伐によって産出された丸太から得られる小径材

> **エコマークにおける森林認証に関する要件**
>
> 【認証の基準について】
> ・経済的、生態学的かつ社会的利益のバランスを保ち、アジェンダ21および森林原則声明に同意し、関連する国際協定や条約を遵守したものであること。
> ・確実な要求事項を含み、持続可能な森林にむけて促進し方向付けられているものであること。
> ・全国的あるいは国際的に認知されたものであり、また生態学的、経済的かつ社会的な利害関係者が参加可能な開かれたプロセスの一部として推奨されていること。
>
> 【認証システムについて】
> ・認証システムは、透明性が高く、幅広く全国的あるいは国際的な信頼性を保ち、要求事項を検証することが可能であること。
>
> 【認証組織・団体について】
> ・公平で信頼性が高いものであること。要求事項が満たされていることを検証することが可能で、その結果について伝え、効果的に要求事項を実行することが可能なものであること。

の唯一の指標であった。印刷用紙の基準では古紙パルプ配合率が70％以上、情報用紙ではPPC用紙が100％である以外は70％（OCR用紙は50％以上）となっていて、古紙パルプ以外のバージンパルプ原料については原産地における森林環境への配慮基準がない状態であった。違法伐採や天然林の大規模皆伐などの問題があったとしても古紙の配分率さえクリアしていればエコマーク表示がされてしまうことになるため、紙製品の基準の見直しが課題となっていた。

2006年4月にグリーン購入法で林産物のガイドラインが制定されたことを受け、エコマーク事務局では翌年の2007年4月に、紙類の原材料の合法性についての基準を追加している。さらに今後は持続可能性を加えていく方向で検討をしている。

3－3－2　グリーン購入ネットワークガイドライン

第3章　日本の違法伐採対策

　グリーン購入ネットワーク（GPN）は、2,000社以上の企業、全都道府県、300以上の市町村、NGOなど200以上の民間団体から構成されている。GPNでも様々な製品種ごとにグリーン購入のためのガイドラインを作成しており、ガイドラインは各社・団体のグリーン購入における参考として広く活用されている。

　GPNのガイドラインのうち、木材に関する項目としては、製材など建築用木材に関しての規定はなく、紙類に関しては「情報用紙」「印刷用紙」「衛生用紙」が規定されている。GPNガイドラインは、グリーン購入法やエコマークとは異なり、明確な数値基準は設けていないが、古紙配合率の向上が目標とされてきた点は同様である。バージン原料については、ガイドラインとしては規定されていなかった。

　フェアウッド・キャンペーンでは、GPN事務局に対して紙製品のガイドライン改定の必要性について訴えてきた。その結果、GPNは2005年10月に、「印刷・情報用紙」のガイドラインの改定を行い、違法伐採材の排除や森林認証材の推進の考え方が入った。この改定作業は2004年の11月からタスクグループにおいて行われたが、メンバーはGPN会員から30近い企業・団体が集まった。製紙企業、販売企業、購入企業、自治体、NGOが一堂に会して、それぞれの立場から活発な議論を展開しながら検討を重ねた結果、2005年10月に「印刷・情報用紙」のガイドラインの改定が実現され、古紙利用の推進に加え、バージン原料が違法伐採でないこと、認証材の推進などの指針が入ることとなった。

　一方、製材や合板など建築用木材に関しては、2008年3月時点でGPNのガイドラインはなく、今後の策定が期待される。違法伐採問題に関しては、紙製品よりも木材製品としての流通が問題であり、グリーン購入法で義務が生じない住宅業界を考えると、ガイドライン作成の意義は大きい。

基礎編

GPN「印刷情報用紙」購入ガイドライン（2005年10月改定）

　印刷・情報用紙の購入にあたっては、以下の事項を考慮し、用途に応じてできるだけ環境への負荷の少ない製品を購入します。

【製紙原料について】
　紙の主原料であるパルプには、古紙からつくられた古紙パルプと、木材等を加工してつくられたバージンパルプの2種類があります。
　古紙パルプの使用は、廃棄物の削減や森林資源への過度な需要圧力の緩和に貢献します。
　一方、バージンパルプの原料となる木材等は、適切に管理された森林から得られたものであれば再生産可能な資源です。バージンパルプの中でもクラフトパルプの場合は、バイオマス燃料を利用し必要なエネルギーの多くを賄えるため、古紙パルプよりも製造工程における化石燃料由来のCO_2排出量が少なくなります。しかし、違法伐採や不適切な管理で森林破壊につながらないよう配慮しなければなりません。

1）以下のパルプを多く使用していること
　　A 古紙パルプ　B 環境に配慮したバージンパルプ
　　①原料となる全ての木材等は、原料産出地（木材伐採地）の法律・規則を守って生産されたものでなくてはならない
　　②森林環境に配慮した「森林認証材」や「植林材」、資源の有効利用に資する「再・未利用材」等からつくられていること
　　③塩素ガスを使わずに漂白されたものであることが望ましい（ECFパルプ等）
2）製造事業者が、原料調達時に産出地の状況を確認して持続可能な森林管理に配慮していること
3）塗工量ができるだけ少ないこと
4）リサイクルしにくい加工がされていないこと

3-3-3　CASBEEシステム

　国土交通省や大学、設計事務所、ゼネコンなど産官学からなる「建築物の総合環境評価研究委員会」が開発した「CASBEE建築物総合環境性能評価システム」は、建築物の環境性能を指標化して評価するシステムであり、2003年7月から運用が開始され、(財)建築環境・省エネルギー機構が普及に努めている。この中に「持続可能な森林から産出された木材の活用」という項目があり「木材は本来、再生可能な材料であり、その活用度合いをあらわした項目である。ただし、熱帯雨林材や、乱伐されている森林から産

CASBEEの「持続可能な森林から産出された木材」の基準（抜粋）

LR2　資源・マテリアル
2．低環境負荷材
2．2　持続可能な森林から産出された木材
　持続可能な森林から産出された木材の対象範囲は以下を指す。（型枠は評価に含めない）
①間伐材
②持続可能な林業が行われている森林を原産地とする証明のある木材
③日本国内から産出された針葉樹材
　なお、日本では、諸外国のような持続可能な林業が行われている森林を原産地と証明する制度は普及段階にあり、スタンプの刻印などにより明示された木材の流通はわずかである。そこで、現実的には、間伐材や、通常は持続可能な森林で生産されていると推測されるスギ材などの針葉樹材を持続可能な森林から産出された木材として扱う。平成12年建告第1452号（木材の基準強度を定める件）にリストアップされている針葉樹の内、以下のように日本国内で産出されたものは持続可能な森林から伐採されていると考えて概ねよい。
＜日本国内から産出された針葉樹の例＞
あかまつ、からまつ、ダフリカからまつ、ひば、ひのき、えぞまつ、とどまつ、すぎ

出した木材は再生可能であるとは言い難い」としている。具体的には、持続可能な森林からの木材の使用度合いに応じて採点することを評価に用いている。この「持続可能な森林から産出された木材」としては、①間伐材、②持続可能な林業が行われている森林を原産地とする証明のある木材、③日本国内から産出された針葉樹材、をあげているが、現状日本では②に限られていることから、「現実的には、間伐材や、通常は持続可能な森林で生産されていると推測されるスギ材などの針葉樹材を持続可能な森林から産出された木材として扱う」としている。

3－4　木材業界・企業の対応

　違法伐採対策について日本で最も早く対応した業界団体は、(社)全国木材組合連合会である。同会は、2002年11月20日に「森林の違法伐採に関する声明」を発表した。同声明では「全ての不法行為に対し、強く反対する」とし、「各種の違法伐採対策を支持し」、「傘下の木材業界に対し、明らかに違法に伐採され、又は不法に輸入された木材を取り扱わないよう勧告」するとしている。また、同年12月には傘下の木材企業に対するアンケート調査結果を公表、この中で、違法伐採問題に対して日本のとるべき対策として37％の企業が「取引を法的に禁止する」こととしているのは注目に値する。

　全国木材組合連合会はまた、木材業界、消費者団体、NGO、学識者からなる「木材製品自主表示推進会議」を設置して、木材製品の原産地を自主表示するための制度の検討を進めている。木材の品質に関する表示制度であるJAS（日本農林規格）やAQ（木質建材の認証）などでは原産地や加工内容などの情報は表示されないので、これらを自主的に表示するための統一ルール策定を目指している。

　個別の企業をみると、2003年6月にリコーがコピー紙の調達方針を策定した動きが最も早い。これは特にインドネシアの紙製品においてNGOなど

から問題提起されたことに対応するものである。その後、2004年10月の環境NGO5団体による紙の共同提言の発表に応じる形で、同様にPPC用紙を販売しているキヤノン（2004年10月）、富士ゼロックス（2004年12月）、アスクル（2005年6月）が紙の調達方針を発表した。これらの取り組みは川上側へと対応を促すこととなり、2005年には製紙業界も王子製紙（2005年4月）、三菱製紙（2005年6月）、日本製紙（2005年10月）と各社が立て続けに紙原料の調達方針を策定した。この中で三菱製紙は、タスマニアの原生林から生産されるチップの購入停止を発表している。

一方、紙に続く第2弾として2006年2月に「森林生態系に配慮した木材調達に関するNGO共同提言」を発表した5つの環境団体は、2006年4～5月に製材、合板、建材、商社などの木材を取り扱う企業、住宅、建設、家具、ホームセンターなどの木材製品を多く利用すると考えられる業種の企業、各都道府県、政令指定都市、中核市を対象に、「森林生態系に配慮した木材製品の調達に関するアンケート」を実施した（有効送付数631、有効回答数164、回収率26％。業種内訳は、建設26社、住宅16社、建築材料卸売業12社、その他製造業9社、合板製造8社、総合商社6社、地方自治体／都道府県33、政令指定都市及び中核市22）。

アンケートの主な内容は、①「森林生態系に配慮した木材調達に関するNGO共同提言」について、②木材、木材製品のサプライチェーンの把握状況、③森林生態系に配慮した木材調達の取り組み状況、④木材製品の調達方針の有無、⑤今後の木材の生産地における環境や社会に配慮した調達の取り組みの予定――からなる。

木材、木材製品のサプライチェーンについては、木材の情報を「すべて」または「ほぼすべて」把握していると回答したのは、生産国について47％、伐採地について17％、樹種について53％、森林のタイプについて20％で、「ほとんど把握していない」または「把握していない」と回答したのは、生

産国について38％、伐採地について63％、樹種について28％、森林のタイプについて62％であった。また、木材の供給ルートの把握についても、「すべて把握している」または「ほぼすべて把握している」は28％、「直接の仕入先以外把握していない」は64％と、伐採地の把握状況とほぼ同様の結果だった。サプライチェーンの調査方法については、「購入先に質問」が51％と最も多く、「自ら調べる」（10％）、「第三者に聞く」（5％）と続いた。

森林生態系に配慮した木材調達の取り組みを「行っている」と回答した組織の割合は、合法性の確認が40％、保護価値の高い森林を破壊しているものの回避が30％、地域住民や利害関係者との対立や紛争を起こしているものの回避が23％、元来の生態系に重大な影響を与える森林経営によるものの回避が24％、森林認証製品／木材の利用が30％、リサイクル材の利用が52％であった。これらの取り組み状況について公表しているのは、全体の15％であった。

森林生態系への配慮から実際に木材製品の購入を停止したことが「ある」と回答したのは19組織（12％）で、その内容は、ワシントン条約（絶滅のおそれのある野生動植物の種の国際取引に関する条約：CITES）附属書Ⅱに登録されたラミン材が9組織で最も多かった。

木材の生産地における環境や社会に配慮した文書化された調達方針については、38組織（23％）が「持っている」と回答した。このうち、時期や数値目標を含む具体的な行動計画を「持っている」と回答したのは11組織（29％）であった。これを企業と地方自治体別にみると、企業が17％、地方自治体が36％と、地方自治体が高い。また、調達方針の内容をみると、合法性の確認について14組織（12自治体を含む）、保護価値の高い森林を破壊しているものの回避について1組織（特定地域の原生林材の削減）だけとされており、NGO共同提言の内容を盛り込んだ調達方針を導入している組織は限られていることが明らかになった。多くの自治体が国のグリーン

購入法の基準改定に従って調達方針を改定しているが、その内容は合法性の確認にとどまっている。

 今後の木材の生産地における環境や社会に配慮した調達の取り組みについては、合法性の確認を 62 ％が、森林認証製品の利用を 51 ％が、リサイクル材の利用を 47 ％がそれぞれ行うなどと回答し、これらの取り組みを盛り込んだ調達方針を策定または改定する予定があると回答した組織は 47 ％であった。業種別にみると、特に合板製造（8 社中 7 社、88 ％）、その他製造業（9 社中 7 社、78 ％）で高く、また、回答数が少ないものの、建材製造（3 社中 3 社）、家具製造（5 社中 4 社）でも多かった。

 一方、現在調達方針を持っておらず、今後策定の予定もない理由については、「実施のための情報・支援策が少ない」（30 ％）が最も多く、「実施のための方法がわからない」（17 ％）、「実施のための人材が確保できない」（17 ％）、「必要性を感じていない」（15 ％）が続いた。

 アンケートに回答した組織のうち、79 ％の組織が「森林生態系に配慮した木材調達に関する NGO 共同提言」に対して「賛同できる」または「概ね賛同できる」と回答し、「賛同できない」と回答した組織はなかった。その一方で、NGO 共同提言を実行していくにあたって、「木材の情報を把握することは困難である」「木材の情報を確認するシステムが必要である」といった意見が多かった。一方、供給側の企業からは「ユーザーの意識改革・協力が必要である」といった意見もみられたことから、供給側の企業は木材生産者に木材に関する情報を求めて、その情報を調達側に提供すること、また、調達側は情報を求めるだけでなく、供給側の取り組みを促すことが不足している現状があると考えられる。

 フェアウッド・キャンペーンでは、グリーン購入法基準改定から 1 年後に、各企業はどのようにしてその要件を満たしているのか、その取り組み状況について、商社、建材商社・問屋、建材メーカー、住宅メーカー、オフィス家

具、製紙など各業界の主要な企業を対象に聞き取り調査を行った。調査は、2007年5月末から7月にかけて行われ、訪問を申し入れた計50社のうち、33社から協力を得た。また、3つの業界団体からも協力を得た。

まず2006年のグリーン購入法の基準改定については、その理解の度合いはまちまちながら、公共関連調達業務の有無にかかわらず、31社（96％）が認識していた。

取扱材の合法性確認については、18社（55％）が団体認定制度により対応していた。独自手法で対応しているのは6社（18％）。その他9社は特別な対応はしていない。公共調達関連業務がないためである。

その具体的な合法性の確認方法については、海外の生産者と直接取引をしている場合は、合法証明書の提出を要求、またはその所在の有無を確認することで、合法性を担保しているケースがほとんどである。また、商社や問屋から仕入れている場合は、仕入先に具体的な「合法性」について確認すること自体が稀で、そのほとんどは「商社を信用している」といった回答だった。

一方、4社（12％）ではあるが、その証明書の信憑性や、どのようにして合法性を担保しているのか、合法証明のプロセスそのものの説明を求めることや、丸太の伐採地まで遡ってトレーサビリティの追求などに取り組む企業もみられた。

また、加工・流通（CoC）の認証を取得している企業も9社（27％）あった。これは海外の取引先の森林認証取得に合わせ、認証材流通の連鎖をつなげる準備をしたもので、「合法性の担保」の先をにらんでのことである。ただし、実際にその連鎖がつながっている木材・建材の事例は2つしかなく、この点、すでに森林認証紙ビジネスに着手している製紙業界が先んじていると言える。

独自の合法性基準や、木材調達方針の有無についても聞いたところ、企業憲章や団体認定を受ける際に策定する行動規範はあるものの、持続可能性ま

で追求した総合的な木材・原料調達方針を策定しているのは、5社（15％）のみであった。

全木連によれば、団体認定事業者数は1年で6,000社（2008年3月）を超え、合法木材の供給体制は整備されたかにみえる。しかし日本木材輸入協会の2006年10月から2007年3月の統計では、合法証明書が添付されて取引されたのは全体のわずか28.1％でしかない。本調査においても、公共機関から合法木材を要求されたケースは、数件しか確認できなかった。

合法性の確認は、世界の森林保全や持続可能な森林経営の支援が本来の目的であり、書類確認はあくまで手段の1つでしかない。しかしながら、その書類確認のみの制度ですら、買い手である公共機関の取り組みが不十分なため形骸化が危惧される現状になっている。中身のある制度にして、本来の森林保全を実現するためにも、行政、業界、一般消費者、それぞれのさらなる取り組みが必要である。

3−5　林産物のグリーン調達事例

建築用木材ということになると大口で使用している企業は限られてくるが、紙を含めれば、事務用のPPC用紙からカタログ・チラシの印刷用紙、パッケージの板紙など、あらゆる企業が木材を使用していることになり、大きな企業ほど大量に利用・消費している。これら大企業の木材調達行動もマーケットに対して大きな影響力を有している。また、地方自治体における木材利用も同様にマーケットに対する影響が大きいと予想される。

木材や紙のグリーン調達に関しては、2006年に改定されたグリーン購入法による効果で、木材流通業界が一斉にガイドラインに基づく対応を行うようになった。それまでも違法伐採問題について薄々は知られていたが、対応方法もわからないし、自分だけがコストをかけて対応することはできないと考えられてきた。それが、政府が対応方法を示したことで、各業界団体が横

並びで対応をすることができるようになったわけだ。

　しかし、まだまだ、森林環境に包括的に配慮する調達方針を持っているところは非常に少ない。欧米では、個別企業ごとに木材調達方針を有している事例がたくさんあり、これらの事例も参考にしながら、日本の企業に対して木材調達方針の導入をサポートしていく必要がある。

　CSR に熱心なリーディング企業を動かすことで、業界の同業他社も追従するようになる。紙調達に関しては、リコーが 2003 年 7 月に紙の調達方針を発表してから、キヤノンが 2004 年 10 月に、富士ゼロックスが 2004 年 11 月に調達方針を発表した。木材の流通を担っている企業の中では、大手の輸入商社や住宅メーカー、ゼネコンが鍵となるであろう。

　ここでは、日本の企業の中ですでに木材調達の取り組みについて先行している事例をピックアップし、それぞれの特徴を以下の指標に沿って比較した。

　1）基本方針と数値目標：何年までに何を達成するか

　2）リスク評価：違法伐採、HCVF（保護価値の高い森林）、地域社会対立、大規模伐採、森林転換

　3）トレーサビリティの確認：CoC、自社確認、第三者調査、産直

　4）森林認証への対応：自社林 FM、調達材 CoC

　5）地域社会への貢献

　6）実施状況の検証と情報公開

第3章　日本の違法伐採対策

表3－6　日本企業の調達事例一覧　　(2008年1月確認)

業態	会社名	1) 方針と目標		2) 原料供給源のリスク回避		3) サプライチェーン確認		4) 森林認証・森林管理要求事項		5) 生産地への関与・支援・貢献		6) 検証と情報公開	
		記号	内容説明	記号	内容説明	記号	内容説明	記号	内容説明	記号	内容説明	記号	内容説明
紙販売	リコー・NBSリコー	[方針]	「リコー及びリコーブランド紙製品に関する規定」を「供給事業者に対する要求」として公表（2003.6）	[違法] [保護] [生態]	・その国及び地域のすべての関連法・規定、加盟するすべての国際条約・国際的取り決めを順守すること ・原生林、並びに保護価値の高い森林から得られたものであってはならない ・原料供給源の保護する森林の保護価値を調査し、その結果を踏まえて価値の高い森林の保護を行うこと	[自社] CoC	・供給事業者が原料の原産地を明確に把握すること	[FSC]	・森林管理計画を作成・文書化し実施・モニタリングし、必要に応じグリーン・ル管理計画を修正すること ・森林管理計画の作成・修正に際しては、地域住民・環境保護団体等利害関係者に対して十分な情報公開・協議を行うこと ・協議記録を文書として残すこと ・FSC-CoC取得済（紙および板紙） ・FSC情報用紙の販売		・「生態系保全プロジェクト」でNGO/NPOの「森林保全活動」への支援活動があるが、原紙では該当なし	[報告] [WEB]	・環境報告書「2007」では「用紙のグリーン販売の促進」として古紙パルプ配合率60%の目標（日本）に対して61.3%実績の記載のみ。NBSリコー HPI環境への取り組み」にも記載なし
	キヤノン・キヤノンマーケティングジャパン	[方針] [計画]	「キヤノン PPC用紙購入基準」を公表（2004.10） ・すべてのPPC用紙商品を2008年度までに原則1及び原則2を達成する	[違法]	・購入基準［原則1］にて、PPC用紙に使用される紙・パルプの供給源（木材生産地・州単位少なくとも）に関する情報を提供すること	[自社] CoC	・購入基準［原則2］にて、PPC用紙商品の供給源となる森林資源は、合法である森林資源を要件としていること	[FSC]	・購入基準［原則1］にて、PPC用紙に使用される原料として、紙・パルプの供給者による認定を受けた森林（植林地二次林のいずれか）を要求 ・FSC-CoC取得済（情報用紙） ・FSC情報用紙の販売			[報告] [WEB]	・「環境報告書」には再生紙及び認証に使用された森林を原料とした紙の採用を原則とした紙の推進していることを記載

99

基礎編

業態	会社名	1) 方針と目標		2) 原料供給源のリスク回避		3) サプライチェーン確認		4) 森林認証・森林管理要求事項		5) 生産地への関与・支援・貢献		6) 検証と情報公開	
		記号	内容説明	記号	内容説明	記号	内容説明	記号	内容説明	記号	内容説明	記号	内容説明
紙販売	富士ゼロックス	[方針] [計画]	「環境・健康・安全に配慮した用紙調達」規定を調達先に対し公表（2004.12） 国内で販売するコピー用紙の原材料をバルプの全てを配慮型（古紙再生バルプ、植林木バルプ、第三者認証林バルプ）に移行する	[違法] [生態] [環境] [社会]	・原材料の調達・生産・販売などの一連のプロセスにおいて法律や規則が遵守されていること ・生態系を破壊しないこと（遺伝子組換えをしていないことを含む） ・地域住民や利害関係者への配慮（伝統的権利や市民権が侵害されない、大きなトラブルがないこと等）がなされること	[自社] [CoC]	・ゼロックス・コーポレーション（本社・米国）の現程とあわせ、世界共通でコピー用紙の仕入先様に対して原材料調達に関する要求項目を設定	[FSC]	・持続可能な森林管理がなされていることとして、当社が認めた第三者認証機関により認証を受けた森林であるバルプを優先的に取得、又はほぼ確実である天然林 ・2002年度からFSC認証取得した「認証林バルプ」の使用推進。FSC-CoC取得済（情報用紙） ・2006年度コピー用紙の25%（土質紙の70%）がFSC認証紙	[植林]	・自ら使うものを自ら育てることを目指して、ニュージーランドSPFL社に1996年から出資し、植林事業に参加。当地植林はFSC認証を取得しており、1992年から植林を始めたユーカリが伐採可能となったため2004年8月より伐採を開始	[報告] [WEB]	「サステナビリティレポート2007」に、環境配慮型パルプの配合実績（2006年度実績は99%）及び2008年度に目標達成予測と天然林の使用全廃・遺法伐採天然木使用を完全排除することを記載
	アスクル	[方針]	紙製品に対する調達方針を公表（2004.11,改訂2005.6）	[違法] [保護] [社会] [生態]	・遺法伐採でない ・森林保護価値の高い利害関係者等との重大な紛争がない ・天然林を近年に人工林に転換していない ・生物多様性に配慮している	[自社] [CoC]	・紙製品・木製品の合法性を確認するために、トレーサビリティ調査を「合法性調査」を定期的に実施	[FSC]	・優先的に調達する原料として、森林認証制度により適切に管理されたバルプを含むバルプ、FSC-CoC認証取得済（紙、2005.6）			[報告]	・「環境報告書」には、トレーサビリティ調査と合法性調査が実施されて「グリーン購入法.net」のホームページにて公開している ・オリジナルカタログに記載 2005秋・冬号カタログからオリジナル商品におけるFSC認証製品の発売を始め、2006春・夏号カタログでは138アイテムの品揃え

第3章 日本の違法伐採対策

業態	会社名	1）方針と目標		2）原料（供給源）のリスク回避		3）サプライチェーン確認		4）森林認証・森林管理要事項		5）生産地への関与・支援・貢献		6）検証と情報公開	
		記号	内容説明	記号	内容説明	記号	内容説明	記号	内容説明	記号	内容説明	記号	内容説明
紙販売	エプソン	[方針] [計画]	エプソンプリンタ一専用用紙の「紙製品調達基準」を公表（2007.4）。2010年度には適合調達率100％を目指す。具体的な活動については2007年度から、海外調達紙については2008年度から開始	[違法] [保護] [生態] [環境]	・バージンパルプ原料の生産について合法性（生産国の森林に関する法令・採取・加工・輸出入国の地域の法令等遵守）を要求。「持続可能な森林経営の活動」であること。「調達方針」で確認できない場合でも、社会・経済・環境に対する有害者である木材（違法伐採された木材や森林の管理がなされていない森林からの木材、森林地域からの転換された生産地域から生産されたもの）は以下の木材とし、森林地域からの非認証木材、生態系の高い希少森林地域からの木材、住民権利や人権を侵害するような生産や人権を侵害するような生産、遺伝子組み換え樹木などから用途（パーム油、大豆、ビーフなど）への転換地域から生産されたもの）を排除	[自社] [CoC]	・「調達方針」の適合を確認するべく該当する品目については「セイコーエプソン　グリーン紙製品　調達方針」の趣旨証明方針の文書提出を要求。「証明書」に記載される主な内容として①「調達方針」への合致②原材料のトレーサビリティ情報	[FSC]	・第三者森林認証を取得した森林で生産された木材を出荷とする製品の比率を増やすことにより持続的な森林経営の確認と森林経営の信頼性を高める・FSC-CoC取得済（2006）・持続可能性としての生態系への有害性が最小化した森林の生産量の維持・生態系の生産力が保持可能であることを確認し、生物多様性が保存、慣習的権利や住民権利と活力が保持されていることを要求				・「調達基準」の掲載はあるが、実施状況は記載なし
製紙	王子製紙	[方針] [計画]	木材原料の調達方針を公表（2005.4制定、2007.4改定）2004年度→2011年度に、森林認証材6倍（比率15%→65%）、植林材1.5倍（比率48%→81%）、海外植林面積2.1倍（14万ha→30万ha）	[違法] [保護] [社会]	・サプライヤーのモニタリングの実施（以下の項目調査：法令公社会規範遵守と公社会への配慮、環境・社会への配慮）・ビリティの確保（以下の項目調査：原産地、森林管理方法、森林認証原産地、森林認証	[自社] [CoC]	・輸入チップの場合は、年間に約200回におよぶ船積みごとにチップサンプリティとサンプル一を提出してもらい、原料の産地や植林木・天然林の区別、森林管理方法、森林認証の有無などを確認	[FSC] [SGE]	・森林認証材の拡大および植林の増加・拡大（5工場）森林認証CoC取得済・国内自有林はSGEC取得済	[植林]	・2010年度までに海外植林面積を30万ha にするが目標。2005年度末現在、15.2万haに植林済み	[三者] [報告] [WEB]	・調達指針にて情報公開（調達指針の実施状況）を明記・調達状況について、WEBやCSR報告書で「木材原料の調達方針」実施状況（2006年度）を公開・トレーサビリティレポートに対し

101

基礎編

業態	会社名	1) 方針と目標		2) 原料(供給源)のリスク回避		3) サプライチェーン確認		4) 森林認証・森林管理重要事項		5) 生産地の関与・支援・貢献		6) 検証と情報公開	
		記号	内容説明	記号	内容説明	記号	内容説明	記号	内容説明	記号	内容説明	記号	内容説明
製紙	王子製紙				国産材の取得、違法伐採でない、遺伝子組替えでない、保護価値が高い山林でない、紛争がない、重大な社会的・人権・森林管理者の権利保障に配慮		国産チップについてでも、サプライヤーである約700社に対してサプライヤーにトレーサビリティレポートを提出してもらう					[三者報告][WEB]	・SGSジャパンによる監査を受け、レポートがサプライヤーから入手されて記載内容が適切であったとの第三者監査を行う
製紙	日本製紙	[方針][計画]	「原材料調査に関する方針」を公表 (2005.10制定)。・海外植林面積を2015年までに20万ha以上。・2008年までに国内外すべての自社林において森林認証を取得。・2008年までに輸入広葉樹チップ(合板令/認証材+植林材)比率を100%。・先進技術の開発による木材育成を推進	[違法][社会]	・違法伐採材を使用・取引しない、ともに絶滅を支援しない。・サプライヤーの公平・公正な取引。サプライチェーン全体での人権・労働への配慮を実践	[自社][CoC][団体]	・トレーサビリティシステムを構築・海外植林チップ・パルプは自社植林によって賄われ他社でも伐採地域や関連法規の遵守・違法伐採材の混入を防いでいることを関連書類により確認。サプライヤーに定期的(1回)調査(適用法規遵守状況・森林認証状況、人権・労働、生物多様性及び土壌・水資源保全、生態系に関する情報把握他) (2社)。合法性認証材は認定取得業者(団体認定取得済み認定業者)の納材業者(関係団体)の種類把握、内容、環境配慮	[FSC][PEF][SGE]	・持続可能な森林経営(生物多様性の保全、森林生態系の生産力・健全性の維持、土壌・水資源の保全、多面的社会性の保全などに対応)が行われている森林から調達。・2008年までに、国内外のすべての自社林で森林認証を取得する。・自社林の森林認証取得状況:オーストラリア93%、南アフリカ100% (FSC)、日本70% (SGEC)の種類別構成比、2005年度実績(自社植林8%、輸入広葉樹材植林54%、認証天然林17%、非認証天然林21%)・FSC-CoC 4工場/PEFC-CoC 2工場/PEFC展開に注力	[植林]	・海外植林は「Free Farm」構想で10万ha 造成達成済み(2006)、グループビジョン2015で20万haへ拡大目標		

102

第3章 日本の違法伐採対策

業態	会社名	1) 方針と目標		2) 原料供給源のリスク回避		3) サプライチェーン確認		4) 森林認証・森林管理重要事項		5) 生産地への関与・支援・貢献		6) 検証と情報公開	
		記号	内容説明	記号	内容説明	記号	内容説明	記号	内容説明	記号	内容説明	記号	内容説明
製紙	三菱製紙	[方針]	「環境憲章・行動指針」にて森林資源の保護・育成を明示(2001改訂)「木材資源の保護・育成と木材調達および製品の考え方」公表(2005.6)	[遵法][保護][環境][生態]	・現地の法律や規則を遵守して生産されていることを確認・高い保全価値を持ち、その価値が脅かされている森林からの木材を調達しない・伝統的な市民権利が侵害されている森林または市民権利が保護されている森林からの木材を調達しない。・遺伝子組み換えによる樹木からの木材を調達しない以下のいずれかに合まれる管理排出する木材地域の材A)伝統的及び市民権が侵されている地域の材B)高保護価値森林C)遺伝子組み換え材D)用地適正に転換された天然林	[自社][CoC]	①森林認証制度・CoC認証制度を活用した証明方法(自社による証明)②個別企業等の独自の取り組みによる証明方法(自社社員による監査または供給業者まで確認(原料樹種・伐採地)を依頼し供給業者(トレーサビリティレポートによる報告)	[FSC]	・適切に管理された森林からの木材の調達を進める(FSC認証材)・植林木、来歴や環境配慮が明確な二次材、あるいは再利用材を調達・FSC製品の普及推進(日本森林管理協議会)及び「WWF山笑会」の会員	[植林]	海外植林地(チリ、タスマニア、2005年時点の面積約25,000ha、2012年目標面積45,500ha(輸入チップの約60%を自社植林地から調達の見込み)	[報告][WEB]	・2006環境報告書掲載内容:原料(FSC認証)内訳:木材種類別内訳:海外植林木52%、国内材16%、国内産FSC32%(注:2006.2より国内産FSC認証材受け入れ開始)
	中越パルプ	[方針]	「環境方針に関する基本方針・行動指針」にて森林資源の育成と保護、明示「木材原料の調達方針」公表(2006.4:改正グリーン購入法に対応すべく策定)	[遵法][環境][保護][生態]	・合法性の遵守と持続可能性の確保・法律や規則を遵守し持続可能な森林経営を営んでいるソースからの原料を使用・違法伐採木は不使用・森林認証システムの活用、認証原料原料には以下を回避	[自社][CoC]	・トレーサビリティの確保・合法性、持続性を確認するシステムを構築・海外サプライヤ―:伐採地・法律遵守・地域プランタチップ供給プラチェーンが本社へ提	[FSC]	・森林資源の保護・育成と地球環境保全な林産業経営を確保する事業活動・植林事業の積極推進、植林木原材料比率向上・森林認証システムの活用、高保護	[植林]	・植林面積(累積)5,009ha(国内植林約700haを含む)	[報告][WEB][三者]	・調達指針において、木材原料調達ソースの情報を開示することを明記・環境報告書2006にて、サプライチェーン・マネジメントを記載、ただしデータは植林面積(累積5,009ha)のみ

103

基礎編

業態	会社名	1) 方針と目標		2) 原料(供給源)のリスク回避		3) サプライチェーン確認		4) 森林認証・森林管理要求事項		5) 生産地への関与・支援・貢献		6) 検証と情報公開	
		記号	内容説明	記号	内容説明	記号	内容説明	記号	内容説明	記号	内容説明	記号	内容説明
製紙	中越パルプ		「木材調達ガイドライン」公表(2007.4)	[遺法] [保護] [生態] [輸送] [社会]	①不法伐採のもとで収穫された木材 ②遺伝子組み換えによる木材 ③伝統的、慣習的、あるいは市民権の侵害、または先住民やその他の社会的利害関係者との対立・紛争が明確かつ存在する地域から収穫された木材 ④非認証の高保護価値森林から収穫された木材 ⑤植林地または森林使用以外の用途に転換された自然林から収穫された木材		出(舶積ごとのトレーサビリティレポート) ・国内サプライヤー:合法性、持続性、地域における ・リスク評価データを木材商社が工場へ提出(定期的に出)トレーサビリティレポート)		価値森林の保護、伝統を守る権利、市民権の不侵害、適切に管理された森林からの調達 ・FSC-CoC取得本社+2工場 ・FSC認証製品範囲拡大(印刷用紙、情報用紙、高級板紙、塗工紙、再生紙)及びFSC認証木材原料配合比率10%以上にて管理(FSCクレジット・マテリアル)他の木材原料も管理木材、合法証、持続材がある森林)			記号	・提出されたデータに基づく自社による評価を第三者認証機関が定期的に監査・指示
住宅	積水ハウス	[方針]				[自社]	主要木材取扱メーカー約60社に対して10産地の産出に関する調査実態調査を実施		・7) 森林の回復速度を超えない計画的な伐採が行われている木材 ・9) 自然生態系の保全や創出につながるような方法により植林された木材 ・今後は取引先と協同して認証材や国産材の利用促進、木質材の活用に努めていく予定	[国産]	・8) 国産木材2006年は新築戸建住宅の年間総搭載実績は約75万本(2002から)の累計334万本だが、木材調達先への直接的取り組みは特記なし	[報告] [WEB]	・「サステナビリティレポート2007」にて、調達ガイドラインに関する取り組みを記載、木材調達先の内訳データ(北洋材27%、欧州材26.7%、国産材17.8%、北米材8.7%、南洋材6.8%、その他アジア材3.5%、南米材0.3%、不明9.2%)など

104

第3章　日本の違法伐採対策

業態	会社名	1）方針と目標		2）原料供給源のリスク回避		3）サプライチェーン確認		4）森林認証・森林管理要求事項		5）生産地への関与・支援・貢献		6）検証と情報公開	
		記号	内容説明	記号	内容説明	記号	内容説明	記号	内容説明	記号	内容説明	記号	内容説明
住宅	住友林業	[方針]	「木材調達理念・方針」制定公表（2007.6）	[違法] [保護] [社会] [輸送] [生態] [社会]	・関連法令を順守し、合法材であることを確認するシステムの整備・保護価値の高い森林が適正に管理されていることを取引先とともに確認・人権や労働者の基本的権利の擁護、腐敗防止のための活動や取引先との対話について調査を行う・物流の効率化をはじめ、調達に伴う環境負荷の低減・森林と共生する地域の文化、伝統、経済を尊重	[自社]	・取引先と協力しトレーサビリティ・行動計画」サプライヤーとの直接対話による伐採現場、社員等への現地調査、等を必要に応じて実施・取引先の環境保全活動等に対する姿勢やその活動について調査・建材部合法性に特徴あること、地域材との契約に基づいて定めた方法により実施し、少なくとも年1回レビュー	[SGEC] [FSC]	・持続可能な森林経営からの木材の利用。・植林木の利用、森林資源の維持活用を推進・全社有林（総面積4,491ha）でSGEC森林認証取得済（2006.9）・木材部・建材部FSC-CoC取得済（2006）	[植林] 貢献 [国産]	・インドネシアで可能な森林実績累計2,136,000本/用地民も植林が得られる経済効果や得られる協力効果を進めながら植林事業を進める。2003年から開始し、2006年には植林面積が548haまで拡大。今後、他の国々展にも広げていく予定・国土保全や林業の活性化に貢献する会林業の取り組みを今後、他社の国産材活用にも積極的に活用	[報告] [WEB]	・「環境・社会報告書2007」に、販売する住宅の国産材比率（2006年度現住）を51％（主要構造材）を2008年度には70％に高める目標を立てる旨を記載・調達の透明性を確保するために、適正な木材調達を行う大切さをステークホルダーに伝える・環境・社会に配慮した木材調達に伝える
	菊池建設（静岡）					[産С] [CoC]	・SGEC-CoCにより、富士山麓で育った地元のSGEC認証林の木材を使い計画的に伐採される杉・檜を使い、環境保全に配慮した住宅を建築	[SGE]	・SGEC-CoC取得済（2005.4）建築会社としては第1号	[地産]	・日本製紙（株）が静岡県富士宮市に所有するSGEC認証林から計画的に伐採される杉・檜を使い、環境保全に配慮した住宅を建築		
	新産住拓（熊本）		森林認証材（SGEC）の活用やこだわり、天然乾燥や国産材の活用を通じて日本の山林を守り、木材輸送過程のエネルギー消費を減らし環境にやさしい木材の利用に取り組む			[産С] [CoC]	・熊本県内の原林業、熊本・宮崎両県のSGEC認証材の利用	[SGE]	・SGEC-CoC取得済（2005.4）森林認証材（SGEC）の活用	[地産] 貢献	・年間建築棟数200棟以上、使用材は全量国産材、95％は熊本県産材。国有林との契約により、新産住拓の森」を育成		・天然乾燥へのこだわりを表明・公開
	「生地の家」職人ネットワーク（熊本）					[産С] [CoC]	・宮崎・諸塚村の産直取引	[FSC]	・FSC-CoC取得済（2006.1）・FSC認証材の家づくりを行う。認証材とする上で、構造材などは100％近く、諸塚のFSC認証材を使用	[地産] 貢献	・宮崎諸塚村の産直材を利用。工務店4社がルーツを作ることで安定的な取引を実現・諸塚村の伐採地や植林所への見学や現地との交流をする「ツアー」を実施		

105

基礎編

業態	会社名	1）方針と目標		2）原料供給源のリスク回避		3）サプライチェーン確認		4）森林認証・森林管理重要事項		5）生産地の関与・支援・貢献		6）検証と情報公開	
		記号	内容説明	記号	内容説明	記号	内容説明	記号	内容説明	記号	内容説明	記号	内容説明
住宅	安成工務店（山口・福岡）					[産直]	・大分上津江村と産直取引・誰が伐採したか、どんな情報をもらったか、3種類に分けシート表示し、建築現場でも掲示			[地産][貢献]	・大分上津江の産直材を利用・1996年に上津江村を中心に「近くの山の木で家をつくろう」をテーマに大分県、熊本県、長崎県、福岡県の10社による「九州木の中間と家づくり協同組合」を設立・上津江村への森林体験ツアーは年3回		
家具他	カタログハウス	[方針]	「商品憲章」2007年度版（抜粋）：第1条「できるだけ地球生物に迷惑をかけない製品づくりを目指していく」		・カタログに掲載しない商品として南洋材産出7カ国（マレーシア、フィリピン、インドネシア、ブルネイ、パプアニューギニア、ソロモン諸島）及びアマゾン川流域の自然林の木材（合板、MDF含む）を使用した商品、原産地が不明な木製品	[自社]	・全商品について「環境調査票」などに依頼し、原材料の採取、加工の種類、木材種類と原産国名をメーカー等に報告してもらう・自然林伐採による産出されたものかどうかも把握・仕入れ先に対して代替材の供給者などの情報を提供することもある	[FSC]	FSCの認証を取った木材を使った商品をカタログに掲載	[国産]	商品憲法第6条にできるだけ地産地消、自給自足品メイドインジャパンの販売を増やしていく		
	コクヨ		「環境ビジョン」→「エコプロダクツの調達・開発・提供」製品を構成する部材のグリーン調達等に取り組み、「コクヨグループ環境行動計画中長期環境行動計画（Green Initiative 2010）」には緑との推進計画のみ記載あり			[自社][CoC][産直]	・インドネシアのスマトラ島におけ熱帯雨林の保護状況と現地の産品の品質管理に関する現地調査を実施・FSC-CoC取得による認証製品のコクヨの家具づくり・FSC認証材のCoC管理	[FSC]	・FSC-CoC取得済・日本初のFSC森林認証紙を使用したノートの発売・FSC森林認証を受けた木材から生産された木材生を利用した「本物志向の家具」実施（株）九州佐賀県の中村製材所とコクヨエコノミー（株）が販売するという仕組み	[地産][貢献]	・木を植えるだけでは環境や地域が抱える問題は解決しないとの意識から高知県四万十町で「四万十の森プロジェクト」実施、大正町森林組合と関係会社（株）とさのひのきを軸に地域経済の好循環デザインの確立を目指す「モデル森林」（FSC取得2006）や同社商品開発などにも取り組む	[報告][WEB]	・「環境報告書」20のパソコングリーン購入法への対応としてのPPC植林材からのF原紙に切り替えたことを記述

106

第3章 日本の違法伐採対策

業態	会社名	1) 方針と目標 記号	内容説明	2) 原料供給源のリスク回避 記号	内容説明	3) サプライチェーン確認 記号	内容説明	4) 森林認証・森林管理要求事項 記号	内容説明	5) 生産地への関与・支援・貢献 記号	内容説明	6) 検証と情報公開 記号	内容説明
	河合楽器	[方針]	「木材調達ガイドライン」公表(2006.6)	[遵法]	・木材調達において、森林保全・再生等という環境資源の使用に配慮しつつ、保護・再生対策の推進や順法に配慮する	[自社]			・持続可能な森林経営が営まれている森林から産出された木材を優先して調達する・森林認証林産物等を優先して調達する			[報告][WEB]	・「環境社会報告書」2006に「木材調達ガイドライン」と合わせてピアノの響板にアラスカのスプルース(樹齢150〜400年、高さ60mにも達する大木)で地上6〜20mのすぐかつこぶしのないまっすぐな木目のまとまっした所しか使えません、と記述あるが、使用状況の記載はなし
家具他	良品計画	[方針]	「地球と生きる5原則」及び「使わない、制限する」重点素材の設定公表(2007.6)	[遵法]	・木および紙製品の原料に違法伐採に関与しない各森林資源を使用している。・違法伐採はそこに生む人々を脅かすばかりでなく、動物の生活にも影響を与え、地形変化や地球温暖化を引き起こし、木及び紙製品を扱う企業として、可能な限り違法伐採について主要部材については生産地確認を行う	[自社]	・天然素材については、トレーサビリティの実施に努める・良品計画の環境、労働、安全マネジメント(取引先行動規範)を契約書に先行動規範に、「東京」を2006年度下期に実施確認するためのアンケートを全取引先に対して実施		・バイヤー材家具はすべて認証材(商品カタログには記載なし)・タモ材家具はすべて中国製非認証材				

基礎編

[方針] 木材の調達方針公表
[計画] 目標と達成時期公表

[違法] 違法伐採の回避
[保護] 保護価値高い森林の回避
[生態] 天然林大規模伐採転換、絶滅危惧種の回避
[環境] 農薬、肥料、遺伝子組換え樹種の使用回避
[社会] 地域社会、労働者との対立や権利侵害の回避
[輸送] 輸送負荷の軽減

[CoC] 第三者CoC認証による確認
[産直] 産直取引
[自社] 自社による確認、仕入先証明
[団体] 林野庁ガイドラインに基づく団体認定での確認

[FSC] FSC利用
[SGE] SGEC利用
[PEF] PEFC利用

[国産] 国産材利用
[地産] 地域材利用
[貢献] 生産地発展貢献
[植林] 植林実施

[自社] 自社検証
[三者] 第三者検証
[WEB] 実施状況をウェブサイトで公表
[報告] 実施状況を環境報告書等で公表

実態編

第4章

インドネシアで進む違法伐採とその対策

4−1　インドネシアの森林

　国連食料農業機関（FAO）の世界森林資源調査（FRA 2005）によると、インドネシアの森林面積は、国土の約49%に当たる8,849万5,000haである。その88%は熱帯林に分類されており、さらに管理目的上、混合丘陵林、準山岳林・山岳高山林、サバンナ・竹・落葉樹・モンスーン林、泥炭沼沢林、淡水沼沢林、マングローブ林の6種に分類されている。このうち混合丘陵林が、インドネシアにおける天然林の約65%を占め、木材生産にとっては最も重要な森林である。

　国際熱帯木材機関（ITTO）の報告によれば、インドネシアの森林は約4,000種の樹木から構成されており、そのうち267種が商用に用いられている。その多くはフタバガキ（*Dipterocarpaceae*）科の樹種である。表4−1に示している樹種は、伐採量の多い5種である。また、ラミン（*Gonystylu bancanus*）は高価な木材であり、かつて重点的に伐採されていたが、現在は絶滅のおそれのある野生動植物種の国際取引に関する条約（ワシントン条約）の付属書Ⅱに掲載され、インドネシア国内でも正式な伐採許可を得ているのは1社のみで、伐採は法的に厳しく制限されている。

　また、インドネシア全土には、2万5,000種の顕花植物、25万種の昆虫、8,500種の魚類、1,000種の両生類、2,000種の爬虫類、1,500種の鳥類、

表4−1　インドネシアの主要な用材向け樹種

樹種名（通称）	種類	備考
Shorea spp（メランティ）	天然木	製材、合板に使用
Dipterocarpus spp（クルイン）	天然木	製材、合板に使用
Dryobalanops spp（カプール）	天然木	製材、合板に使用
Anisoptera spp（メルサワ）	天然木	製材、合板に使用
Tectona grandis（チーク）	植林木	製材、家具材に使用

資料：ITTO（2006）, *Status of Tropical Forest Management 2005*

第4章　インドネシアで進む違法伐採とその対策

500種の哺乳類が生息しており、それら多くの生物の生息地であるインドネシアの森林は生物多様性の宝庫でもある。

インドネシアの大々的な森林開発は、1970年代前半から本格的に始まり、現在、天然林施業が行われている生産林の多くは、過去に1度ないし2度は伐採されている。筆者は2006年に東カリマンタン州東クタイ県北東部の生産林を訪れたが、マカランガと呼ばれる先駆種が多くみられ、直径2ｍ級の良材は見当たらなかった。このように伐採前の状態まで回復していない蓄積量の低い森林における木材生産がインドネシア全土で行われているのが現状である。

さらにインドネシアでは、毎年のように発生する森林火災に加え、近年は違法伐採が激化し、森林資源が危機的な状況にある。この40年間でインドネシアの森林は急速に減少し、FAOは1990～2000年の年間平均減少面積を130万haとしている。2002年に世界自然保護基金（WWF）が発表した国別違法伐採比率推定値によれば、1990年代のインドネシアの全木材輸出量に占める違法伐採材の割合は73％とされており、この数値は世界の中でも最も高い水準のうちの1つである。この大規模な違法伐採がインドネシアの急速な森林減少の主な原因となってきたことは否めない。また、世界

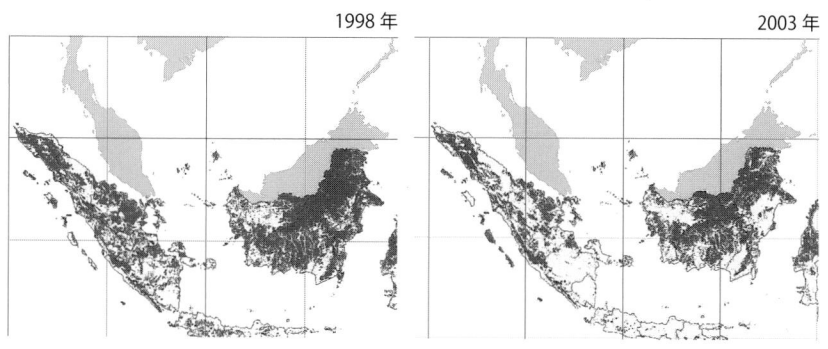

図4－1　インドネシア（スマトラ島及びカリマンタン島）の天然林分布比較
資料：Forest Watch Indonesia, Global Forest Watch（2002）,*The state of the forest - Indonesia,* をもとに作成

実態編

銀行によれば、森林破壊を止める有効な手立てが講じられなければ、2010年までにインドネシアの低地自然林が消滅するという衝撃的な予測もされている。

南カリマンタンのある合板企業によると、「森林資源が枯渇しているため、良材丸太調達は非常に困難で、工場操業もままならない状況」であり、熱帯林の蓄積量低下の影響が忍び寄ってきていることは確実である。このままでは、インドネシアが、かつて日本等からの木材需要圧力による乱伐採で森林資源が枯渇してしまったフィリピンの二の舞になる日も遠くない。

4－2　インドネシアの木材産業

1950年代まで、日本で流通している南洋材といえばフィリピン材が中心であった。その後、南洋材丸太の供給先はマレーシアのサバ州、サラワク州へと広がっていった。そして1960年代前半から、インドネシアが新たなる南洋材産地として注目されるようになった。当時、共産主義のもと極端な外資規制をとっていたスカルノ初代大統領の政権下で、インドネシアと日本の協力事業として、日本の輸入商社や船舶会社等が主な株主であるカリマンタン森林開発協力株式会社や三井物産南方林業開発株式会社が現地に設立され、インドネシアからの日本への本格的な大量出材が始まった。

1966年にスカルノ大統領が辞任した後、スハルト政権時代に国家レベルの最初の森林法（第5号森林法）が1967年に制定され（同法は1999年第41号森林法の施行をもって廃止）、それまで古くオランダ占領時代からチーク等の造林が行われていたジャワ島以外での林業経営が1970年代初頭に本格的に始まった。外資規制をしたスカルノ政権とは異なり、スハルト政権は積極的な外資導入政策をとった。それにより、大規模な天然林伐採権である森林事業権（HPH）には、三菱、東棉、丸紅等を含む日本企業のほか、フィリピン、韓国といった周辺国の外資が関心を示し、さらには欧米諸国の企業

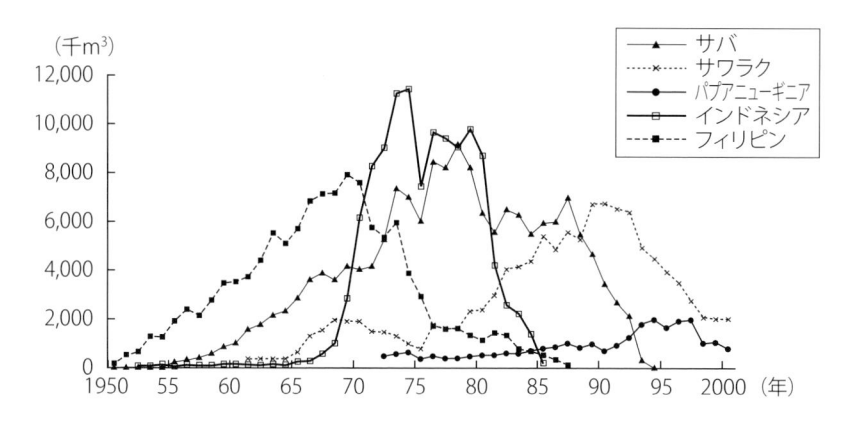

第4章　インドネシアで進む違法伐採とその対策

図4-2　日本の熱帯木材丸太輸入量の推移
資料：日本南洋材協議会、日本木材輸入協会の統計資料より作成

までもがラワン材を求め伐採申請をするに至った。

　このような外資の進出に対し、スハルト政権は国内木材加工産業の保護・育成のために、HPH保有業者には合板や製材等の木材加工工業の併設を義務化した。1985年には、木材加工工業の中核として合板産業を育成し、国際価格よりはるかに安い価格で合板工場に丸太を供給するため、インドネシア政府は丸太の輸出を全面禁止した。この丸太輸出禁止政策と合板産業育成政策により、植林木の多いジャワ島以外の島のHPHは、加工能力をもつ一握りの企業グループに集中することとなった。また、丸太輸出禁止により、日本は、それまでのマレーシアのサバ州、サラワク州に加え、パプアニューギニアに南洋材丸太を求めた。図4-2に日本の熱帯木材丸太輸入量の推移を示した。

　こうして木材加工産業などが発展する中、スハルト大統領とつながるクローニー（身内、仲間など）を中心としたKKN（汚職、癒着、縁故びいきの習慣）の蔓延や法律の複雑さを背景に、同国の森林・林業をめぐるガバナンス（統治力）は弱体化し、違法伐採問題が深刻化していった。

実態編

　一方、インドネシアにおける紙・パルプ産業の発展をみると、政府はパルプ材向けの人工林開発のために、産業用植林事業権（HTI）の付与と補助金の供与を1990年に開始した。そして天然林を植林地に転換するために、その地区の森林を皆伐する許可である木材利用許可（IPK）を発行し、造林地を確保した。図4－3には、1989年からの人工林造成面積の推移を示した。2004年時点で、ジャワ島を除く総人工林造成面積は325万haに達している。このうち、パルプ用人工林は153万haで47％を占め、主に、北スマトラ、南スマトラ、リアウ、東カリマンタン、西カリマンタンなどの州に分布している。

　スマトラ島各州に分布する人工林のほとんどは、シンガポールに本社を置くアジア最大規模の製紙会社、APP社とAPRIL社によって造成されたものである。その2社の森林管理や工場操業については、WWFをはじめとする多くの環境団体から、違法伐採や大規模皆伐施業による急激な森林減少に伴う周辺地域及び国内外への様々な環境・社会影響が報告されている。

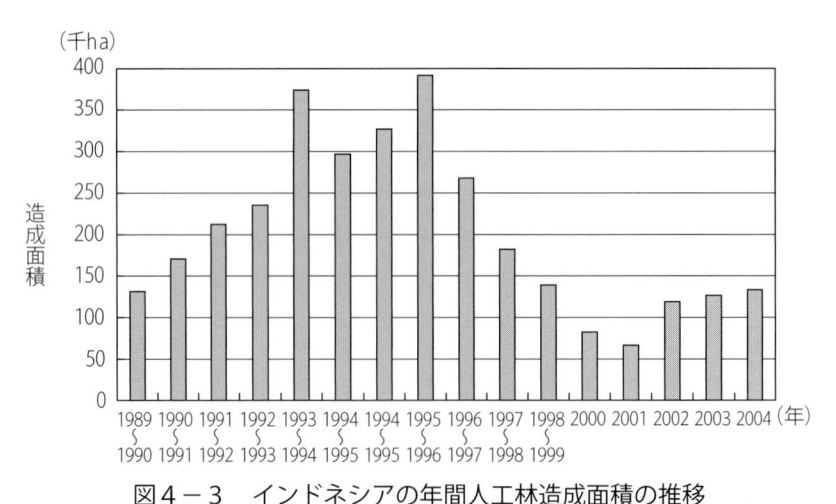

図4－3　インドネシアの年間人工林造成面積の推移
資料：Ministry of Forestry Indonesia（2005）, *Data Strategis Kuhutanan 2005* より作成

第4章　インドネシアで進む違法伐採とその対策

　激化した違法伐採に対応すべく、インドネシア政府は2002年に、それまで商工省が管轄していた合板・パルプ産業の事業を林業省の管理下に移管し、原木の供給から需要までを林業省が統合的に監視・調整する体制をつくり上げた。この体制の中、木材産業活性化機構（BRIK）が設立された。その目的は、森林資源産業への合法的な原木の供給を確保し、違法伐採による供給源を絶つことで持続可能な森林管理を可能にし、長期的に雇用を守りつつ産業を再活性化することである。BRIKの経営陣には、製材業協会や合板協会などの産業人が就任した。続いて2003年には、伐採地から輸出までの木材の取扱いを規定した2003年第126号林業大臣決定「林産物取扱規則」と2003年第32号商工大臣決定によりBRIKのエンドースメント（許可）をもって輸出が可能となることが規定された。これにより、現在は特定の形を除いて、製材輸出も禁止となっている。

　インドネシアの天然林伐採割当量は2001～2005年の5年間を見る限り、縮小傾向を示している（図4－4）。この理由としてまず第一に、上述のと

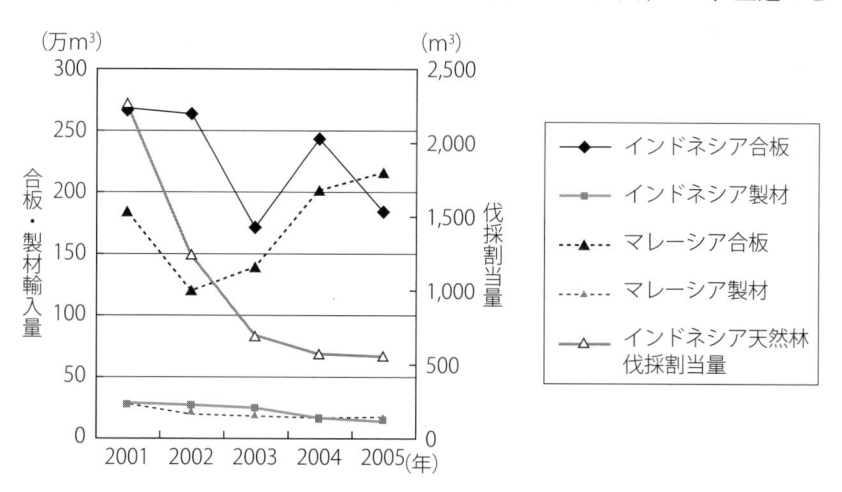

図4－4　インドネシアとマレーシアからの日本の合板・製材輸入量と
　　　　インドネシアの天然林伐採割当量の推移の比較

資料：ITTO, *ITTO Annual Review and Assessment of The World Timber Situation, 2002-2006* より作成

おり森林資源が枯渇していることがあげられる。インドネシアの森林の伐採周期も2度目に入り、森林蓄積量は減り、良材の生産が限界に近づいている。こうした丸太伐採量の縮小や大径木等の良材の枯渇、後述の国際社会とインドネシア政府による違法伐採対策の進展、木材価格の上昇、さらに原油価格の高騰を受けて、木材産業界では合板、製材とも、それぞれ生産量が減少している。

　製材業は、2004年に輸出が禁止されたことにより輸出量が減少し、輸出禁止措置を受けていない合板産業も生産量を落としている。図4－4のとおり、近年のインドネシアからの日本の合板・製材輸入量は減少し、2005年にはマレーシアからの輸入量が上回った。日本は南洋材合板の輸入先を、インドネシアから供給面で安定感のあるマレーシアにシフトしてきているのが現状である。

　また、インドネシア政府は、2014年から木材産業による天然林材利用を全面停止することを視野に入れ、2009年からパルプ・製紙産業用の天然林材供給を制限する政策を打ち出した。今後、段階的に天然林材を植林材に転換させ、2014年には植林材により木材産業の需要を満たそうとしている。2005年の時点で、HTI（産業用造林）植林面積は、年間2,000万～2,200万m^3の生産が可能な250万haに及んでいる。2009年には約2倍の5,300万m^3が生産可能な500万haに拡大することを目標に掲げている。

4－3　違法伐採の形態

　違法伐採には様々な形態がある。皆伐禁止区域で、賄賂により伐採権を取得し、皆伐してアブラヤシプランテーションにしてしまうケース、正式な伐採権はあるが、年間伐採許可量や伐採が禁止されている太さの樹木まで伐採するケース、許可された区域の境界を守らず隣接する保護区に侵入して伐採するケース、伐採禁止指定樹種の伐採などである。また、伐採後も様々な書

第4章　インドネシアで進む違法伐採とその対策

類手続きが必要だが、そうした書類の偽造、丸太に貼り付けるラベルや添付書類のデータのねつ造などの違法行為も指摘されている。なお、国際社会における共通認識では、その国の森林関連法規、ワシントン条約、ILO（国際労働機関）基準など国際条約に違反した行為を「違法伐採」としている。

　今日、世界中で違法伐採問題への関心が高まり、インドネシアの森林管理や違法伐採問題にも注目が集まっている。インドネシアは、森林の管理・運営について、詳細に規定された数多くの法律を有している。しかしながら、同国の脆弱なガバナンス、汚職、癒着、縁故びいきの習慣（KKN）、また法律の複雑さから、それらを忠実に守った経営を行う企業は少ないと考えられてきた。

　違法伐採問題が注目される最大の理由は、持続可能な森林経営を妨げ、森林の質の劣化や税収減につながるからである。森林の劣化は、伐採者の森林へのアクセスを容易にするだけでなく、アブラヤシ農園に代表される農地や他の用途に転換する土地利用変化の絶好の機会となる。違法な伐採が直接森林減少を引き起こしている例も少なくはないが、強調されるべき点は、様々な違法行為が重なり森林が劣化したことによって、その劣化が更なる開発の脅威を引き寄せる結果になる点である。

　違法伐採には、大小様々なものがあるが、流通における現行の林産物合法性証明システムは、その複雑さゆえに、逆に混入した違法材の識別を難しくさせるという問題がある。脆弱な合法性証明システムは違法材の混入を容易にさせ、かつその違法材が合法化されてしまうことにより、違法伐採を抑制できないだけでなく、その違法行為の隠れ蓑となってしまう。

　以下、森林管理、伐採、流通についての、インドネシアにおける具体的な違法伐採の実態をみていくこととする。

実態編

インドネシアにおける違法伐採の形態

森林管理・伐採での違法行為

1. 施業規則違反（伐採方法の違反、許可量以上の伐採、伐採後の管理不届き、報告書の偽造／不正取得）
2. 伐採許可区画外での伐採（保安林・保護林での伐採等）
3. 伐採権の不正発給など

加工・流通・輸出における違法行為

4. 輸送書類の偽造／不正取得
5. 隣国への密輸
6. 違法材の「合法化」
7. その他（不正／無許可操業、許可量以上の生産／販売など）

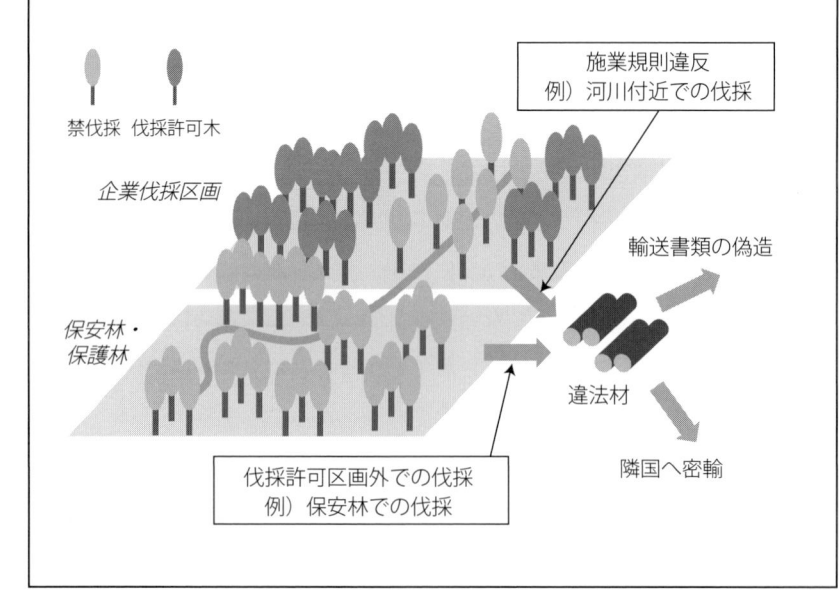

禁伐採　伐採許可木

企業伐採区画

保安林・保護林

施業規則違反
例）河川付近での伐採

伐採許可区画外での伐採
例）保安林での伐採

違法材

輸送書類の偽造

隣国へ密輸

第4章　インドネシアで進む違法伐採とその対策

4-3-1　天然林の不正伐採と不適切な管理

（1）伐採区画内において施業規則に違反して木材が切り出されるケース

　インドネシアの天然生産林では、当該年度の伐採区画において施業する際に、年次伐採計画（RKT）を事前に作成し、政府により承認を受けることになっている。その申請には、すべての立木の樹種名、胸高直径、樹高、材積見積りを網羅した立木調査報告書（LHC）を作成することが義務付けられている。この報告をもとに、年間伐採許可量が算出され、各樹木単位で保護木、伐採木が選別される。

　しかし、伐採対象外の樹種や中小径木の伐採、択伐跡地の再伐採、急勾配地、水源、河川付近等伐採の認められていない場所での伐採など、伐採区画内において伐採対象外の木を伐採する違法行為や、伐採量をもとに課せられる森林税の脱税のために、伐採予定数を低く見積もる違法行為が見受けられる。そうした違法行為は、丸太番号、樹種名、胸高直径の改ざん、または伐採区画に隣接する保安林内の樹木データの混入などにより隠蔽される。LHCは、現場の作成担当者のみならず、本社・本部の複数の人手を介して作成されている。また、伐採後に作成が義務付けられている丸太伐採報告書（LHP-KB）及び丸太一覧表（DKB）にも、丸太番号、樹種名等のデータ改ざんの可能性がある。

　これらには、地図の未整備や指示命令の不徹底などによる誤伐も含まれるが、意図的な違法行為も多いと思われる。その中には、企業からの賄賂によって、現場の検査官が違法行為を見逃すこともある。

　また、伐採に着手する前のRKT発行時に、企業側が地域住民との合意を事前に得ていない場合もある。

（2）伐採区画外において木材が切り出されるケース

　伐採コンセッションを持った企業が、有用木の残っている国立公園など保

実態編

写真4−1　国立公園内での伐採
2001年タンジュンプティン国立公園　（写真提供：Telapak）

護林や保安林を伐採したり、他者の伐採コンセッションにおいて伐採することがある。また、シンジケートを通じた個人・集団に盗伐させ、丸太加工工場までの流通経路において違法材を混入するケースや、木馬道で河川付近に集材され、筏に組んで河川を経由し、正式な操業許可を持たない製材所で加工されたのち、流通経路に違法材を混入するケースもある。

（3）伐採権の不正発給により木材が切り出されるケース

プランテーション開発や大規模造林などの整地作業の一環として、大面積を皆伐することのできる権利である木材利用許可（IPK）を、県知事・市長が不正に発給してしまうケースがある。IPKは、県知事・市長の権限で付与されるものと、中央政府の承認を得てから付与されるものの2種類がある。そのうち、特に非林業栽培地域（KBNK）及び他用途地域（APL）といった

主にプランテーションや畑等へ転換される目的の土地として、IPK が発給されるケースでは、土地利用区画が明確でない地域において県知事・市長が認可発給をしてしまうことがある。例えば、県知事により許可された IPK には、申請時に添付されるべき伐採対象地の地図が添付されていなかったり、添付されていても全体面積の記載のみにとどまる場合が多い。これを悪用した政商（チュコン）は、伐採許可地外での伐採を容易に行うことができる。また、リアウ州と中央カリマンタン州では土地制度に照らして APL かどうか明確でないところもあるという。

さらに、人工林を造成する際、IPK 許可は空き地、雑草、または藪・小密林のような生産性のない林地にしか与えられないことになっているにもかかわらず、実際には生産性のある林地に許可が与えられるケースもあると現地の NGO は指摘している。このように、IPK が安易に乱発されるケースも少なくない。

4－3－2　流通過程でのロンダリング

（1）丸太輸送時に違法材が混入するケース

違法に生産された木材は、加工工場への輸送時に混入されることが多い。特に丸太の形での輸送時に違法材が混入しやすい。山土場から林内貯木場へ輸送される丸太には、企業により作成される輸送リスト（DP）が添付される。この段階で違法材を混入させ、DP の数字を書き換える違法行為が頻繁に発生していると現地 NGO は報告している。

その他、貯木場で発行される、丸太伐採報告書（LHP）、丸太一覧表（DKB）、合法丸太証明書（SKSKB）などの各報告書の原本が、林業省職員や警察に賄賂が支払われ、違法材を混入させるために数字が書き換えられているという事実もある。また、書類の使いまわし、偽造、検査手数料・通過料の違法徴収、通過丸太量の改ざん、取締まりの妨害なども行われているという。

（2）隣国へ密輸されるケース

　違法に生産された木材が、インドネシアと国境を接するマレーシアやシンガポールを通して国外に密輸されるケースもある。例えばインドネシアで違法に伐採されたメルバウ材が、マレーシア企業によりマレーシア産を示す白色ステッカーが貼られ輸出されている事例が現地 NGO により報告されている。したがって、南洋材をインドネシア以外から調達している企業においても、その合法性の信憑性には注意を払う必要がある。

4－3－3　輸出時における不正

　インドネシア国外へ輸出する林産物、林産加工製品で、合板、特定の製材、パネル（MDF など）、ベニヤなどについては、木材産業活性化機構（BRIK）のエンドースメント取得が義務付けられている。これは、2002 年より林業省が打ち出した合法性証明手続きのツールである。エンドースメント文書は輸出物品申告書（PEB）の補完文書として利用されている。

　インドネシアの木材流通には図4－6に示した4つのパターンがある。BRIK のエンドースメントを取得する際に提出が義務付けられているのは、①の場合は SKSKB、②の場合は FA-KB、③④の場合は FA-KB や FA-KO である。②の場合、提出される FA-KB の合法性は、その1つ前の SKSKB の合法性に基づいており、③④の場合、提出される FA-KO の合法性は、その1つ前の FA-KB の合法性に基づいている。つまり、この BRIK エンドースメントが担保しているものは、線で囲んだ最終加工産業から輸出港までのみの木材の流入量と出荷量の整合性であり、最終加工産業より上流のサプライチェーンにおける木材量の整合性を確認することができない。

　したがって、線で囲んだ枠外の上流においてロンダリングされた違法材が混入し、それが「合法化」された場合、現状の BRIK エンドースメントでは対応できないのが現状である。

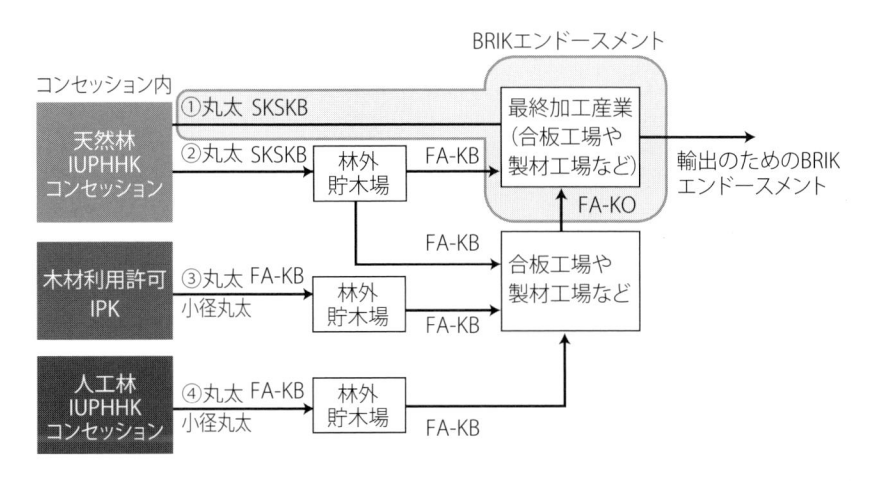

第4章　インドネシアで進む違法伐採とその対策

図4-5　インドネシアでBRIKエンドースメントの機能する範囲

現在、BRIKエンドースメントが必要なHSコード（国際貿易商品の名称・分類を世界的に統一したシステム）11品目のうち、5品目（HS 4407、HS 4409、HS 4415、HS 4418、HS 9406の一部）のみが、商業大臣が指名したサーベイヤーの船積み前検査を必要としている。この検査において、書類上では家具だったものがコンテナの中身は製材だった事例が2006年10月の筆者による商業省へのヒアリングにより確認された。

2005年3月の第4号大統領令「インドネシア共和国全地域における森林地域での違法な木材伐採とその流通の撲滅について」の発令により、インドネシア税関は、港における木材流通の監視を強化する権限をもち、違法材の摘発は進んでいるが、サーベイヤーの検査を必要としないHSコード11品目のうち6品目（4408のベニヤ、4412の合板等）は、特にその合法性に注意する必要がある。

高級樹種・メルバウ材の違法伐採

メルバウ（インドネシア・パプア州及びパプアニューギニア産の *Intsia bijuga* ／インドネシア・スマトラ島産の *Intsia palembanica*）は、その耐久性と強度から東南アジアにおける高級樹種の1つであり、一般建築用、エクステリア、フローリングやウッドデッキ等に利用される。

インドネシアの環境NGO、Telapakと英国NGOのEnvironmental Investigation Agency（EIA）によると、インドネシア・パプア州ではインドネシア国軍及び国家警察も関与した違法伐採が行われている。国軍は伐採企業に伐採時の監視役として雇われ、時には伐採に抵抗する地域住民を脅迫、虐待することもあるという。

こうして伐採されたメルバウ材は、平底荷船に積まれインドネシア領外まで運ばれ、そこで大型船に積み替えられマレーシアやフィリピンに密輸される。この際、偽造された合法証明書類（SKSKB）の使用や、許可積載量以上の積載、さらには隣国パプアニューギニアの偽造合法証明書が用いられる。

インドネシアからは、同国において違法に伐り出された木材が輸出されるだけでなく、最近では隣国パプアニューギニアから違法に伐採されたメルバウ材がインドネシアに密輸され、ロンダリングされ中国等へ再輸出されているケースがある。

Telapak／EIAによると、違法に伐採されたパプアニューギニア産メルバウ材は、インドネシアの主要な製材加工産業都市であるスラバヤで製材に加工される。加工されたメルバウ材は、買収されたスラバヤの税関職員に黙認され、月に50コンテナが上海、黄埔、深圳、広州、汕頭等に輸出されている。「今まで1年半（違法なメルバウ材を）供給してきた。2週間だけ中央政府の監視があって取り扱いを停止したが、これも長く続きはしない。なぜなら税関の職員だって金が必要なんだ。全員が金を必要としている、それは上層部だって同じことさ」とTelapak／EIAの調査員がコンタクトをとった密売人は語っている。

4−4　インドネシアの違法伐採対策

　インドネシアで違法に伐採された木材は、隣国のマレーシアやシンガポール等へ密輸され、ロンダリングされたあと最終消費国へ輸出される。この事例からもわかるように、違法伐採対策は、生産国だけの問題ではなく、経由国、消費国が一丸となって取り組まなければならない問題として国際社会に認識されるようになった。インドネシア政府は 1997 年 11 月以降、特に国際通貨基金（IMF）の金融支援を受け、違法伐採の取り締まりを強化する姿勢を世界的にも示す必要から、天然林伐採割当量の縮小政策を打ち出した。すでに図 4−4 に示したように、2001 〜 2005 年の 5 年間をみてもその割当量は 2,250 万 m^3 から 545 万 m^3 と急速に減少している。

　続いて同政府は、1998 年の G8 バーミンガムサミット以降、EU-FLEGT、インドネシア・英国間覚書（MoU）、アジア森林パートナーシップ（AFP）などを通して国際社会と協力し違法伐採対策を進めてきた。国内政策としては、違法材流通に対する営林署、地方警察による取り締まりを強化すべく、2003 年 1 月に 3 大臣合同令「港湾を経由する木材輸送の監督について」、2005 年 3 月の第 4 号大統領令「インドネシア共和国全地域における森林地域での違法な木材伐採とその流通の撲滅について」が発令された。

　また、インドネシア林業省では、伐採権所有事業者の林業施業水準を向上させるため、政府が認定した独立評価機関（LPI）が検証する、持続可能生産天然林管理（PHAPL）審査（以下、LPI 審査）を各コンセッション所有業者（伐採業者）に義務付けるようになった。天然林（IUPHHK）、人工林（IUPHHK-HT）、林産物一次産業（IPHHK）のそれぞれに対応した基準・指標を設け、生産性、生態系、社会性の観点から持続可能であるかどうかを検証している。ただし、この LPI 審査は、コンセッション所有業者が持続可能性について意識をもっているかどうかをみるための参考資料にはなるが、審

査結果は非公開で透明性への配慮に欠け、また土地所有権などといった社会的側面の基準・指標が少ないことが課題である。

　EU によるイニシアティブを背景にし、インドネシア政府は、英国との MoU の成果である「インドネシアにおける林業施業と木材加工の合法性の原則、基準、指標」をもとに、2008 年度内に木材合法性保証システム（TLAS）を正式に導入する予定である。これは、林業省によって設立された国家運営委員会の合法性基準に関するワーキンググループにおいて、林業省、林業・木材業界、認証機関、学識者、そして NGO からなる多様な利害関係者による議論を重ね、フィールドテストとパブリックコンサルテーションを経て、開発・策定されたものである。

　後述の森林認証制度の FSC や LEI に認証されたコンセッションは今後、TLAS の要件を自動的に満たす方向で議論が進んでおり、基準・指標等を現在改定している LPI 審査もこの TLAS に組み込まれる計画がある。また、このシステムでは、IT 技術を用いて、丸太の情報を中央サーバーで一括管理する仕組みが構築される予定である。つまり将来的には、TLAS が唯一の持続可能性と合法性を保証するシステムになるものと考えられ、今後、この TLAS の進捗にしっかり注目していく必要がある。

　こうした政府主導の取り組みのほか、民間主導型の取り組みも展開されている。インドネシアには、1998 年 2 月に設立された、独自の森林認証機関であるインドネシアエコラベル協会（LEI）がある。その活動は、民主性、透明性、高い信頼性、独立性などが維持された第三者機関としての役割を担っている。

　LEI 認証の原則・基準・指標は、ITTO が策定した熱帯林の持続可能な森林経営に関する基準と指標を参考にしている。この基準は、林業省の伐採事業者審査の基準等にも採用されている。

　LEI の特徴は、インドネシアの森林事情を十分に考慮し、認証する森

林のタイプを、天然林、人工林、コミュニティ林とに分類し、生産機能（Production）、生態系・環境機能（Ecology）、そして社会的機能（Society）の３つの機能における持続可能性の側面から、それぞれに適した指標を設けていることである（表４－２）。また、1994年以降に造成された人工林において、FSCでは認証取得の資格はないが、LEIにはそのような制限は設けられていない。さらに、加工・流通過程のCoC認証、合法原産地検証システム（LOV）なども開発している。

2008年３月の時点で、インドネシアにおける認証森林面積は、LEIとFSCを合わせておよそ100万haで、インドネシアの森林面積の1.2％にすぎない。依然、国内外の熱帯材認証需要を満たすことは困難である。

表４－２　LEI認証の基準と指標

基　　準		指標		
		天然林	人工林	コミュニティ林
1. 生産機能の持続可能性（P）	森林資源の持続可能性	6	9	4
	林産物の持続可能性	9	7	7
	ビジネスの持続可能性	6	7	6
2. 生態系・環境機能の持続可能性（E）	生態系の安定性	11	—	4
	絶滅危惧/固有/保護種の生存	8	—	2
	土壌、水質の持続可能性	—	15	—
	自然の多様性に関する持続可能性	—	8	—
3. 社会的機能の持続可能性（S）	地域森林所有制度の保障	4	—	5
	地域社会経済の回復・発展保障	5	—	3
	社会的文化的統合の持続可能性	3	9	—
	地域保健に対する責任の認識	2	—	—
	労働者権利の保障	3	7	—
	共同体の利用権と管理の持続性	—	5	—
	生産における均衡な社会関係構築	—	—	2
	地域社会内で公正な利益分配	—	—	3
合計		57	67	36

資料：LEIのWebサイト資料から作成

実態編

　大面積伐採権を保有する主要な企業は、すでに FSC 認証を取得し、生産した認証丸太を自社で加工したり、他社に販売する認証ビジネスに着手している。こうした状況において、ある合板企業では「中・小面積の伐採権保有

表4－3　インドネシアにおける LEI 森林認証取得状況

企業名	面積（ha）	種類
PT. Diamond Raya Timber	90,957	天然林
PT. Intraca Wood Manufacturing	195,110	天然林
PT. Sumalindo Lestari Jaya Unit II	267,600	天然林
PT. Sari Bumi Kusuma（Alas Kusuma Group）	147,600	天然林
PT. Riau Andalan Pulp and Paper	159,000	人工林（アカシア、ユーカリ）
Two units of Community Forest of Sumberrejo and Selopuro Village in Wonogiri, Central Java	809	人工林（チーク、マホガニー）
Koperasi Wana Manunggal Lestari	815	人工林（チーク、アカシア、マホガニー）
Gabungan Organisasi Pelestari Hutan Rakyat（GOPHR）Wono Lestari Makmur	1,179	
Perkumpulan Pelestari Hutan Rakyat Catur Giri Manunggal	2,434	
合計	865,504	

注：CoC 認証は 1 件。灰色部分は FSC-LEI の共同認証によるもの。
資料：LEI の Web サイト , http://www.lei.or.id/indonesia/akreditasi.php?cat=19（2008 年 1 月現在）より作成

表4－4　インドネシアにおける FSC 森林認証取得状況

企業名	面積（ha）	種類
PT Diamond Raya Timber	90,957	天然林
PT Intracawood Manufacturing	195,110	天然林
PT Sumalindo Lestari Jaya Tbk	269,660	天然林
PT Xylo Indan Pratama	不明	
PT Sari Bumi Kusuma	147,600	天然林
Koperasi Hutan Jaya Leastari（KHJL）	152	人工林（チーク）
合計（不明を除く）	703,479	

注：CoC 認証は 36 件。灰色部分は、FSC-LEI の共同認証によるもの。
資料：FSC のデータベース：http://www.fsc-info.org（2008 年 1 月現在）より作成

第4章　インドネシアで進む違法伐採とその対策

企業が、後発で認証を取得しても、丸太生産量が少量なため採算ベースに乗らず、認証取得のメリットが見出せないだろう」とみている。したがって、今後天然林から出てくる認証材は頭打ちになると考えられ、取扱業者の技術開発等により、天然林材に対する依存度を軽減していく必要がある。一方、人工林においては、後述する段階的アプローチを提供する団体の会員として数社が参加しており、認証森林面積自体は増加すると思われる。

その他、民間主導型の取り組みとして、森林認証取得を目標とした段階的アプローチを提供する取り組みや、現在の施業・木材流通状況の合法性を検証するプログラム、そして伐採地における合法性及び加工・流通過程におけるトレーサビリティを担保するためのトラッキングシステムなど、NGO や民間コンサルタントの提供している自主的なイニシアティブがある。

認証取得への段階的アプローチとしては、①スイス、英国に事務所を置く非営利団体、熱帯林トラスト（TFT）のビジネスリンクを重視した取り組み、② WWF が主導するグローバル森林トレードネットワーク（GFTN）、そして③各民間コンサルタントによる認証取得支援、に大別できる。

TFT が提供するのは、主に欧州企業との継続的なビジネスリンクをインセンティブとした会員制の生産者への認証取得支援サービスである。会員は、認証取得に向けた改善目標を設定し、数年後の FSC 認証材供給を目指すが、その改善取り組み期間中でも、TFT が林産物の信頼性を担保するため、欧州企業とのビジネスを維持することができるという仕組みである。

WWF-GFTN では、WWF の世界ネットワークを利用して、消費国、生産国それぞれに森林トレードネットワーク（FTN）という会員制のネットワークを設立し、消費国では FSC 認証材の利用促進を、生産国では FSC 認証材供給体制整備のための認証取得支援をそれぞれ行っている。各国の FTN 同士のビジネスリンクを実現することで、グローバルな FSC 認証材流通促進を目指している。

また、民間コンサルタントも、独自の技術を活かし、認証取得支援を行っている。例えば、プロフォレスト（本社：イギリス）は、段階的アプローチにおいて達成されるべき様々な要素をまとめたツールキットを活用している。スマートウッド（本部：アメリカ）では、スマートステップと名付けた段階的アプローチにより、生産者の認証取得を支援している。

合法性検証プログラムとしては、スイスに本部を置くSGS社の第三者合法木材確認（IVLT）プログラム、サーティソース社の第三者検証プログラム及び木材供給経路監査（Supply Chain Audit）、GFS（Global Forestry Servises）社による合法性検証プログラム（LVP）などがある。

トラッキングシステムには、インドネシア－英国MoU行動計画に基づき開発された1次元バーコードを用いたシステムや、2003年に公表された日本－インドネシア共同発表及び行動計画に基づき開発されたQRコード（二次元バーコード）を用いたシステムがある。これらは、政府主導により開発されたものであるが、民間ベースでもTFTが、トラックエリート（TracElite）と名付けられた、衛星によるデータ転送技術を併用した1次元バーコードによるトラッキングシステムを開発している。

インドネシアにおける森林資源の保全を実現するためには、生産国の自助努力と併せ、消費国側においても、木材製品購入に当たって持続可能な森林経営のためのコストを分担するほか、消費国内における認証材・合法材の需要喚起など市場を介した支援や、認証材・合法材の供給拡大のための支援などが欠かせない。また、天然林材に対する依存度を軽減していく必要があり、日本をはじめ消費国側としても今後植林木の供給可能性を考慮していかなければならない。しかし植林木といっても、大規模皆伐によって転換された人工林や、外来種の単一樹種が植えられている人工林、集中的な除草剤・化学肥料の噴霧など、動植物の生息地や水質に有害となりうる伐採・施業方法が行われている人工林、地域住民との対立を引き起こしている人工林などがあ

第4章　インドネシアで進む違法伐採とその対策

る。こうした人工林の利用を避けるためにも、森林認証を取得した植林木を積極的に求めていかなければならない。

　日本の木材関連企業が、インドネシアから信頼性の高い合法・持続可能材を調達するためには、既存の法規と森林・林業に関する幅広い知識と経験、自社の取扱い木材のサプライチェーンを把握することが求められる。しかし、長時間を要するこれらの知識構築とサプライチェーン把握を各企業が個別に行うことは、現在の森林減少のスピードを考えると、必ずしも現実的ではない。このため、上記に紹介した森林認証制度、第三者機関の合法性検証、トラッキングシステムや段階的アプローチなどを効果的に活用することで、合法性を担保し、持続可能性を追求していく必要がある。同時に、天然木自体が枯渇してきていることから、新たな認証植林木の供給源を開拓していく必要がある。

　いずれにしても、合法・持続可能木材の調達を定着させるためには、制度に対する理解度の向上が鍵となる。このためには、グリーン購入を推進する担当者、または担当グループを自社内に置くことが効果的であろう。こうした担当者を置く余地のない企業については、適宜専門的な知見を有するNGOや研究機関等の情報提供やアドバイスを得ることが重要である。長期的には自社内でグリーン購入に関する専門家を養成する必要もあるだろう。明文化した自社の調達方針及びその実施状況や改善進捗を把握し、公開していくことは、取り扱う木材の信頼性を確保する上で重要である。

第5章

ロシア沿海地方で進む違法伐採とその対策

実態編

5-1　ロシア沿海地方の森林

　沿海地方はロシア連邦の東端にある極東管区に属し、その中でも最も南にあって、日本海を挟んで北海道の対岸に位置する地方（Krai）である。ロシア科学アカデミー極東支部によれば、総人口は 206 万 8,000 人、総面積は 16 万 5,900km^2 である（2006 年）。このうち、森林面積は 13 万 2,485 km^2 である。地方全体における森林被覆率は、80％にも達する。地方政府は、南端の海港都市であるウラジオストク市にある。

　沿海地方には、水産業と林業、非鉄金属工業、海運業、機械工学をもとにした多方面にわたる産業がある。この中でも林産業は、近年では原木輸出から地方内での高度加工へとシフトしており、急速な発展が期待される分野である。

　沿海地方は、極東管区の他の地方・州と比較し最も温暖湿潤であり、北日本と同様の冷温帯に位置する。南北に走るシホテ・アリニ山脈がこの地方のほとんどを占めており、この山脈の西部には、アムール川の支流であるウスリー川が国境として中国とロシアの領土を隔てながら山脈に平行して流れている。

　北部の山間部では、北洋エゾマツ（*Picea jezoensis*、以下エゾマツ）、北洋トドマツ（*Abies sanchalinensis*、*Abies sibirica*、以下トドマツ）、北洋カラマツ（*Larix dahurica*、以下カラマツ）が優占種である。これ以南のビキン川などウスリー支流の流域地帯には、ウスリータイガと呼ばれる冷温帯と暖温帯の樹種で構成される、針葉樹と広葉樹が混交した豊かで独特な森林が広がっている。

　ウスリータイガと呼ばれる地域の主な森林構成樹種は、チョウセンゴヨウマツ（*Pinus koraiensis*、以下チョウセンゴヨウ）と、モンゴリナラ（*Quercus mongolica Fisch.*、以下ナラ）、ヤチダモ（*Fraxinus mandshurica Rupr.*、以下タモ）、

第5章　ロシア沿海地方で進む違法伐採とその対策

図5－1　ロシア極東地域と沿海地方の位置

ハルニレ（*Ulmus L.*）、アムールシナノキ（*Tilia amurensis Rupr.*、以下シナノキ）などの硬質広葉樹、及びカンバ類（*Betula L.*）、ヨーロッパヤマナラシ（*Poplus tremula L.*、以下ヤマナラシ）などの軟質広葉樹である。なかでもチョウセンゴヨウは、豊かな生物多様性を保持するこの森の豊かさの指標となっている。

5－2　ロシア極東における違法伐採

　旧ソビエト体制崩壊後、法的な混乱、犯罪の蔓延、労働者の解雇、物資の不足により、地方、とりわけ伐採村落の生活が極度に悪化した。そのため、1990年代に、旧国営企業の旧式機材を使い、木材ビジネスを立ち上げる動きが加速し、2000年までにこの地域の林産業者は約3～5倍に膨れ上がった。無数の小企業が自社の経営を軌道に乗せるために、違法あるいは半合法的に森林を利用してきた。

　これらの業者は、偽造あるいは営林署職員から不正に手に入れた伐採証明書を用いるか、時にはまったく書類を持たずに調達した木材を非常に低い価格で売買してきた。このようなビジネスはすぐに、小企業が欲しがるドル現金を持つ中国人バイヤーにコントロールされるようになった。木材は、流通

実態編

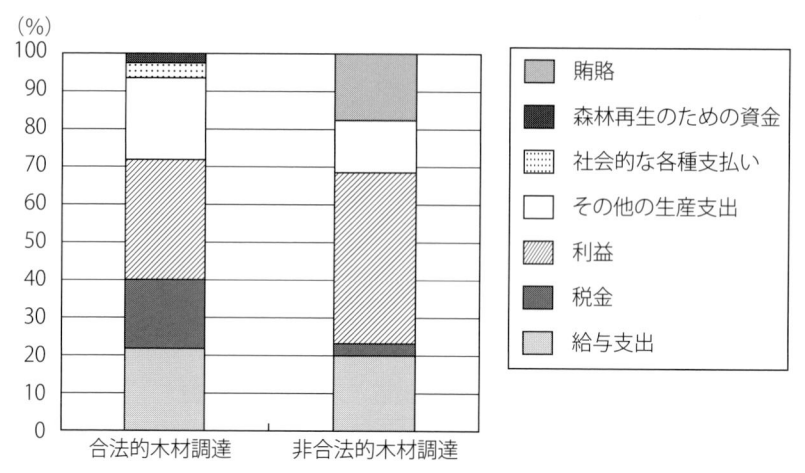

図5－2　2003年ハバロフスク地方における木材生産における費用構造
資料：A.S. シェインガウス「極東ロシアの木材産業、分析的概観」、2005年

過程で合法化され、大手企業や中国バイヤーの利潤を拡大し、全体としてみれば、このような合法ビジネスと違法ビジネスは一体化しているのが現状である。このようなビジネスの拡大と一般化に伴い、奥地の森林地帯にあり、生活レベルの低さから違法伐採に関わらざるを得ない伐採村落の現状を改善することが急務となっている。

　図5－3に、木材の生産・流通過程において発生する違法行為を、生産から輸出までのプロセス上に位置付け、加えてこれを回避するために必要と思われる対策を示した。この図からも明らかなように、これらの違法行為の誘発を回避できない最大の要因は、各プロセス間で統一性を持たない、別の言葉で言えば、流通経路を辿るための一貫した書類システムが存在しない、または機能していないことである。

第5章　ロシア沿海地方で進む違法伐採とその対策

違法誘発要素

| 大規模なリースを受けられるのは、資本力のある大企業のみ。そこから二次的に伐採地を借り受ける中小伐採業者の管理は行き届いているか不明（伐採料、伐採地制限、樹種において） | 伐採業者による規定量以上の伐採、廃材の処理、衛生伐、林道建設に伴う貴重樹種の乱伐。販売過程、伐採の実情が不透明である営林署による「間伐」、「衛生伐」による希少種、貴重樹種の伐採。伐採地近隣住民による盗伐。 | 仲介者、あるいは小伐採業者が交通警察（あるいは監視員）に賄賂を渡して書類不備を解消、貯木場へ違法材を紛れさせる。書類の捏造、使い回しもある。 | 違法材混入。（伐採証明書の使い回しによる違法材の混入も含む。） | 違法調達。（加工することで以後の流通過程では木材の出所を記した伐採証明書が不要になるため、出所の疑わしい木材を合法化するフィルターとしても働く場合がある。 | 鉄道沿いの貸付け貯木場運営・管理において不透明な部分が多い。過積載と輸出仲介業者と管理者間の不正問題。 | 申請量と実際量の相違。輸出仲介業者と管理者間の不正問題。 | 多くの仲介者を通すなどの理由により、生産地の情報を確認せずに行われる木材輸入。 |

```
リース譲渡 → 伐採地 →(運搬)→ 貯木場 →(運搬)→ 加工工場 →(運搬)→ 鉄道 → 税関 → 輸出先
```

合法性を確保する上で、ロシア政府レベルで不可欠な対策

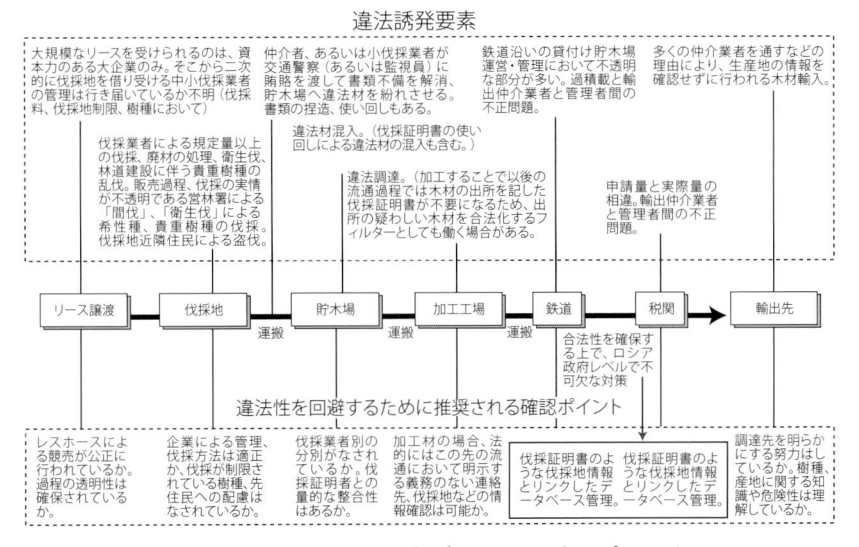

違法性を回避するために推奨される確認ポイント

| レスホースによる競売が公正に行われているか。過程の透明性は確保されているか。 | 企業による管理、伐採方法は適正か、伐採が制限されている樹種、先住民への配慮はなされているか。 | 伐採業者別の分別がなされているか。伐採証明者との量的な整合性はあるか。 | 加工材の場合、法的にはこの先の流通において明示する義務のない運搬先、伐採証明者などの情報確認は可能か。 | 伐採証明書のような伐採地情報とリンクしたデータベース管理。 | 伐採証明書のような伐採地情報とリンクしたデータベース管理。 | 調達先を明らかにする努力はしているか。樹種、産地に関する知識や危険性は理解しているか。 |

図5−3　違法行為発生ポイントと確認ポイント

5−3　沿海地方における違法伐採

　本章で後述する高級樹種の資源状況（5−4）、資源利用・管理状態（5−5）、生産加工・流通状況（5−6）を概観することで、この地方の高級樹種資源を開発、利用する際に生じる、法的な意味での狭義の違法行為と、広義での違法行為（生態的・社会的な観点（持続可能性）での非モラル的行為）がより明確になる。

　高級樹種は、少量でも経済的なインセンティブを有する。高級樹種の違法伐採は、量的には大きな影響はないように思われるが、森林生態系と地域住民の生活へ甚大な損害を与える危険性が高い。これを広義での違法伐採＝持続可能性に対する非モラル的行為と位置付け、森林施業上の本来的な管理業務の不履行、地域住民の権利の侵害と関連づけない限り、違法伐採問題対策そのものが実効性を欠くものになると考えられる。

　以下に、高級樹種資源を取り巻く違法行為のいくつかの類型を示す。

狭義での違法行為

①盗　伐

②間伐による禁伐種の伐採、禁伐区、伐採制限区での伐採

③関税法違反など流通過程における違法行為

④長期リースを有する業者による違法行為

⑤中国人ビジネスと関連した違法集材、加工

広義での違法行為（持続可能性に対する非モラル的行為）

⑥森林生態系の劣化を導く資源利用（持続可能性、生物多様性）

⑦森林と結びついた地域住民（先住民）の生活を侵害する資源利用

①盗　伐

　これは通常、ブリゲートと呼ばれる小規模な伐採団によって行われる。ブリゲートは、2〜4人で活動し、夜間、闇夜に紛れて盗伐行為を働く。現地調査でも、木材を積載して夜遅くに走るトラックを何度か目撃した。このように夜間を利用して運送する場合もあれば、捏造した伐採証明書類を使用する場合や、監視所などの担当役人へ賄賂を支払うことでそれ以後の流通経路をクリアする場合もある。調査中の聞き取りでは、このような盗伐を行った場合、トラック1台分で貯木場まで運んで約2,500ドルの収入（1台10 m^3 とすると250ドル/m^3。監視所での賄賂が200〜300ドル）があるという。

②間伐による禁伐種の伐採、禁伐区、伐採制限区での伐採

　森林局及び営林署は、高級樹種であるナラ・タモ、チョウセンゴヨウが優占的であるこの地方の森林において、商業開発林の管理と流通管理に従事してきた。しかしながら、営林署が森林施業という名目で行ってきた間伐（衛生伐、保育伐）が、伐採制限樹種の調達の隠れ蓑となっているという指摘が1990年代中頃から目立つようになってきた。詳細は後述するが、

第5章　ロシア沿海地方で進む違法伐採とその対策

名目上は合法性が担保されているだけに最も遡及が難しく、かつ重大な違法行為と言える。

③関税法違反など流通過程における違法行為

　これは、サプライヤーとバイヤー間で行われ、取引数量や品質・径級等級を過少申告するなど、不当に関税を下げることで利潤を確保し、組織的に利益を分配する商業上の違反行為である。ロシア政府にとっても、国益に反するものとして、最も問題視されている違法行為のタイプである。

④長期リースを有する業者による違法行為

　これは、規定以上の量を伐採する過伐の問題が主である。当該地方の広葉樹資源は原則的に択伐されるため、衛星・航空調査などの遠隔調査によっては発見が難しく、地上調査が最も確実な方法になる。このため、調査員と業者間の汚職関係や、調査員や調査費の削減が、解決を難しくしている。また発覚しても、罰金により解決をみる場合がほとんどであるため、根本的な問題が存続し続ける場合が多い。上述したブリゲートが、リース保有企業にお金を払って許容伐採量を超えて伐採させてもらうケースもある。このようなブリゲートには、加工、輸出能力がないため、そこで調達した原木を、リース保有企業に売却することになり、買い取る企業側も木材の販売量を増やすことができ追加収入となるメリットがある。

⑤中国人ビジネスと関連した違法集材、加工

　この違法行為は、最も新しいと同時に極めて深刻な問題を生み出している。近年、中国人のペネトレーション（伐採をしたり製材工場の開設などによるロシアへの進出・浸透）をコーディネートするロシア国内の中国人あるいは中国系企業が目立ってきている。通常、伐採権を獲得したり工場をつくるには地元の役人とのパイプが必要なため、彼らはその分野でのコーディネートを担当している。初めに違法に工場をつくってしまい、それを既成事実として合法化させる例もある。ロシアの法制度上、違法でも

つくってしまったら、その工場を撤去したり操業を止めさせることはかなり難しい。それは、撤去や操業停止に伴う損失を行政が補償しなければいけないからである。

　このようにして中国人が製材機を持ち込み、小規模の伐採業者と組んで、盗伐あるいは現金により違法調達した丸太を製材して、違法に流通、輸出させている。それらの木材は、中国国内で高度に加工され、日本や欧米に再輸出されるものもある。ロシアから中国への流通は、伐採から輸出まで各種の違法行為が横行している。したがって、ロシアから直接日本向けに輸出される場合と中国を経由する場合では、流通の質の面で大きな違いがあり、同じ沿海地方産の高級樹種資源でも違法性、あるいは違法である危険性において極めて大きな差がある。

　この①から⑤までの違法行為にまで及ばないか、あるいは現行の法律上の規制をクリアしている場合にも、当該地方の林政の現状を考慮し、⑥、⑦の観点から持続可能性、生物多様性の問題を注視し、森林生態系の劣化、あるいは森林と結びついた地域住民（先住民）の生活を侵害する資源利用を回避することが不可欠である。

5－4　沿海地方における森林開発

5－4－1　沿海地方の高級樹種資源

　現在、木材市場において、特に高級樹種として取り引きされているのは、ナラ、タモ、シナノキやチョウセンゴヨウである。これらの高級樹種は、沿海地方以外ではハバロフスク地方南部とアムール州の南部に一部存在するが、資源量ははるかに少ない。世界的にみても、これらの樹種が存在する森林植生は、中国東北部と朝鮮半島、北日本にのみ分布しており、なおかつ、いず

第 5 章　ロシア沿海地方で進む違法伐採とその対策

表 5 − 1　極東における各地方・州の主な高級樹種資源（2003 年 1 月）

上段は蓄積量（百万 m³）、下段は森林全体に対する比率（%）

	サハ共和国	ユダヤ自治区	沿海地方	ハバロフスク地方	アムール州	サハリン州
チョウセンゴヨウ、シベリアマツ	74.17 (0.8)	30.52 (17.9)	425.83 (24.3)	104.81 (2.1)	1.44 (0.1)	1.44 (0.1)
ナラ	− (0)	28.14 (16.5)	214.15 (12.2)	33.44 (0.7)	18.48 (0.9)	2.46 (0.4)
タモ	− (0)	0.39 (0.2)	39.75 (2.3)	11.19 (0.2)	0.06 (0.003)	− (0)
シナノキ	− (0)	15.24 (9)	63.44 (3.6)	46.38 (0.9)	2.43 (0.1)	− (0)
森林全体	8,825.61 (100)	170.07 (100)	1,753.12 (100)	5,034.6 (100)	2,000.38 (100)	618.32 (100)

資料：A.S. アレクサンダー・シェインガウス氏資料をもとに作成

れも過去数十年間の過大な伐採によって資源量は著しく減少しているため、現在では生産量は極めて限定的である。したがって、市場に流通しているこれら高級樹種の大部分は、沿海地方から産出されたものということができる。

　とりわけ、シナノキやタモは、チョウセンゴヨウやナラと比較しても、その蓄積量は 1 桁オーダーが小さく、数分の 1 から 10 分の 1 程度しかない。しかし、特にタモは、比較的安価でありながら硬い材質であることから、ナラと同様にポピュラーな樹種であり、集成材フリー板に加工され家具材や内装材に利用されることが多く、その伐採・流通量は極めて大きい。中国のシナ、タモの輸入量は広葉樹原木の通関量の最も多い綏芬河（スイフンガ）だけでもそれぞれ年間、約 30 万 m³、約 45 万 m³ に達し、比較的資源量の多いナラの日本の輸入量（約 40 万 m³）と匹敵する規模である

　次に、沿海地方の営林署別伐採可能蓄積量をみると（図 5 − 4）、最も広葉樹の伐採可能蓄積量が多いのが、沿海地方の北端に近く、日本海沿岸に位置するスヴェトリンスキー営林署管轄区である。第 2 位は、同地方中央内陸部に位置するロシンスキー営林署管轄区である。また、総面積第 1 位でありながら、伐採可能蓄積が少ない、ヴェルフネ・ペレヴァルスキー営林署管轄

実態編

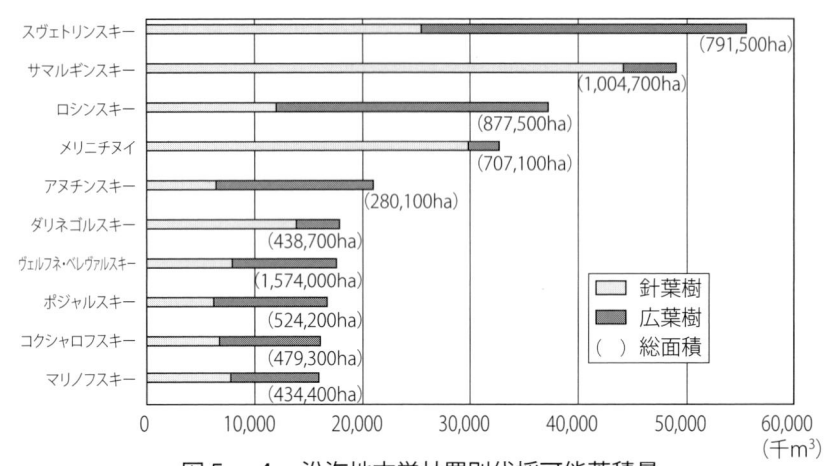

図5－4　沿海地方営林署別伐採可能蓄積量
資料：沿岸地方森林局（2005）資料より作成

区は、地域先住民組合により狩猟区（ビキン川中流域）として管理されている森林が大部分を占めている。このためこの地域は、現在は開発対象になっていないが、広葉樹・高級樹種の資源量が豊富であり、昨今の森林管理体制の変革及び極東開発の推進に伴い、開発対象になる可能性も高い。

5－4－2　森林開発と先住民

　沿海地方では、1930年代以降、森林資源の開発が始まった。生産された丸太の多くは日本向けの輸出であったが、1950～60年代頃から日本市場が高度経済成長期に入り、木材需要を急激に増加させていったこと、木材の輸入関税を削減して木材貿易を自由化したこと、そして日本国内での広葉樹資源が著しく減少したことなどの要因が重なり、沿海地方の森林資源への圧力が高まっていった。沿海地方の森林は、以来現在に至るまで開発が続き、さらに1990年代終盤から中国市場の需要急増も重なって開発が加速し、これら森林は大きく劣化してきている。

　とりわけ低地林においては、伐採後に更新できずに湿地化してしまったと

第 5 章　ロシア沿海地方で進む違法伐採とその対策

ころも多い。低地以外の場所でも、伐採後は先駆種であるシラカバやヤマナラシが優占し、樹種構成や径級構成が変化することで森林生態系への影響が生じている。特に、同地方の固有種であるアムールトラやアムールヒョウは、森林開発に際した林道建設と同時に、飛躍的に増大する密猟の影響も重なって、現在、IUCN（国際自然保護連合）のみならず、法的効力を持つ沿海地方レッドデータリストにおいても絶滅危惧種に指定されている。現存する個体数はそれぞれ 500 頭、30 頭と推定されている。主要構成樹種のチョウセンゴヨウやナラが選択集中的に伐採され、植生が変化することで、それらの実を餌としている小動物が減少することも、これらを捕食する大型哺乳類が減少する要因のひとつとなっている。

　沿海地方の高級樹種資源の分布を考える際には、この地方に先住する少数民族の状況を考える必要がある。これらの先住少数民族は、旧ソビエト連邦体制化で毛皮の調達が主な業務であったゴスプロムホズ（国営狩猟組合）の従業員であり、狩猟対象である動物種が生息する広大な森林地帯は、狩猟地としてほぼ手付かずのままに残されていた。このようなロシア北方先住少数

先住民族・ウデヘの多くはシホテアリニ山脈を流れるビキン川沿いにあるクラスヌィ・ヤール村に暮らし、狩猟や木材伐採などで生計をたてている

実態編

　民族の歴史的な背景こそが、狩猟対象である動物と不可分である生物多様性が豊かな針広混交林、換言すれば豊富な広葉樹資源を未開発な状態で残した主たる要因であった。

　この地方に居住する先住民族は、ナナイ（417人）、タジ（256人）、ウデヘ（918人）など日本のアイヌと同じカテゴリーで括られる北方先住少数民族に属する人々が主である。これらの諸民族はロシア人が移住する以前からこの地に暮らし、狩猟を生業としてきた。固有言語保持率は20〜40％であるが、若年層はロシア語を母語としているため、ほとんど民族語を話さない。

　特にこの地方に多いウデヘ（写真）は、現在も森林地帯に居住し、狩猟を生業としている。このため、森林伐採による森林生態系の変化は、彼らの狩猟対象である動物相の変化として如実に表れることになる。

近代化が進む中でも、タイガとのつながりはウデヘの若い世代へと受け継がれている

第5章　ロシア沿海地方で進む違法伐採とその対策

ロシア極東の森林

　ロシア極東地域における森林フォンド（非林地を含む森林地帯を規定するロシア独特のカテゴリー）面積は、4億9,610万ha、森林フォンド率は80％に及び、この地域のほとんどを覆うほどである。このうちの3億5,300万haは、207億m^3もの森林資源を有する林地である。ハバロフスク地方における森林被覆面積は、5,090万ha、沿海地方では1,140万haにのぼり、森林蓄積量は前者が50億3,500万m^3、後者が17億5,300万m^3に及ぶ。サハ共和国以外の地方では、森林の98％が山地に位置している。また極東地域の森林の75％が永久凍土の上に植生しており、残りはいわゆる不連続永久凍土（気温の変化により融解が起こる）上に位置しており、このことが、1ha当たり年間0.9m^3（沿海地方では最大でも1.5m^3）という低い年平均成長率の原因となっている。なお、林地の99％は自然林である。

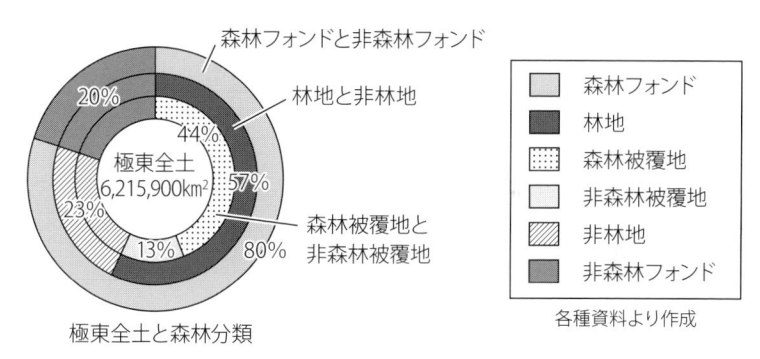

極東全土と森林分類

- 極東地域総面積：　　　　　6,215,900 km^2
- 森林フォンド総面積：4,961,044km^2（80％）
  - 林地：　　　　　　　　3,530,037km^2（57％）
    - －森林被覆地：　　　　2,756,944km^2（44％）
    - －非森林被覆地：　　　　778,924km^2（13％）
  - 非林地：　　　　　　　1,431,007km^2（23％）
- 非森林フォンド総面積：1,254,856km^2（20％）

ロシア極東の林産業

　極東地域の経済において林産業の占めるウェイトは非常に高く、原木及び木材製品の輸出による収益がこの地域の経済にとっての主な収入源となっている。その中でも最も木材生産量が多いのがハバロフスク地方であり、これに沿海地方が続くが、この上位２地方と他の地方・州との間には大きな開きがあり、木材搬出量、用材生産量では、同２地方の合計が極東全体の約85％を超えている。

　極東地域における2005年の総木材搬出量は、1,450万 m^3 に達し、用材生産量は1,250万 m^3、製材生産量は120万 m^3 であった。ロシア連邦内の７つの連邦管区中、極東地域は、用材生産では３位に位置するが、製材生産では６位と、欧州市場と近く製紙産業が発達しているロシア西部諸地域と比較して、木材加工分野の未発達さがうかがえる。

極東地域の木材搬出及び生産量　　　　　　（％）

	木材搬出量	用材	製材
極東地域全体	100.0	100.0	100.0
沿海地方	27.4	27.9	21.9
ハバロフスク地方	56.7	57.6	50.6
カムチャツカ州	1.2	0.5	1.6
サハリン州	2.6	2.6	6.0
マガダン州	0.0	0.0	0.0
アムール州	7.4	7.4	2.4
サハ共和国	3.7	2.9	15.7
ユダヤ自治区	1.0	1.1	1.8

資料：ROSSTAT（ロシア国家統計局沿海地方支局）

5－5　沿海地方における森林の利用・管理

5－5－1　沿海地方の森林管理体制

　ロシアでは、2007年1月1日に新しい森林法が施行され、管理体制も全面的に変更されることとなった。しかしながら、様々な手続きや施業方法などを規定する細則は森林法施行時にはつくられておらず、また、同法の国家院での承認から発効までが異例の早さで進められたこともあり、新たに林政の主役となる地方政府では、この法改正に対応する体制づくりだけで精一杯の状態である。地方での管理体制が確立されていない現在、木材生産の現場や営林署（レスホーズ）では旧森林法に基づいて管理を行うしかない状況になっている。

　森林法施行後の重要な変更点のひとつは、それまで連邦森林局の配属であった営林署が2007年2月1日付けで地方政府下へ移され、そこで組織改変され、山林区になることである（図5－5）。これにより長年営林署が主体となり担われてきた森林経営と森林保全の機能は分離することになり、地方政府はこれまで連邦天然資源省下の自然利用監督局が行ってきた森林経営方針や伐採計画に対する環境アセスメントの一部をも担うことになった。ただし、各種の細則類が整備され、地方への権限の移管を含む新たな森林管理体制が整備浸透するまでの今後数年は混乱が予想される。

　これまで森林の管理は、基本的に連邦機関である天然資源省下の森林局と自然利用監督局により担われてきた。前者が営林署との縦のつながりにおいて商業林の管理を中心に行い、後者が自然保護区を担当してきた。しかし、このたびの森林法改正及び林政の体制変換は、前者の管理基盤を根底から変革するものであり、国家による直接的な森林管理の一貫性を断絶するものとなっている。

実態編

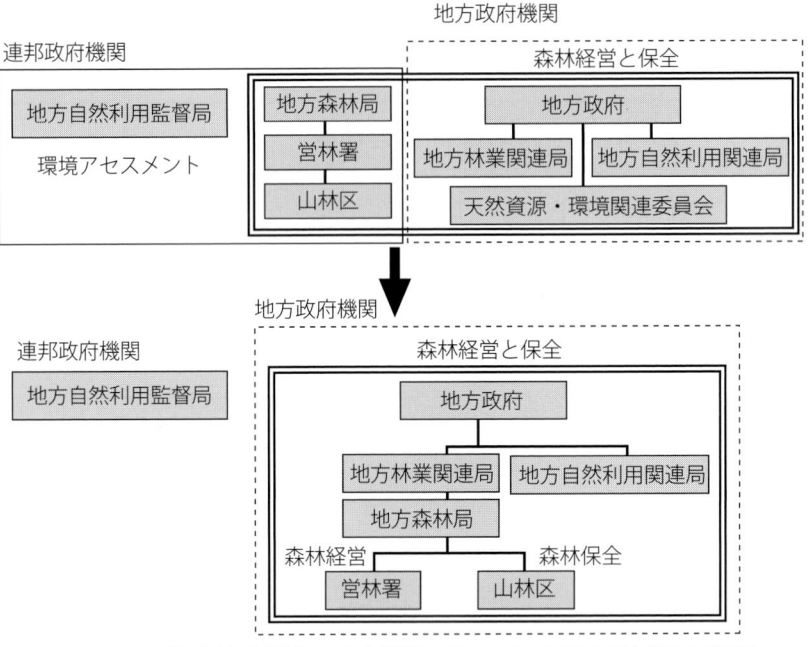

図5－5　地方林政関連の政府機関（2007年2月1日以降の変更）

5－5－2　森林利用の種類と手続き

　ロシアにおいて開発や保護の対象となる森林は、「森林フォンド」という独特の概念により定義され、原則的にすべてが国有林であり、連邦天然資源省により管理されてきた。伐採に際しては、森林法及び森林関連諸法に基づく方法で伐採権を取得しなければならない。旧森林法、関連諸法が定める木材の産出方法は、主に次の3種類が認められている。

　①長期リース（アレンダ）49年間までの期限付き
　②短期利用権
　③営林署の保育間伐

　沿海地方は、高級樹種が豊富であるために、②③の産出方法でも十分な採

第5章 ロシア沿海地方で進む違法伐採とその対策

算性をもつ伐採事業（木材調達）が可能であり、①の長期リースの受領者に課せられる林業関連法上の義務からは解放されている。そのために、手続き的に合法であっても国家の森林経営方針に照らした場合には、適切な森林利用とは言い難い状況を多々つくり出している。この意味からも、今後の林政における②③の扱いには注意が必要である。

①営林署の保育間伐の状況

沿海地方森林局及び営林署は、高級樹種であるナラ、タモ、チョウセンゴヨウが優占的であるこの地方の森林において、商業開発林の管理と流通管理に従事してきた。しかしながら、前述したように営林署が森林施業という名目で行ってきた間伐（衛生伐、保育伐）が、用材調達の隠れ蓑となっているという指摘が1990年代中頃から目立つようになってきた。研究者の指摘では、このような伐採が営林署により行われるようになった要因として、以下の3点が挙げられている。

①地方レベルでの森林施業を行う費用が、国家からの予算でまかない切れないため

②調達された用材の輸出により利益を得るという森林経営スタイルが強まっているため

③間伐という合法的な名目を利用することで、主伐では伐採が禁止あるいは厳格に制限されている高級樹種、あるいは主伐が禁止あるいは制限されている森林内（河畔林、チョウセンゴヨウが優占する森林、非木材林産物活用林）での調達が可能になるため

上記③における間伐の実施は、生物多様性や当該地と密接に結びついた先住民や地域住民の生活基盤に関わる問題として指摘され、社会的な問題に発展することも多い。

上記研究者の指摘では、1990年代中頃以降の間伐からの用材調達量は、その面積の拡大よりも急速に増加、すなわち実際には集中的な木材調達が行

実態編

われていたとされる。

沿海地方では、2000年から2003年にかけて、間伐からの用材調達量は56万8,100m^{3}から81万5,400m^{3}へと1.4倍も増加している。

②リースの分配

図5-6に、2005年時点の沿海地方の各営林署ごとのリース設定面積を示した。このデータによれば、リース面積が多いのは、沿岸部に位置するサマルギンスキーとスヴェトリンスキー営林署管轄区である。広葉樹資源という観点から言えば、両地域は針葉樹のエゾ・トドが優占した地域であるため、最も広葉樹資源が多く、かつリース面積が広いのは、ロシンスキー、次いでメリニチヌイと考えられる。両地域とも既に営林署管轄区のほとんどがリースに渡っていることから、今後広葉樹開発へのインパクトが最も高くなる可能性がある。

また、最も管轄面積が広いヴェルフネ・ペレヴァルスキー営林署管轄区内のリース面積が少ないのは、このうちの134万haが、ビキン川中流域に

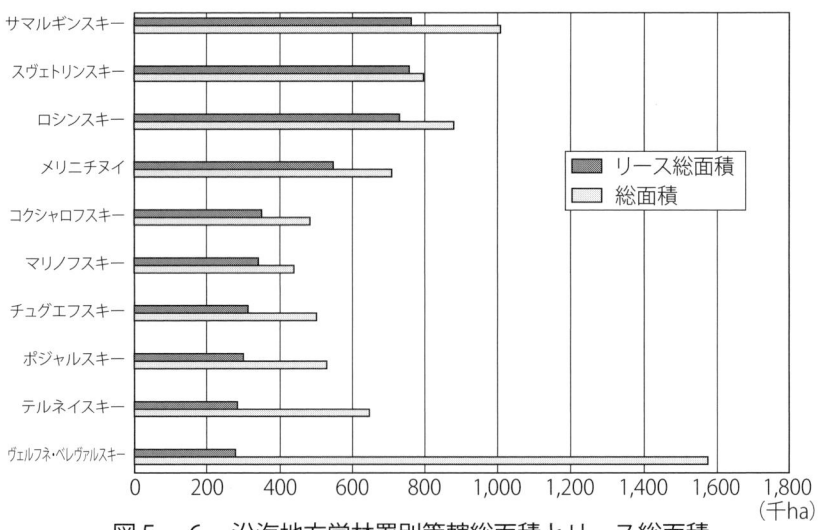

図5-6　沿海地方営林署別管轄総面積とリース総面積
資料：沿海地方森林局（2005年）資料より作成

第5章 ロシア沿海地方で進む違法伐採とその対策

居住する先住民族の非木材林産物活用地・狩猟地として地元の先住民組合へリースされていることに起因する。しかしながら、この地域に適応されている非木材林産物活用地・狩猟地としての指定は、伐採の禁止を意味しておらず、森林局と沿海地方自然利用局（あるいは林業局）の判断により伐採開発対象とすることが可能である。

5－6　沿海地方の木材生産・加工・流通

5－6－1　沿海地方の木材生産量

　沿海地方の木材伐採量を許容伐採量と実質伐採量からみたものが、表5－2である。アクセス可能な許容伐採量（AAC）は、経済的伐採可能量という用語で定義されており、このことは極東地域一般の状況として、未だ林業開発に必要な林道や伐採技術が十分ではないことを意味している。この開発性の低さは、ソビエト崩壊から自由経済への転換後に丸太、製材双方の生産力を激減させたロシアの林産業セクター全般により強く意識されていることである。国レベルでのこのような認識が、2007年1月の新森林法典案策定を促し、昨今の木材加工業推進の原動力となった。

　この地方に顕著な傾向として、比較的大手の木材加工業者ですら丸太取引が中心であり、加工には原木で市場に出しても採算のとれない低い等級の材を使用するのが常である。高度な加工はインフラの欠如により停止状態にあり、現在でも旧ソビエト時代の生産量、加工レベルには達していない。

表5－2　沿海地方の伐採量（2002年）

年間許容伐採量（AAC）(百万 m^3)		実伐採量(百万 m^3)	アクセス可能なAACに対する利用割合（%）	保育間伐(百万 m^3)
全体	アクセス可能			
8.3	6.0	2.6	43.3	0.689

資料：A.S. シェインガウス、2003年より作成

実態編

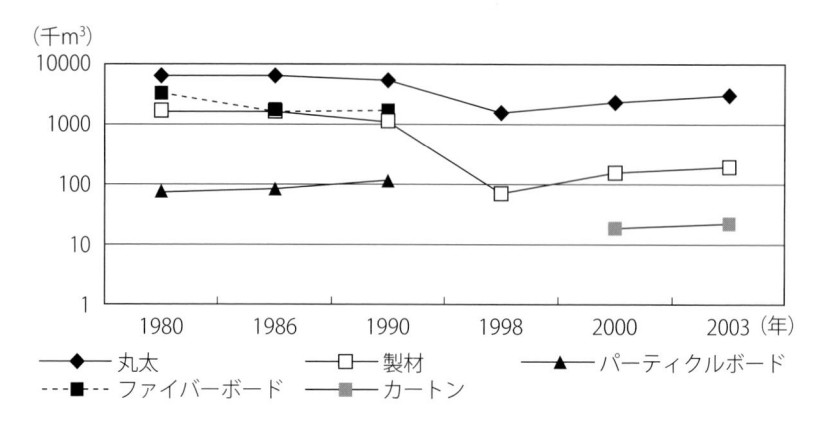

図5-7　沿海地方、丸太、木材加工品生産量推移（1980～2003年）
資料：ロシア科学アカデミー極東支部経済研究所、2005年

　図5-8の営林署別年間実質伐採量のデータからは、上位を占める地区が港までのアクセスが容易である沿岸部の営林署管轄区であることがわかる。このことは、沿海地方における交通アクセスは未発達の状態にあり、開発が輸出ポイントに近い地区に集中していることを示している。

　このような開発性の低い土地において、出荷港へのアクセスが良い以外に

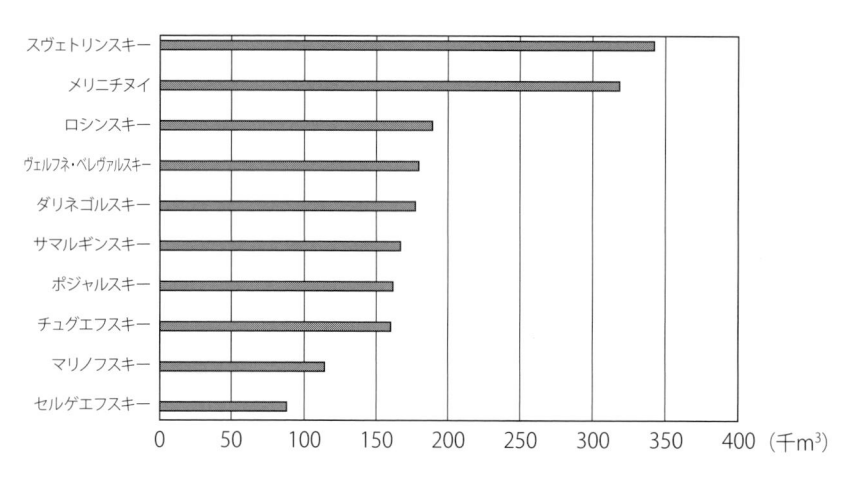

図5-8　沿海地方営林署別年間実質伐採量（2005年）
資料：沿海地方森林局（2005年）資料より作成

第5章　ロシア沿海地方で進む違法伐採とその対策

資源開発が可能である場所とは、端的に言えばすでに道路インフラがあり、資源が豊富な地域とシベリア鉄道へのアクセスが良い場所である。前者には、旧ソビエト連邦時代に落下傘型に森林地帯に振り分けられ、その後道路が整備された内陸奥地の伐採村と先住民族の居住地が関係する。

　図5－8で上位にランクされているサマルギンスキー営林署管轄区からの樹種はエゾ・トドが主流であることを考慮すれば、実質的な広葉樹の伐採は、スヴェトリンスキー、メリニチヌイ、ロシンスキーに集中していると言える。また、前記したリース面積では下位に位置していたヴェルフネ・ペレヴァルスキーの実質伐採量が多いことは、同地域の資源の豊富さと開発性の高さを示している。

5－6－2　沿海地方の木材加工工場の例

　旧ソビエト連邦崩壊前に始まった1980年代後半からのペレストロイカ政策における経済混乱期に、ロシアの林産業は弱体化した。そして、連邦崩壊後に自由経済へ移行する流れの中で、旧国営林産企業であるレスプロムホーズは、丸太、木材加工品の生産量を落としながら、その後解体、民営化された。

　この時期の生産急減の主な要因は、第一には価格自由化に伴う急激なインフレーションと経済低迷による需要の減退であり、第二には、ソ連邦崩壊後に鉄道コストの向上などが原因となり、計画経済のもとで行われていた旧ソ連圏の中央アジアへの木材供給がストップしたことが挙げられる。

　このような背景のもと、極東地域、沿海地方の林産物生産も急激に衰退した。いくつかのレスプロムホーズはその場でうち捨てられ、いくつかはソビエト時代の社長により私有化された。その後1990年代後半に経済が復興してくると、自由経済のもとで資産を築いた私企業体が林産業へ参入し始め、短期的に利益が上がり木材資源が豊富であるという条件下で、長期的に継続が可能な伐採業や木材加工業に従事する例が目立ち始めた。

実態編

　現在では、近年急激に木材需要を伸ばしている中国企業の進出が著しい。森林地帯の奥地にある伐採村まで訪れ、現金取り引きで原木を購入し、それ以後の運送から加工、輸出まですべてを行うといった方法や、これらの活動を「合法化」するために地元当局と癒着関係を築いていくなど、彼らのロシアへの浸透率があまりにも高いため、現地では「チャイニーズ・ペネトレーション（中国人の進出、浸透）」という言葉がよく聞かれるまでになった。

　以下では、広葉樹加工企業を便宜的に、「旧レスプロムホーズ系企業」「新興私企業」「中国系企業」の3つのタイプに分類し、いくつかの事例を挙げる。

① TS社　（旧レスプロムホーズ系企業、都市型、中規模加工工場）

　シベリア鉄道沿いで、ウラジオストクから北に300km程のところにあるレソザヴォツク市にあるTS社は、この地方では、大中規模の伐採・加工業者であり、約700人を雇用し、自社周辺以外にも伐採リース地をもつ。

奥地の伐採村にある製材機械はかなり古いものも多くみられる

第 5 章　ロシア沿海地方で進む違法伐採とその対策

旧レスプロムホーズ系の中でも、同社は木材業が発達した土地に立地しているため、木材生産量も多い。

このような大中規模の旧レスプロムホーズ系業者の発展は、日本への木材輸出に支えられてきた。同社は、1991 年から日本との取り引きを始め、当初は日本向け広葉樹丸太（タモ、ナラ、シナノキ）の約 10％の丸太を輸出していた。1991 年当時のロシアから日本への広葉樹丸太の全輸出量が、年間 35 万 m^3 であるので、約 3 万 5,000m^3 を取り扱っていたことになる。現在は、日本人仲介業者を通し、年間 15,000 〜 20,000m^3 ほどを原木輸出しており、樹種はタモ、ナラ、シナノキ、チョウセンゴヨウなどの高級樹種が中心である。

同社工場でも、原木販売されない丸太を使用し、ナラ、タモやチョウセンゴヨウの集成材フリー板を生産している。生産能力は、製品で月産 400 m^3 程度と少ない。工場従業員は、30 〜 40 人程度で、基本的に注文生産を行う。製品の 5 〜 10％が日本向け、10％が中国向け、残りの 80％はロシア国内市場向けであり、最近ではロシア国内向けの注文製品が増えているという。日本向け製品の接着剤には JAS（日本農林規格）クリア品を使用しているという。全体としては、販売量は製品が 12 〜 15％で、残りは原木販売である。

② LE 社（新興私企業）

同社は、営業・マーケティング・販売部をウラジオストク市に、製材工場をダリネレチェンスク市にもつ新興企業である。1997 年に創業し、木材加工にも 5 年ほど携わっている。工場は、旧ソビエト時代の国営パーティクルボード、MDF 加工コンビナートを買収してほぼ倒壊していた施設を刷新して操業開始した。ヨーロッパ製の最新加工機材を導入しており、新しい工場の建設や新製品の製造ライン増設にも意欲的に取り組んでいる。

今後の原木調達は、3 〜 4 年前にコンクール（公募）で入手したという

年間許容伐採量 70,000 m³ の自社リースからが基本となるが、その一方では、ダリネレチェンスクの工場付近にある 7～8 ヵ所の営林署からも調達している。また、リースを保有している他の企業からも買っており、クラスノアルメイスキー地区の比較的小規模（15,000 m³ 程度規模）の会社で販売先に困っているところとも、価格的に折り合いがついたときのみフレキシブルに取り引きを行っている。

　工場の取り扱い品目は、広葉樹製材、化粧合板、家具部材、フローリングなどの建材が中心である。2008 年以降は輸出関税の引き上げ等により丸太の輸出が不利になるので、高度加工にシフトする体制を整えている。現在稼動中の工場は 600 人規模である。年間の出荷量は 40,000m³ で、内訳は製材品が 2,500 m³、家具部材が 600 m³、残りがドアやフローリングなどである。製品は、仲介業者を通して日本や中国へ輸出している。

　丸太・一次加工品の出荷先は、90％以上が中国（上海方面）で、すべてが注文生産である。残り数％が欧州である。製品（完成品）の月間生産量は、家具、床材が 800 m³ でこちらも全量注文生産である。そのうち 400 m³ がモスクワへ出荷され、そこからギリシャ、カザフスタン、スペインなどへ販売されている。残りはイギリス、フランス、デンマークへ約 130 m³ ずつ出荷され、日本に入るのはわずかである。

③ O 社（中国系企業）

　同社は、ダリネレチェンスク市にあり、9 年前に設立以来、木材業に従事している。本社は、中露国境の綏芬河にあり、ロシア沿海地方とハバロフスク地方にそれぞれ支社をもつ。また、中国国内では綏芬河と大連に製材工場をもつ。ロシア国内の支社が原材料である丸太を供給し、中国国内で加工している。

　現在、沿海地方支社では、70 人の中国人を雇用している。そのほとんどが製材業に従事しており、残りは伐採業と木材買付け業を行っている。

第5章 ロシア沿海地方で進む違法伐採とその対策

　同支社の社長にはロシア人を起用しており、その他にも30人のロシア人を雇用し、港における業務、操業上の補助的な業務を行っている。

　沿海地方の支社では、年間10万m^3を中国へ輸出しており、その内訳は、丸太と製材が50％ずつである。原料樹種は主としてナラ（7割）、タモ（3割）で、地元の伐採業者及び営林署から直接購入している。近年では、伐採業も開始している。

　同支社は、ダリネレチェンスク地区に税関管轄の貯木場を貸借している。この貯木場の面積は、合計で20,000m^2である。この貯木場内にあるターミナルから、シベリア鉄道の路線へ直接発送できるため、運送環境は良好である。発送ルートは、オリガ港まで陸路で運搬し、その後大連まで船便で輸送するルートと、鉄道による綏芬河経由であり、綏芬河経由の場合、一部は綏芬河にて販売、加工され、残りは大連にて高度な加工を施される。同支社は、ダリネレチェンスクに6ヵ所の製材所を有する。2ヵ所は貯木場内にあり、4ヵ所は山土場にある。年間製材量は50,000m^3。主に、ロシア国内で皮を剥いて、列車で綏芬河に送っている。関係者は、丸太の販売に比べ、製材は利益回収に時間がかかると言っている。ハバロフスクにも同規模の製材能力を有する工場を経営している。

違法操業をしているとみられる製材工場の労働者用の飯場

実態編

5－6－3　沿海地方の木材流通

　ロシア極東地域内での木材輸送手段は限られており、シベリア横断鉄道、バイカル・アムール鉄道による鉄道輸送、アムール川とその支流のウスリー河での海運、ハバロフスクからウラジオストクに到る主要道、未開通ながらチタからハバロフスクを経由しシホテアリニ山脈を抜けてナホトカに抜ける主要道が主なものである。主な輸送ルートは、次の3つに区分できる。

　第1のルートは、シベリア横断鉄道を経由して、沿海地方南部のナホトカ、ウラジオストク、ポシェト、スラベヤンカなどの木材積出港に輸送され、主として日本と韓国に向かうルートで、最近では中国向け木材の出荷量も増えている。このルートのバリエーションとして、支線経由で中国あるいは北朝鮮の国境に輸送されるものもある。

　ロシア極東地域内で鉄道によって直接国境を通過できるのは、中国と結ぶ沿海地方のグロデコヴォ－黒龍江省綏芬河ルート、北朝鮮と結ぶ沿海地方ハサン－羅津ルートに限られる。この他、支線で国境近くまで運び、いったんトラックやフェリーに積み替え中国国境を越えるルートも10ヵ所以上あり、アムール州の首都ブラゴベシェンスク－黒龍江省黒河市ルートのほか小規模なものが数地点、ハバロフスク地方ではビキン－ラオヘ、ハバロフスク－撫遠など数地点、沿海地方ではポルタフカ－東寧、トゥリーログ－密山、ダリネレチェンスク（マルコバ）－虎林のルートがある。

　第2番目は、バイカル・アムール鉄道を経由して、ワニノあるいはソフガバンなどの積出港から輸送するルートで、そのバリエーションとして、アムール川河口のニコラエスク・ナ・アムールから積み出されることもある。このバリエーションとしては、アムール川の河川交通で中国に直接結びつくルートも開かれている。これは中ロ国境問題解決が大きな後押しになっている。この中には、ラザレフ、デカストリ、シズマン（ハバロフスク地方）と

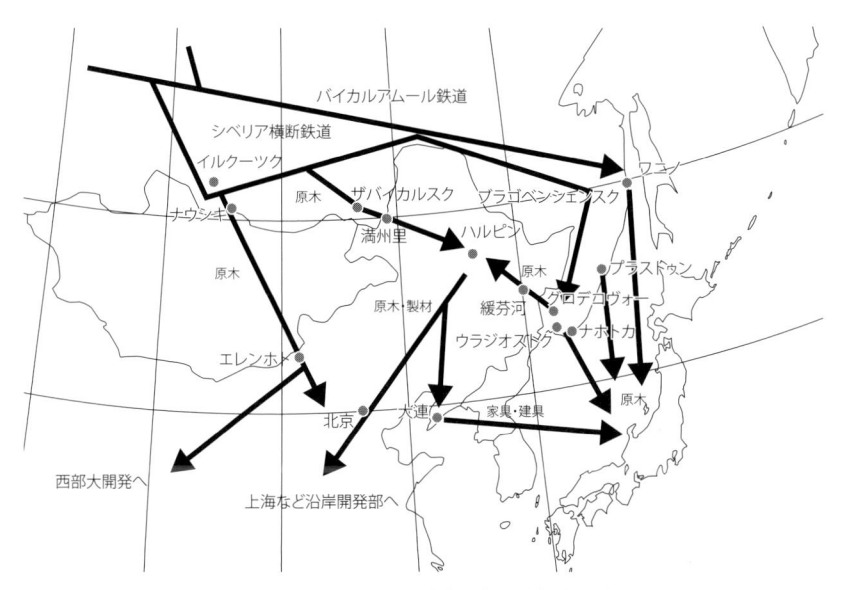

第5章　ロシア沿海地方で進む違法伐採とその対策

図5－9　ロシア材の主な輸送経路

いった海上積出港を起点としてアムール川を遡上する「海→川」ルートが開通し、一部では、アムール川河口のニコラエスク・ナ・アムールの河川港で河川輸送に積み替えを行うケースも出てきている。

　3番目は、沿海地方とハバロフスク地方の生産地からトラックで搬出され、スヴェトラヤ、プラストゥン、オリガ、アムグ、デカストリ、ラザレフなどの日本海沿岸の積出港に直接運ばれ、日本や中国の大連、上海、青島などに輸送するルートである。

　内陸部のクラスノアルメイスキー地区、グルビンノイエ村、ダリネレチェンスク市でのヒアリング調査でも明らかになったことだが、最近では内陸部からオリガ、プラストゥン港へ直接運送するコースも確立されていることから、沿海地方の業者が扱う材のかなりの部分が3番目のコースで、沿海地方東部の沿岸部にある出荷港から輸出されているということができる。

　しかしながら、シベリア鉄道へのアクセスの良い沿海地方、ハバロフスク

地方、ユダヤ自治区、アムール地方などの内陸部業者のほとんどは、1番目の鉄道輸送をメインにしており、日本への出荷も総量でみれば、ウラジオストク港、ナホトカ港が主流である点も注記しておく。

5－6－4　沿海地方の木材輸出

　丸太関税引き上げを定めた 2006 年 3 月 23 日付けのロシア連邦政府令が、同年 5 月 31 日より発効することで、ロシアから輸出される未加工木材に対する関税は、2.5 から 4 ユーロまで引き上げられ、2007 年 3 月現在では 1 m^3 通関価格の 6.5％まで引き上げられている。また、2006 年 12 月 23 日に発効した政府令では、この税率が段階的に大幅引き上げになることが定められ、いくつかの広葉樹製材品に対しても最大 10％、価格では 12 ユーロまでの税率の引き上げが定められた。

　さらに 2007 年 2 月 5 日付けで上記政令に加えられた修正では、丸太関税率が大幅に改訂され、2011 年までに段階的に最大 80％まで引き上げられることが発表された（表 5－3）。

　このような関税の引き上げが行われた背景には、旧ソビエト連邦崩壊後の生産量の落ち込みと森林開発度の低さ、そして主に極東地域における木材加工業の未発達さがある。これに加え、近年の中国における木材需要の増加が、ロシアの丸太輸出を拡大させ、そのインパクトは主に中国と国境を接している東シベリア以東の地域で顕著となっている。このような状況を打開する目的で、上記関税率の引き上げと平行して大統領の勅令が契機となり推進されているのが、これら地域における社会・経済的発展であり、その一環として沿海地方における木材加工業の発展が期待されている。

　沿海地方から輸出される木材のうち、76％が未加工の丸太であり、この加工貿易の未発達さは、高級樹種が多いこともあり、同地方にとってのネガティブな要因として指摘されている。これらの木材の輸出先は、99％が

表5−3　ロシア材輸出税と最低税額の今後の推移　（m³当たり）

品　目		07年7月1日	08年4月1日	09年1月1日	11年1月1日
針葉樹丸太（エゾ松、トド松、カラ松、アカ松）	％	20	25	80	80
	ユーロ	10	15	50	50
広葉樹丸太（ナラ、ブナ、タモ）	％	20	20	80	80
	ユーロ	24	24	50	50
ポプラ	％	10	10	80	80
	ユーロ	5	5	50	50
完全に加工されておらず多少皮がついている用材で15cm厚以下	％	20	25	80	80
	ユーロ	10	15	50	50

資料：2007年2月5日付け、ロシア連邦政府政令第75条をもとに作成

アジア諸国である（2006年）。最も多いのが中国の53％、次いで日本の30％、そして韓国が13％であり、残りがカナダ、ベトナム、デンマーク、チリ、アメリカ、ニュージーランド、タイ、台湾へ輸出されている。

　ロシア国家統計局沿海地方支局が指摘するところでは、同地方にとって最も深刻な問題は、高級樹種の違法調達と輸出であるとされる。また、例として税関手続きを行う貯木場さえ通さずに森林地帯から直接国外へ輸送するケースも多数あると指摘されている。

　全体的な傾向としては、今後、丸太輸出税の引き上げと木材加工産業の発展推進に伴い広葉樹丸太の輸出も減少することが予想されるが、加工業が成熟するまでには数年が要するであろうし、森林法改正後の林政混乱期が、上述したような違法流通を加速化させることも考えられる。それに内陸から沿岸部への運送のような近年の流通経路の多様化が加わることで、遡及可能性は一層困難になる恐れもある。

5－7　ロシア材輸入国の動向

5－7－1　日　本

　ロシアからの広葉樹丸太の輸入量推移を概観すると、広葉樹丸太の輸入は1996年から2005年までの10年で3分の1にまで減少した（表5－4）。この間、中国は高度経済成長期に入り、ロシア材の輸入量が急増、加工産業が急速に発展した時期でもある。

　ナラ、タモは日本の森林にも存在していることから、馴染みのある樹種として主に無垢の家具材や床材として好んで使われてきた。特に、広葉樹の森林資源が豊富であった旭川など北海道に、これらの工場が多く存在していた。しかし、中国製品に押されて国内の広葉樹加工産業は衰退した。国内の家具メーカーでこれらの材を使用しているのは、職人による高級家具や注文生産家具などに限られ、規模も小さく全体需要量も小さくなっている。

　現在、国内の家具メーカーや床材のメーカーで普及製品用に使われている材はMDFや合板が主体で、これらにツキ板やプリント化粧貼りをした製品が多い。しかし、ナラ、タモの集成材フリー板の需要は増加している。比較的安価で狂いも少ないことから、階段や家具天板などとして日本の住宅業界や大手メーカーから安定した需要がある。しかし、このフリー板も多くが中国からの輸入品である。

　日本でのベニマツ（チョウセンゴヨウ）の用途は、その美しく通直な木理と加工性の高さから、内装材、特に敷居・鴨居など伝統的な和室の造作材として使われてきたが、近年の家づくりへの嗜好の変化、マンションの増加に伴い、ベニマツの需要は減少している。また、加工性の高さから鋳物用の木型としても使われてきたが、鋳物産業の衰退によって、こちらも需要はきわめて小さくなっている。しかしながら、ベニマツは基本的にロシアで禁伐種

第5章　ロシア沿海地方で進む違法伐採とその対策

表5－4　日本の北洋材輸入量

年			1996	1997	1998	1999	2000
針葉樹丸太	用材	エゾ松	1,602,229	1,849,398	1,450,753	1,750,033	1,579,449
		カラ松	1,481,111	1,787,528	1,435,399	1,961,314	1,875,865
		アカ松	1,449,434	1,651,481	1,329,798	1,695,282	1,465,040
		ベニ松	52,010	52,943	35,378	55,931	27,420
		用材計	4,584,784	5,341,350	4,251,328	5,462,560	4,947,774
	パルプ材	エゾ松	234,428	219,104	90,144	87,324	110,472
		カラ松	193,491	160,403	121,274	150,877	110,019
		アカ松	17,614	5,172	5,285	13,424	9,914
		ベニ松	23,915	32,399	22,618	25,934	12,250
		パルプ材計	469,448	417,078	239,321	277,559	242,655
	その他含む丸太計		5,065,234	5,771,207	4,500,754	5,760,276	5,202,759
製材品			397,898	503,940	295,332	448,180	541,468
広葉樹丸太			383,121	362,743	260,717	336,215	308,893

年			2001	2002	2003	2004	2005
針葉樹丸太	用材	エゾ松	1,264,441	1,018,487	1,090,541	845,419	643,924
		カラ松	2,027,587	1,966,903	2,171,712	3,113,589	2,578,994
		アカ松	1,507,663	1,366,596	1,388,201	1,625,553	1,213,717
		ベニ松	28,404	21,824	20,988	27,553	18,465
		用材計	4,828,095	4,373,810	4,671,442	5,612,114	4,455,100
	パルプ材	エゾ松	96,283	65,004	43,659	44,018	36,444
		カラ松	71,307	81,416	81,928	52,962	51,738
		アカ松	2,623	1,982	9,312	7,587	3,659
		ベニ松	7,928	10,449	16,715	12,660	9,481
		パルプ材計	178,141	158,851	161,614	117,227	101,322
	その他含む丸太計		5,016,683	4,543,414	5,603,622	5,730,830	4,570,419
製材品			584,527	687,823	761,122	861,219	964,880
広葉樹丸太			278,506	195,350	244,174	191,512	123,401

資料：木材建材ウイクリー（日刊木材新聞社）

実態編

となっているにもかかわらず輸入は減少しながらも続いている。

５－７－２　中　国

①ロシア材の輸入量と流通・利用実態

　中国の木材輸入は、過去10年間に急増している。このような木材輸入の大きな伸びを支えているのがロシアである。ロシアからの原木輸入は、1996年の52.9万m³から2005年の2004.5万m³へと急増し、1998年にロシアは第1位の輸入国となり、2005年時点では日本のロシア材輸入量の4倍以上に達している（図5－10）。製材品の輸入量はまだ比較的少ないが、その増加速度は原木を上回り、中国の製材総輸入量中に占める比重も上昇しており、2005年にはロシアは第3位の輸入相手国となっている。このようなロシアからの木材輸入急増の結果、2005年には中国の木材輸入に占めるロシア木材のシェアが67％に達している。

　これらの中国向けロシア木材の生産地は主に東シベリアのイルクーツク州

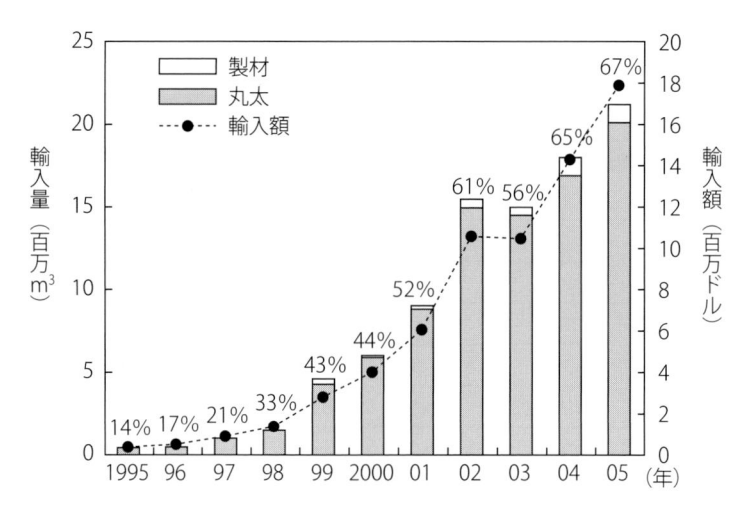

図５－10　中国におけるロシア材の輸入量・金額の推移
注：棒グラフの上の数字は、ロシア木材シェア（％）

第 5 章　ロシア沿海地方で進む違法伐採とその対策

と極東のハバロフスク地方と沿海地方であり、針葉樹ではアカマツとカラマツが、広葉樹ではタモ、ナラ、シナノキ、カバが主体をなしている。

中国企業のロシア材輸入は、以下の 3 種類の方式に区分できる。

まず、ロシアで森林の伐採権を獲得し、そこで自社による木材伐採を手がけ、伐採した木材を国境まで輸送する形態である。2 番目は、ロシア国内で伐採権を取得しないで、何ヵ所かの木材調達場所だけを設置し、常駐する駐在員が地元で木材を購入して、中国国内まで配送する形態である。3 番目は、1 番目と 2 番目の方式を兼ねたもので、ある程度の面積の伐採権を獲得しながら、同時に地元で必要により木材を購入するものである。最近まで、ロシア材輸入貿易企業の規模はほとんどが中小で、資金の制限もあったため、ロシアで森林伐採権を取得・購買できる企業はまだ少数で、現地で木材を購入する企業の方が比較的多数を占めている。

中国へのロシア木材の主要な輸送方式は、鉄道により内陸国境を通過するものが輸入量のおよそ 8 割を占めており、河川、海運及びトラックによる輸送の比重は小さい。これは、両国が陸続きで接し、数地点で鉄道が連結しているうえ、中国とロシアの主要な木材産出区域である東シベリアと極東ロシアが近接する地理的な要因によるところが大きい。このため、中国のロシア材輸入は輸入木材の 84％ 近くが国境貿易であり、その他の貿易方式による輸入量は少ない。

中国に輸入されたロシア材は、基本的に 3 つの流通の節目となる集散地・市場を経由して消費者に流通している。

1 次市場は、主に中ロ国境に位置している。綏芬河、満州里とエレンホト（二連浩特）が該当する。通常、1 次市場は卸売りのみで、鉄道車両単位での相対取引が駅で行われている。ここに長期駐在する木材購買人員は、大部分が国内各地域にある 2 次卸売り業者で、購買した木材を鉄道により直接に国内の主要な木材集散地まで輸送して、その市場において卸売量で販売している。

最近では、一部の企業には、上述したようにロシア国内から直接に原木を輸入したり、ロシア現地で木材の買い付けを行い輸送したりするケースも出てきている。

　２次木材市場は、全国各地に分布する大型木材集散地である。ここでは、１次市場から配送された木材が、市場に積まれて、３次市場や周辺の加工工場などへ卸売りが行われている。こうした木材集散地は各省にあり、大概は、省政府所在地である都市に設置されている。複数の省にまたがる超大型木材集散地としては、山東省徳州木材市場と大連木材市場がある。

　３次木材市場は、直接的に最終ユーザーへ向けた小規模小売市場であり、その規模は小さく、零細である。その多くは２次市場付近の各県政府所在地（鎮）に位置している。一部は、２次市場周辺に近接するものもあり、そこで卸売り兼小売を行っている。３次木材市場では、一般的に簡単な受注加工業務を代理しているが、加工用の設備が粗末なため、一次製材などの各種の未加工品用の原料加工に限定されており、乾燥及び製材の表面仕上げなどの付加価値加工は行われないのが通常である。

②沿海地方国境における内陸国境貿易

　ロシア沿海地方と接する国境沿いで、ロシア材が輸入されている国境港（税関）は大小４ヵ所を数える。これらは、いずれも1980年代終盤から1990年代にかけて、中ロ国境問題の解決や両国関係の良好化、中国経済の対外開放が急速に進んだ時期に開かれ、木材その他の物資の貿易、人の往来が拡大してきた。

　国境港は、地政学的にはウスリー川流域とスンガチャ川流域に位置し、南から東寧、綏芬河、密山、虎林である。このうち、綏芬河では直接鉄道と鉄道が通じており、東寧、密山は陸続きで、虎林は国境のウスリー川にかかる国境橋により道路でロシア側と結ばれている。

　貿易量が最も多いのが１次市場にあたる綏芬河である。2004年にここを

第5章　ロシア沿海地方で進む違法伐採とその対策

経由した輸入量は、原木及び製材がそれぞれ、591.7万 m^3 と10.11万 m^3（2005年は609.7万 m^3 と13.237万 m^3 とさらに増加している）で、全国総輸入量の約35％と約13％を占めている。

ここでの木材輸入の特徴は、広葉樹材の輸入量が大きいことである。2004年における中国全体のロシア産広葉樹材原木の輸入量は221.5万 m^3 で、その80％近くが綏芬河を通って輸入されていると推計できる。広葉樹の樹種別内訳を2004年上半期の税関資料からみると、シナノキ、ヤチダモ、ナラなどの高級（硬質）広葉樹材の輸入量が多く、ロシアから輸入されているこれら広葉樹材のほとんどはここを通過していることがわかる。これらの樹種の輸入金額に占める割合は全体の4割を超えており、これらが単価の高い高級材であることを裏付けている。

綏芬河は木材加工業も相当進んでおり、半数近くの輸入材がここで加工されており、ここから輸送される木材の半分前後は製材品と考えることができる。ここを経由する木材は主に東北（大連を主とする）、華北及び華東沿海地域へ流通し、ごく少量なものは、遠く内陸部とその他の地域に販売されている。大連に輸送された広葉樹材はさらに高次加工されて、家具やその部材、建具、集成材などの製品または半製品として、多くが外国に向けて輸出されている。

その他の小規模国境港での木材輸入量は総じて少ないが、近年はロシアで一次加工された製材品が主流となっている。綏芬河と近い東寧は、他地点と比べると多く、2005年の輸入量は2.4万 m^3 でその9割以上が製材品である。虎林は、ロシア沿海地方の広葉樹集積地であるダリネレチェンスクに近接している。しかし、ロシア、中国両方とも鉄道からの距離があり、木材貿易は冬季にほぼ限られているので、取り扱い量は1万 m^3 未満と少量である。ここでも製材品の輸入が増えている。密山は、物資や人の往来は比較的活発だが、木材取り引き量は最近ではほとんどない。

③ ロシア材の輸入業者

中国のロシア材輸入貿易を営む企業の数はかなり多いが、規模は小さく、相当散在している。

ロシア材輸入企業は、大まかに2つの経営タイプに区分できる。第1のタイプは簡単な木材貿易活動に従事する企業で、ロシア国内で木材を買い付け、国境まで輸送し、卸売り販売をしている。このタイプは、ロシア材を取り扱うのに多大な資金を投入できない中小企業を主としている。

第2のタイプは、輸入材の取り扱いを行い、加工企業でもあると同時に、輸入手続代理に携わっているグループである。これらは比較的規模の大きな企業で、その自社加工企業も主として綏芬河と満州里などの国境に置くものである。

これらの大手企業には、製材加工工場もロシア国内に設立しているものもあり、年間取り扱い量が20万m^{3}を超えるものも10社近くある。例えば、綏芬河市に本社を置くA社は、市内に大型加工区を設立し、さらにロシアのダリネレチェンスク、ハバロフスクとオリガにも3つの加工工場を持ち、そこで生産した製品を鉄道経由で中国国内に輸送したり、海運にて直接に上海などの消費区まで配送している。

④ ロシア材の加工工場

中国国内のロシア材加工は、加工場所から大体3つのタイプに分類できる。すなわち、1次市場（主要な輸入港・国境港）及び2次市場所在地での加工、3次小売市場での加工代理及び自家・個人（木材加工企業を含め）による加工で、広葉樹加工に関しては、第1のタイプと第2のタイプは、黒龍江省の綏芬河と遼寧省の大連市が該当する。

前述したように、沿海地方と接し、多くの広葉樹材を輸入している綏芬河は、単なる原木の通過地点から、製材及び製品加工（半製品と完成品を含む）の一大生産地点に発展している。同市には、2004年までに、すでに4ヵ所

第5章　ロシア沿海地方で進む違法伐採とその対策

にかなりの規模の木材加工区が開発されている。4ヵ所の加工区合計の敷地面積は3.37km^{2}あり、そこには300を超える大小の木材加工企業が立地している。市場全体の年間加工能力は2004年時点で約300万m^3、人工乾燥能力は50万m^{3}に達しており、2007年現在ではさらに拡大している。大手木材加工企業は、一般的に、自社用の鉄道専用レールを敷設し、中国製あるいは日本、イタリア、ドイツ及び台湾から導入された比較的先進的な設備を有し、年間加工能力も10～30万m^{3}とバラエティがある。2004年時点のその主要製品は、精度の粗い加工品と未加工品が多く、異なるサイズの板材が主体となっている。なかには仕上げ材加工し、人工乾燥室で乾燥するものも少なくない。その他に、集成材、フローリング、スライス単板とロータリ単板、内装用回縁（まわりぶち）、家具部材や無垢材の食事用テーブル・椅子などを生産している。最近では、粗加工などをロシアで行い2次加工や完成品生産する企業も増加している。

　ロシア広葉樹材が加工生産されている代表的な2次市場は、遼寧省大連市である。同市の木材加工業は相当進んでおり、市場には100余りの異なる規模の製材と乾燥を主とした加工工場が存在しているだけでなく、市内にも多くの木材加工企業がある。大連市家具協会によれば、2004年現在、大連市には家具企業全体で約550社（集成材、無垢材フローリング、回縁などのメーカーを含めるが、楊枝と割り箸工場を除く）あり、それらの中には世界に名の通った超大規模の無垢材家具メーカーがかなりある。推計によれば、2004年における同市の家具業界の全輸出金額は、すでに5.6億米ドルに達している。大連で生産する家具は無垢材家具を主としており、その生産量については、2004年時点で中国全体の生産量の50％以上を占めていると推計される。使われる原料のほとんどが、沿海地方を主とするロシア極東地区の硬質広葉樹材と、ごく少量の国産材（ほとんどが東北地方産）、あるいは、北米やドイツなど外国から輸入したもののようである。

5-8　ロシア森林法典の改正

　ロシア経済発展商務省により立案された新森林法典案が、2006年12月5日付けでロシア連邦大統領により署名され、2007年1月1日から発効した。この新法典によって、それまでの国家主体の森林管理・経営の形態が大幅に変更され、林政の主体が地方政府機関へと委譲された。森林をリースする者自身による森林管理の義務も大幅に拡大されている。それにもかかわらず、リース者が合理的な経営を行い、管理することに対しての利害を保証するいかなる仕組みも用意されていない。また、同法典の採択は、森林経営方針を規定している主要な基準である伐採手引書、伐採指示書、伐採規制、森林経営方針指示書、衛生基準などの変更を要求するものである。新法によればこれらの基準は、技術執務規定のような技術規制関連の法律に則って制定されるべきとされているが、これほど多数の基準の基盤が完全に更新されるには数年を要するであろう。その期間、ロシアの林業は新しい法典に則りながらも、古い基準に従うことになる。

　木材を伐採し、加工、輸出するまでの過程に関係する、森林法以外のいくつかの法律は別々の省庁により管轄されているため、木材の流通過程を一貫して管理することを難しくしている。

　新森林法典は、この事情を改善し得るものではなく、逆にこれまでに確保されていた管理基盤をも失わせるものとなっていると同時に、森林行政が地方へ委譲されることで、より不安定な状況をつくり出している。

　新森林法典施行後に出された研究者及び環境団体によるコメントでは、同法は現在のロシア情勢を反映し、いくつかの改良点はあるものの、全般的にみれば環境的のみならず法そのものとしても不明瞭な点が多く、適切な森林経営を行っていく上では危険性を孕んだものであるとされている。

　林政の今後は、これからつくられる細則を待って判断されるべきであるが、

森林法自体が抱える以下のような変更点、問題点は認識されてしかるべきであろう。

①許可証システムの消滅
　伐採証明書などがなくなり、「申請書システム」へ移行、これまでの書類による流通過程の管理基盤がなくなる。
②オークションのみによる伐採リース
　森林をリースする唯一の方法として、オークションという形態のみ（提示価格による決定）が提示されている。社会的効果をも考慮したコンクール（公募）は行われない。
③伐採リース受領者の義務拡大
　長期リース者は、森林再生、保育伐、森林保全、森林保護を自己負担により実施する義務があるが、その仕組みが法典にはまったく記されていない。
④森林の所有管理権限
　新法典自体には、森林用地を国民あるいは法人へ受け渡すためのいかなる取り決めも記載されていない。しかし、連邦機関は、所有者としての義務を負わない。権限を移譲される地方政府にも市民の権利を保証する準備がない。

　この森林法改正が沿海地方の広葉樹生産・流通に与える直接的な影響としては、沿海地方森林局が高級樹種の流通規制のために行っているホログラム付き伐採証明書の取り組みが挙げられる。この地方に多い高級樹種資源は、少量でも採算がとれるため盗伐や過伐の対象になりやすい。この危険性を回避するために、伐採地での資源量算出と搬出を書類により管理する目的で、伐採証明書のコピー1枚ごとに違ったホログラムを貼り付け、トラックによ

る木材搬出の際には営林署職員が発行する伐採区単位の調書、計算書とともに各運転手が携帯することで、道路通行時に監視ポイントなどでの警察によるチェック、コントロールを書類上可能にしていた。この取り組みの詳細は次項に譲るが、新森林法典施行後に決められた営林署の地方政府下への配属替えは、それまで連邦森林局―営林署という連邦機関により一貫して行われていた取り組みが難しくなる可能性を示している。

5－9　ロシア極東における違法伐採対策

　極東地域における民間の団体による違法伐採への取り組みが開始されたのは、旧ソビエト連邦が崩壊した1990年代初頭にまで遡る。沿海地方の高級樹種に関しては、主に盗伐や違法流通などの問題、針広混交林に居住する先住民に関係した林業開発と人権の問題を国内外にアピールし、諸外国の環境団体や研究機関と協力して上記諸問題の解決法提示に努めてきた。

　現在、極東地域において精力的な活動を行っているのは、WWFロシア極東支部と環境団体BROCである。近年ではこれらのロシア環境NGOは問題点の指摘、批判という役割から、企業との積極的な協働へと移行する傾向があり、その方法のひとつとしての森林認証制度や持続的な自然利用の推進という方策が提示されている。

　このような取り組みの例としては、1999年にWWFロシアが主導して発足した「環境に配慮した木材業者協会」が挙げられる。同協会には、ロシア国内の林産企業27社が所属し、5社が入会のプロセスにある。同協会会員の目的は、「ロシアの自然遺産を次世代に残すため、環境に配慮し、社会的に開かれ、経済的に発展力のある森林管理を実現すること」とされており、「企業の環境方針の発展と森林認証制度の原則の適応が、企業イメージを向上させ、輸出製品の競争力を高め、投資を呼び込む最良の材料となり、自然保護の関心、生物多様性及び森林再生に応える」ものとしている。同協会への加

第5章　ロシア沿海地方で進む違法伐採とその対策

入は WWF ロシアとの合意に基づき、企業の森林経営に対する書類審査を経た末、WWF により会員として承認される。また現在、WWF ロシアは、「チョウセンゴヨウ―生命の樹」というキャンペーンを開始し、自らの GIS データによる分析を根拠に、年々劣化が深刻化しているチョウセンゴヨウの森の保護の必要性を指摘し、当該樹種の伐採全面禁止を訴えている。これは間伐、衛生伐などの名目で伐採され続けた、本来は禁伐種であるチョウセンゴヨウを守る重要な取り組みとなることが期待される。

　２つめの例としては、ロシアにおいて最も普及率の高い森林認証制度である FSC が挙げられる。FSC は、ロシアでは主に欧州向けの木材輸出のツールとして、ヨーロッパロシアを中心に認証林が拡大した。認証企業は、FM（森林認証）が 35 件、CoC が 38 件（2007 年 2 月時点）である。日本への木材輸出が最も多い極東地域での認証企業は、テルネイレス社の 1 社のみであるが、FSC 極東ワーキンググループ代表のデニス・スミルノフ氏への聞き取りによれば、沿海地方の大手企業 2 社が申請の準備に入っているという。

　沿海地方の地方政府所在地であるウラジオストク市には、ロシア国内に 4 つある FSC 直系ワーキンググループの 1 つである極東ワーキンググループがあり、その定例会議には、広葉樹資源の豊富な地域にリースを有するテルネイレス、OAO アムグ、OAO メリニチノイエ（以上、テルネイレスグループ）、プリモルスクレスプロム、チュグエフスキー LPKH などの大企業が参加していることから、極東で行われるこのような FSC 関連の会合において、広葉樹資源の合法性確保、遡及可能性確立に向けて積極的に働きかけていくことが非常に重要になるであろう。

　3 つめの例は、沿海地方政府による高級樹種の流通管理の取り組みである。これは、ホログラム付き伐採証明書他による高級樹種の流通管理システムであり、2004 年から行われている。

　ここでの書類チェックは、広葉樹（高級樹種）の場合では、①伐採証明書

の写し（それぞれにホログラムが付く）、②調書（ロシア語で「AKT」。伐採区域の情報と伐採量が書き込まれており、貯木場から木材を運搬するトラック1台1台に対して発行される）に対して行われる。針葉樹の場合は、伐採証明書（ホログラムなし）のみである。道路上の各チェックポイントでは、書面チェックを行い、記録をとり、重複を防ぐ努力がなされているが、総合的なデータベースはまだない。これがない限り、一度書類チェックを受けたチェックポイントを次の再利用時には避け、別のポイントを通過するという使い回しが避けられない状況である。このような流通上の管理不全は、木材流通の過程に利害の一致しない複数の連邦政府機関や地方政府機関、林産業者が関わっているために起こっている。

　輸入側の今後の可能性としては、森林認証制度への関心が高い当該地方の大手林産企業と資源に関する情報が豊富な民間セクターの参加のもとに行われる会議などの機会を有効活用し、施業に関する情報を開示してもらうことで、上述した違法行為発生の危険性を回避していくことが賢明であろう。

第5章　ロシア沿海地方で進む違法伐採とその対策

表5－5　ロシア極東における森林認証、合法証明の取り組み状況（2007年2月現在）

	関係機関	審査方法	現状
FSC	ロシア国内4つのWG、各審査機関	FSC認定審査機関が行う	欧州を市場にもつロシア西部で発達。認証林が35カ所、総面積は、1,282万haに及び、CoC認証は、39件が記録されている
PEFC	ロシア天然資源省、木材業・輸出業者連盟	まだ、ロシアでは行われていない	今後、PEFCとFSCという2つの機関がどのように協働するかが焦点
VLTP-SGS	ハバロフスク地方政府、SGS	SGSの証明システムであるVLTPの原則に従い、二段階制で法的根拠とコンプライアンスを確認する	現在公表されている限りでは、第1段階クリアは、6社、第2段階は、3社が登録されている
ホログラム	沿海地方政府、沿海地方森林局	高級樹種に限り、ホログラムを貼った伐採証明書のコピーを発行。伐採地からの流通をチェック	書類の偽造や使い回しが起きる。統一的なデータベース管理が必要。法改正、体制変換に伴い存続は不明
ダリエクスポートレス(DEL)による内部認証	ダリエクスポートレス	DELが作成した78の質問事項（アンケート）へグループ企業が回答し、DELが会員企業への立ち入り検査も行った後に、DELの印鑑と会長の署名が入った証明書が作成される	現在公表されている限りでは、5社が認証されている

実態編

沿海地方の森林開発集中地域

　今後、高級樹種への開発が集中し、それに伴って違法調達や流通において問題が発生する可能性が高いとみられる地域は、以下の表のとおりである。

表5-6　沿海地方において高級樹種の開発が集中するであろう地域

営林署名	資源量	資源利用（リース割合）	主なリース者	生産状況	流通状況
スヴェトリンスキー	現在第1位	管轄のほとんどがリースされている（95%）	OAOアムグ、OAOテルネイレス（テルネイレスグループ）	現在第1位	沿岸部に位置する。スヴェトラヤ港へのアクセスがよい
ロシンスキー	現在第2位	管轄のほとんどがリースされている（83%）	OAOロシンスキーKLPKH（テルネイレスグループ）	現在第3位	内陸部に位置する。ダリネレチェンスクから鉄道運搬、あるいは東岸のプラストゥン港、オリガ港へ運搬後船送
ヴェルフネ・ペレヴァルスキー	管轄のほとんどが、現在は非木材林産物活用地のため、伐採可能量算出対象になっていない	管轄のほとんどがリースされていない（18%）	OAOルチェゴルスクレス（テルネイレスグループ）	現在第4位	内陸部に位置する。ルチェゴルスクから鉄道運搬、あるいは東岸のプラストゥン港、オリガ港へ運搬後船送

　この表からわかるように、スヴェトリンスキー営林署管轄区は、すでにほとんどがリース済みであり、生産量も最も多い。リースを持っている業者も単一的といってよいため、違法性の介入を回避する方法は、当該業者の管理体制に依拠するところが多い。同営林署管轄区は沿岸部に位置するので、伐区からの流通経路も単純で、流通の管理は容易であるため、小規模な盗伐材が混入する可能性も低いため、当該諸企業にとっての外的要因としてコントロール不可能な違法伐採が発生する可能性は低い。

　これに対して、ロシンスキー営林署管轄区は、大小の伐採業者、仲介業者が混在しているため、事情は複雑化している。管内の83%がリース済みであることは、盗伐、業者による管理不全といった違法行為の発生を助長

沿海地方の森林開発集中地域

する要因となり得る。このことは、中国系違法工場の例からも明らかである。調査中に関係者が言及した流通経路の多様化は今後、流通過程に加工というファクターを挟むことで、流通管理をより複雑化し、違法材の混入抑制が非常に困難になるであろうことを容易に予測させる。これに営林署自体による伐採制限地の非木材林産物活用地における違法伐採の可能性が加わる。また、付近に多い中国系木材取扱い業者は、この地区からの木材を主に調達するため需要の拡大から開発インパクトが高まる恐れもある。

　上記2ヵ所の営林署管轄区と比較し、ヴェルフネ・ペレヴァルスキー営林署管轄区は、リース面積が非常に少ないにもかかわらず、広葉樹生産量で第4位にあることから、資源量の豊富さがうかがえる。同管轄区のほとんどは、非木材林産物活用地として伐採が規制されてきたが、この規制は旧森林法のもとで林政の中心であった地方森林局により指定された地区であり、自然保護区のステイタスを有してはいないため、新森林法の施行と体制変換により地方へ権限が委譲され、開発の合理化が図られる現在、最も新規にリースされる可能性が高い。

実態編

森林開発のリスク評価

　本章でみたように、ロシア極東においては、タモ、ナラ、チョウセンゴヨウなど高級樹種資源への開発圧力が高まっている。これらの樹種は、多様な動植物を育む水辺広葉樹林や針広混交林の主要な構成樹種であり環境保全面から重要である一方、その加工生産や木材輸出は、重要な地域経済を支える産業であり、持続的な資源利用も求められている。

　このような状況において、高級樹種資源がどのような場所で開発されるかという危険性（開発リスク）の高さや、開発による各種の影響（開発影響リスク）の大きさを実態に即して評価することは、森林資源の保全指針を示す上で有効と考えられる。そこで、現地調査や文献調査の結果に基づいてリスク評価モデルをつくり、あわせて現地で収集したGIS（地理情報システム）データを用いてリスクマップを試作した。

①開発リスクの評価

　高級樹種資源の開発は、該当樹種の資源量の豊富さ、法規制による伐採制限の有無や程度、伐採権の設定状況などと関係した開発の容易さ、アクセスや流通・加工施設までのコストなどの要因が関係して拡大していると考えられる。

　「開発適性モデル」では資源量の多さプラス伐採実施の容易さの2つの因子から伐採適正を指標とし3段階でリスクを評価し図化した。また、「経済性モデル」では各地点の開発リスクは、高級樹種の資源量が多いほど、需

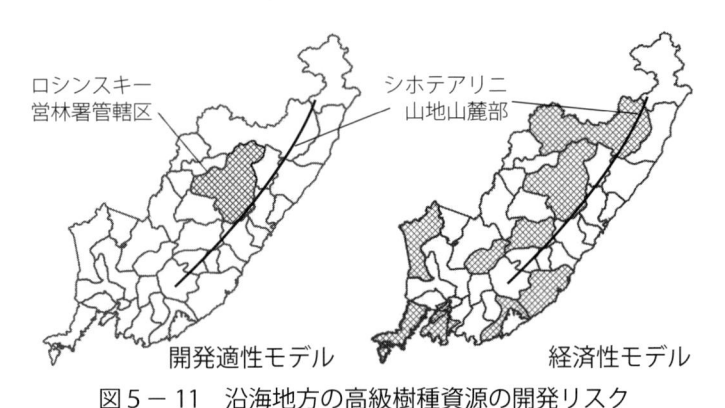

図5-11　沿海地方の高級樹種資源の開発リスク

第5章　ロシア沿海地方で進む違法伐採とその対策

森林開発のリスク評価

要の大きな輸送ポイントに近いほど高まると想定し、需要量と輸送コストを加味して、各輸送ポイントに対するリスク値を計算しその合計値を3段階評価し図化した。このような分析の結果、モデルによりリスクが高い場所は異なっていたが、北部のロシンスキー営林署管轄区を中心としてシホテアリニ山地山麓部で開発リスクが共通して高いことが示された（図5－11）。

②開発影響リスクの評価

高級材資源の開発は、沿海地方特有の動植物生息環境や生態系の破壊、生態系の脆弱性により、大きなダメージを与えることが危惧されている。そこで、保護価値の高い森林の多さを指標とする「重要度モデル」と、希少動植物の生息状況や固有生態系の分布、生態系の脆弱性の程度などを考慮した「脆弱性モデル」を作成した。

その結果、両方のモデルともに開発影響の大きい場所として、ロシンスキー営林署管轄区など北部の地域が抽出された（図5－12）。これらの場所は、開発リスクも高いと評価されていることから、今後、まだ森林開発が進んでいない北部地域で自然環境に大きな負荷をかけながら、高級材樹種の開発が進んでいく危険性を示唆している。

なお、ここに示した分析は、ごく試行的なものであり、使用したGISデータ、評価のロジック、解析精度などに改良が必要である。

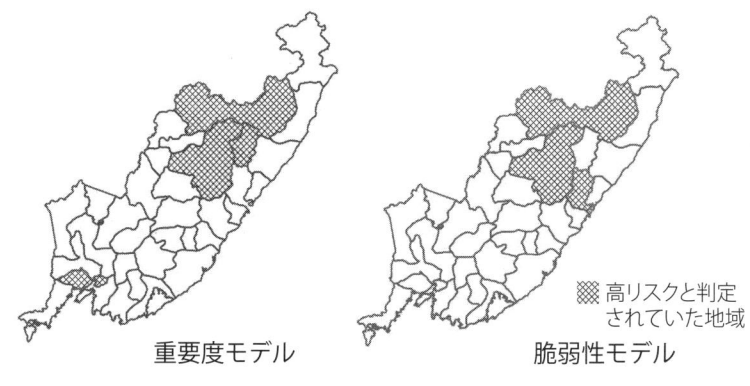

図5－12　沿海地方の高級樹種資源の開発影響リスク
（重要度モデル／脆弱性モデル／※高リスクと判定されていた地域）

対策編

第6章

フェアウッド調達のすすめ方

対策編

　本章では、生産地に配慮した木材調達方針（フェアウッド調達方針）の策定と実施に当たり、調達方針の意義と役割、必要な実施体制について述べた後、具体的な内容と方法論について解説する。なお、ここで紹介する手続きが、違法伐採に対する完全な解決策になるとは限らない。それぞれの企業の業態や状況に応じて、カスタマイズして活用していただきたい。

STEP 0　フェアウッド調達方針の策定

　調達方針を策定することの目的は、林産物の持続可能な利用に対する自社の姿勢や自らが指向していく方向性を社内、調達先に対して明示し、顧客、社会に対して信頼と安心を提供することにある。自らの調達製品の安全性を確認することで、自社の商品や企業姿勢のイメージアップを図り、世界的に拡大しているフェアウッドマーケットを開拓していくことができる。

　フェアウッド調達においては、望ましい材（フェアウッド）の調達を拡大していく一方、望ましくない材は排除していく、両面を示すことが必要である。違法伐採による木材を扱わないこととともに、持続可能な森林経営からの木材調達を推進していくことも、ともに必要不可欠である。したがって、

表6－1　木材調達方針の例

○△□社　木材調達方針
私たちは以下の木材は調達しません
→　絶滅危惧種
→　違法に生産・取引された木材
→　生態系に悪影響を与えている木材
→　先住民や地域社会、労働者の権利や生活環境に悪影響を与えている木材
私たちは以下の木材の調達を増やしていきます
→　信頼のある森林認証を受けた木材（または同等の証明のある木材）
→　建築廃材、リサイクル材
→　輸送負荷の少ない木材

策定する調達方針の中で、調達を避けたい望ましくない木材区分、調達を推進したい望ましい木材区分をはっきりと定義することが重要である。

フェアウッド調達のコンセプト

とはいえ、調達方針などを策定しても「実際に実現できるかわからない」と不安になるケースが多いとみられる。しかし、一遍に完璧な調達が実現できなくてもよい。大事なことは、優先順位をつけて、一歩ずつ着実に、取り組みを進めていくことである。

上記のような木材区分を定義することによって、調達している木材製品の仕分けをすると、

  A 望ましい木材としての安全性が十分に確認されたもの
  B リスクは小さいが安全性が十分に確認されていないもの
  C 未確認のまま調達をするには極めてリスクの高いもの

という具合に分けることができる。それぞれに応じた対応方針をあらかじめ決めておけば、社内外の関係者に対して現状の問題点を目に見える形にできるとともに、段階的に改善を図っていくことができる。

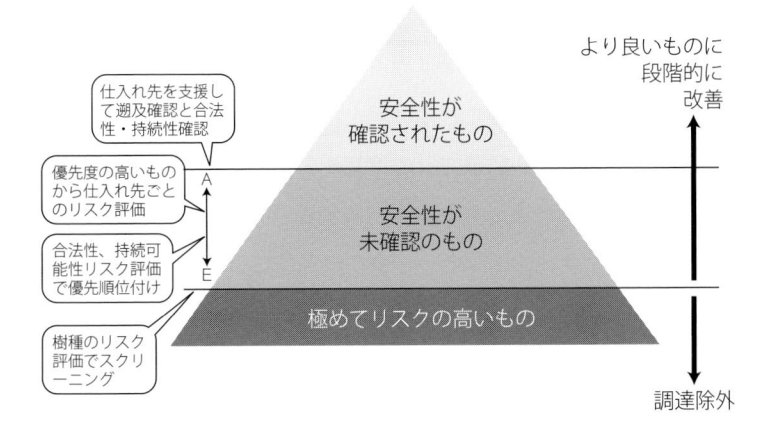

図6-1　フェアウッド調達の概念

対策編

　調達方針の中で望ましい木材と望ましくない木材の区分を決めたら、まずは極めてリスクの高いものを洗い出す1次スクリーニングから始める。ここで足切りラインに引っかかったものから調達を除外し、よりリスクの小さいものへと速やかに代替していくようにする。例えば、ワシントン条約（CITES）で規制されていたり、レッドデータブックに登録されている絶滅危惧種は速やかに調達を停止するべきである。違法伐採のリスクが大きい場合や、違法伐採リスクが高くなくても森林環境へのインパクトが大きい場合も調達は避ける必要がある。

　比較的リスクは小さいが安全性（合法性や持続可能性）が確認されていないものについては、リスクの高いものから優先的に確認作業を行い、安全性を早期に確認する。安全性が確認された望ましい木材とは、信頼のできる認証材や、伐採地の状況や生産者など生産履歴が十分に把握されており違法伐採や森林環境への悪影響がない木材である。認証材ではなくても、地域の生産者との直接契約に基づく産直木材を調達するという手段もある。

フェアウッド調達の7ステップ

　このようなコンセプトのもとでフェアウッド調達のためのシステムを設計していくことになる。具体的には次のようなステップをとり、1つ1つ階段を上るように着実に進めていくとよい。

ステップ0　フェアウッド調達方針の策定・公表
ステップ1　調達・取り扱っている木材製品のリストアップ、製品ごとの樹種、原産地の確認とデータベース作成
ステップ2　製品ごとのリスク評価（樹種、生産国・地域）。1次スクリーニング
ステップ3　仕入先ごとの調達管理状況の調査とリスク評価。製品リスクの高い場合にはより詳細な質問表で調査。2次スクリーニング

第6章　フェアウッド調達のすすめ方

ステップ4　仕入先との協力によるサプライチェーン管理の構築
ステップ5　生産地での合法性・持続可能性の確認によるリスクの回避
ステップ6　実施状況の定期的な点検と改善
ステップ7　行動計画の策定・見直し。1年ごとに着実に改善

　上記7つのステップに沿って調達方針を運用していくには、次の4つのシステム（内部の制度）を組み込むことが必要になる。

①調達木材の樹種や生産地、仕入先におけるリスクを評価するシステム
②木材生産地（伐採地）までのサプライチェーンを確認し分別管理するシステム
③木材生産（伐採、森林管理）における合法性・持続可能性を判断する自らの指標とシステム

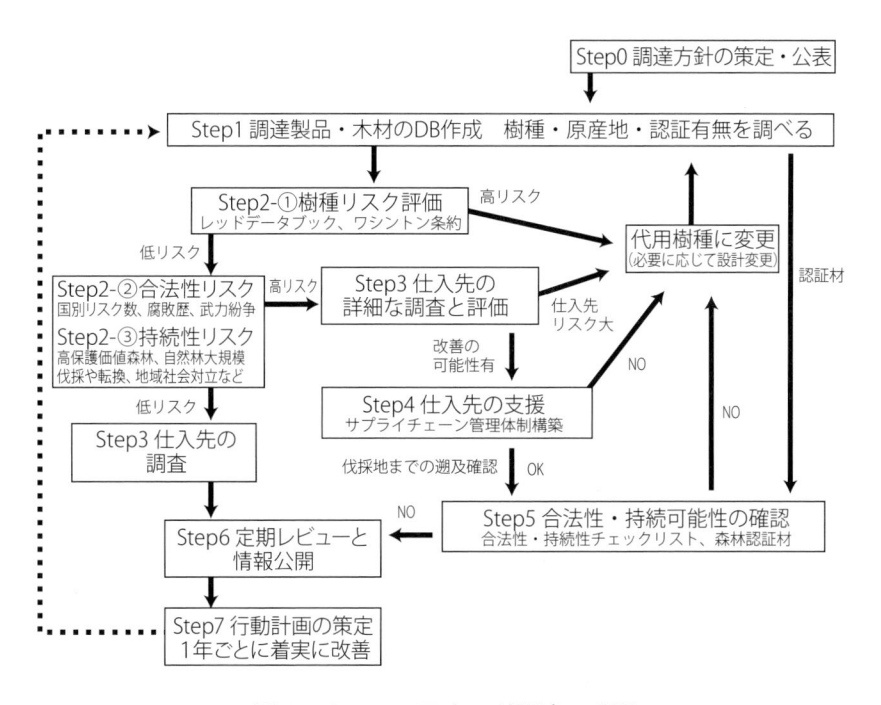

図6-2　フェアウッド調達の手順

④実施状況のモニタリングと定期的な報告のためのシステム

　これらのシステムが十分に正当でありかつ適切に運用されていることを説明していくことも大切である。

　いずれにしても、生産地までのサプライチェーンをいかに管理し、生産履歴を把握するかが重要になる。認証制度であれば、自動的に第三者によるCoC（流通・加工過程）管理が確認されているとみなせるが、認証材でなければ自らサプライチェーンを管理することになる。現実的にはすべて認証材だけを調達することは困難なので、上記の4つのシステムが必要となる。

実施体制づくり

　調達方針を掲げると同時に、方針を確実に実施するための体制づくりも欠かせない。責任者・担当者の任命、社内規定・マニュアル・チェックリストの整備、社内教育、仕入先への協力要請、顧客への広報が必要となってくる。

STEP 1　木材製品のリストアップとデータベースの作成

　最初のステップでは、調達方針で定義した木材区分に沿って、実際に調達している木材製品の仕分けをしていくことになる。まず、現在調達をしているすべての木材製品をリストアップするために、社内のどの部署でどのような製品がどのくらい調達されているか、データベースをつくっていく。

　業態によって調達している木材製品は異なるが、住宅会社であれば、構造材、羽柄材、合板、床材、造作、ドア、キッチンなどがあるし、商社であれば、原木、製材、合板から、床板、ドア、フリー板などがあるだろう。スーパーやデパート、通信販売など小売業では、販売する家具やインテリア用品とともに、店内の展示装飾用にも木材が使われている。

　また、1つの製品に複数の木材製品が含まれているような場合には、部材ごとに項目を分けてリストアップする。

第6章 フェアウッド調達のすすめ方

表6－2 調達木材製品データベースの例

製品種別	品名	仕入先会社名	仕入先国・地域	原産地地区	樹種	伐採方法更新方法	認証	その他証明	仕入量 m³	調達部署
原木	カラマツ原木	ABC社	ロシアハバロフスク地方	リース場所名	北洋カラマツ	天然林主伐＋天然下種更新	なし	ダリエクスポートレス証明	10,000	
合板	メランティ合板	XYZ社	インドネシア東カリマンタン州	コンセッション場所名	イエローメランティホワイトメランティ	天然林択伐	FSC		5,000	
︙	︙	︙	︙	︙	︙	植林木の主伐	︙	︙	︙	︙

　リストアップができたら、まず個々の製品の「仕入先」、「使用樹種」、「原産地」の情報を調達先に確認しながらデータベースを埋めていく。このデータベースがフェアウッド調達の要であり、後にリスクを評価し、改善していくためのベースとなる。

STEP 2　調達製品のリスク評価

　次に、製品ごとのリスク評価について、具体的な進め方を解説する。上述のように、調達方針では、望ましくない木材を排除していくとともに、望ましい木材の調達を拡大していく、両面作戦が必要である。しかし、企業や政府の調達制度において、実際に調達にかかわるのは、多くの場合森林や木材の専門家ではない。そうした調達者でも、違法伐採木材を誤って調達してしまわないような制度にする必要があるわけだが、実効性を上げるためには優先順位を付けて取り組んでいくべきである。

　そのために、フェアウッド調達の最初の段階で行うのが、樹種や生産国によるリスク評価である。製品ごとのリスクを把握して、高リスクのものから優先的に確認作業と対策をとっていく。

　製品ごとのリスク評価は、貴重樹種リスク、違法伐採リスク、生産地環境負荷の3つの項目で評価できる。ここで、最低の評価となったもの、すなわち最もリスクの高いものについては、速やかに代替材や代替製品に切り替え

対策編

るか、次のステップの仕入先及びその先のサプライチェーンについて詳細な調査を行ってリスクを回避すべきである。

データベースを整備して、調達している木材製品ごとに樹種や原産地がわかれば、生産地における環境リスクを判断することができる。

まず、認証材やリサイクル材が使われている製品を確認する。確実に確認できたらデータベースに記載し、これら製品については、生産地のリスク評価からは除外する。

（1）貴重樹種リスク評価

リスク評価の最初は、貴重樹種リスクを調べることから始める。ワシントン条約で取引が規制されている密輸材の可能性が高い樹種、レッドリストで絶滅の危険性が高い樹種が使われている製品は、調達を速やかに停止し、代用樹種や代替製品に変更する。このような樹種がないかどうか、データベースから探し出していく。その際、表6－3のように貴重樹種リスクの評価区分を用意しておき、評価結果をデータベースに記載していくと、調達を管理しやすくなる。

貴重樹種リスクを把握するためのレッドリストやワシントン条約に登録されている樹種の情報は、「資料1 リスク評価のためのツール・情報源」の「貴重樹種・規制樹種リスク」（218ページ）に紹介しているので参考にされたい。

（2）生産地（国・地域）における合法性リスク

表6－3　貴重樹種リスクの評価区分の例

評価	評価指針	
	IUCN レッドリストカテゴリ	CITES
A	LR(Low Risk)/LC(Least Concern) 低リスク：軽度懸念	―
B	LR(Low Risk)/CD(Conservation Dependent)&NT(Near Threat) 低リスク/保全対策依存＆準絶滅危惧	―
C	VU(Vulnerable) 絶滅危惧Ⅱ類	―
D	EN(Endangered) 絶滅危惧ⅠB類	―
E	CR（Critically Endangered）絶滅危惧ⅠA類	付属書Ⅰ～Ⅲ掲載種

次に、違法伐採のリスクを調べる。原産地がわかれば、そこでの違法伐採のリスクや森林資源の状況を大まかに知ることができる。違法伐採のリスクは、様々な文献やレポートで発表されている国ごとの推定違法伐採割合や、国際NGOのトランスペアレンシー・インターナショナル（TI）が毎年公表している国ごとの腐敗度を示した腐敗認知指数（CPI）で知ることができる。さらに、武力紛争の有無も評価に加えるべきである。ミャンマーやリベリアなどでは、木材が軍事政権や武装組織の資金源になっており、深刻な社会問題を引き起こしているからだ。

違法伐採リスクについても、表6－4のように評価区分をあらかじめ用意しておくとよい。

表6－4　違法伐採リスクの評価区分の例

評価	評価指針	
	違法伐採推定割合	CPI（腐敗認知指数）
A	10%未満	8～10以下
B	10%以上	6～8以下
C	30%以上	4～6以下
D	50%以上	2～4以下
E	70%以上	0～2以下

原産地ごとの違法伐採リスクを把握するための違法伐採推定割合やCPIの情報は、「資料1 リスク評価のためのツール・情報源」の「違法伐採リスク」（220ページ）に紹介しているので参考にされたい。

（3）生産地（国・地域）における森林環境負荷リスク

違法伐採リスクが低い場合、あるいは合法性が確認できたとしても、森林環境や地域社会へ重大な負荷を与えていることもある。以下のような環境負荷は、合法性の如何にかかわらず回避することが望ましい。

・その地域の森林資源は減少や劣化が生じていないだろうか？
・世界的に貴重な生態系に指定されていないだろうか？

対策編

表6－5　森林環境負荷リスクの評価区分の例

評価	評価指針　①＋②＋③＋④の合計点
A	11〜12点
B	9〜10点
C	7〜8点
D	5〜6点
E	4点

区分評点	①保護価値の高い森林における伐採リスク[1]	②生態系を撹乱する大規模な天然林伐採リスク[2]	③伐採前の森林植生への回復リスク[3]	④地域住民との紛争・対立地域リスク[4]
3点	当該樹種の原産地には指定地域は含まれない、または指定地域に含まれていても域内の森林で木材生産（伐採）は行われていない	当該樹種の原産地では、生態系を撹乱する大規模な天然林伐採はない	伐採前の植生への回復はおおむね良好	当該樹種の原産地では、過去10年間に地域社会・住民（先住民含む）との森林開発・伐採にかかわる目立った紛争・対立は報じられていない
2点	当該樹種の原産地には指定地域が含まれており、域内の森林で一部木材生産（伐採）が行われているか、木材生産用の対象地に一部割り当てられている	当該樹種の原産地では、生態系を撹乱する大規模な天然林伐採が一部で行われている	伐採前の植生への回復が不良な林地が一部みられる	当該樹種の原産地では、過去10年間に地域社会・住民（先住民含む）との紛争・対立が一部の地域で報じられている
1点	当該樹種の原産地には指定地域が含まれており、域内の森林で大規模に木材生産（伐採）が行われているか、木材生産用の対象地に大規模に割り当てられている	当該樹種の原産地では、生態系を撹乱する大規模な天然林伐採が広く行われている	伐採前の植生への回復が不良な林地が多くみられる	当該樹種の原産地では、過去10年間に地域社会・住民（先住民含む）との紛争・対立が多数の地域で報じられている

1）保護価値の高い森林とは、Global 200（WWF）、Intact forest map（WRI, GP）、Biodiversity Hotspots（CI）、Biosphere Reserve（UNESCO）のいずれかに指定されている地域内の森林とする
2）「生態系を撹乱する大規模な天然林伐採」とは、天然林における木材生産（伐採）により野生動植物の個体数や種の多様性が顕著に減少している状態
3）以下を考慮する：
　　・新たな外来種の植林
　　・伐採周期や更新管理（火災予防、盗伐防止）の状況
　　・気候地理による生育条件
4）このリスク評価において、「報じられている」とは、過去10年間の報道・研究報告などで紛争・対立が明示的に取り上げられていること

- 絶滅が危惧されている動植物が十分に保護されているだろうか？
- 集水域や河川沿い、急斜面の森林が大規模に伐採されていないだろうか？
- 天然林が伐採された後に、単一樹種の植林地や農地へ転換されていないだろうか？
- 先住民と森林の利用を巡る係争・対立は生じていないだろうか？

　生産地におけるこれらのリスクの有無は、様々な情報ソースを組み合わせながら調べることができる。表6－5は、保護価値の高い森林における伐採、生態系を攪乱する大規模な天然林の伐採、伐採前の森林植生への回復、地域住民との紛争や対立、の4つの点で点数付けを行い、合計点に基づいて森林環境負荷リスクを評価できるようにした評価区分の例である。

　森林環境負荷リスクを把握するための様々な情報は、「資料1リスク評価のためのツール・情報源」の「森林環境影響リスク」（223ページ）に紹介しているので参考にされたい。

STEP 3　仕入先の調査とリスク評価

サプライチェーン管理の意義

　違法伐採のリスクが高かったり、森林劣化が著しいところで生産されている場合、生産履歴が不確かであれば、その木材は違法伐採材であったり森林を破壊している可能性が高いということになる。

　製品ごとに樹種や生産国のリスクを把握したら、高リスク（評価区分EやD）で取り扱い量の多い木材から、優先順位をつけて生産地における合法性、持続可能性を確認していく必要がある。とりわけ、違法伐採が蔓延している国では、社会的背景が日本とはまったく異なる。書類の偽造や汚職腐敗が日常的に行われており、「合法」と書いた書類があるかどうかをサプライ

対策編

ヤーから確認するだけでは問題解決にはつながらない。

　木材が森林で伐採されてから、自社に納入されるまでには、伐採業者、集材業者、製材業者、輸出業者、輸入商社、メーカー、建材販売など、複数の取引が重ねられている。この過程のどこかで不正や誤りがある可能性は否定できない。

　そこで、伐採地（森林管理単位、FMU）まで遡及したサプライチェーンの管理が求められる。伐採地までサプライチェーンをさかのぼり、生産履歴を確認することは、野菜や食肉の例が示すように、消費者に安心・安全・こだわりを届ける仕組みでもある。

　「原木を販売している業者は自社の伐採地を持っているか」「原木は自社の伐採地のみから集めているか、あるいは様々なルートから買い集めているか」「様々なルートの内訳は把握または適切に管理されているか」「伐採は自社で行っているか、あるいは下請け業者が伐採しているか」――このような点が把握できていなければ、あるいは、把握されているとしてもそれを示す証拠がなければ、本来、伐採地の合法性や持続可能性を確認することはできない。

　サプライチェーンを管理し、自社が調達する木材がフェアウッドであることを確認するには、信頼性の高い順に以下のいずれかの方法をとることが必要である。

①究極的には木材の生産地までのトレーサビリティを確保し、生産地でどのように伐採・森林管理されているかの情報を知る。バーコードなどのテクノロジーを使って管理する方法や、生産者との直接契約取引（いわゆる産直）による方法などがある。

②信頼できる森林認証制度と CoC 認証によって確認する（専門的な第三者機関が、伐採・森林管理、木材の加工・取引を監査）。

③生産地から自社への納入までにかかわるすべての業者が、適切な木材の調達・分別管理を実施していることを、調達者としての自社の責任において

自主確認する。仕入先への質問表や面会・現地視察などを通じて自ら確認する方法。

いずれの方法を用いるにせよ、自社の調達制度の中に、サプライチェーンの管理が適切に行われていることを確認できるチェックリストや手順（マニュアル）を整備しておく必要がある。

確認手続きとしては、②の森林認証制度を利用することが最も簡易だが、現状では、製品種や樹種、生産国によって認証材の普及状況は大きく異なる。特に、森林管理の水準が低く多様性に富む熱帯木材については、認証材の供給は十分ではない。

①の方法は、生産地からの取引段階が少なく、伐採・加工・製造・流通にかかわる業者がほぼ固定され安定的に契約取引が行われているような状況において、バーコードや管理タグを用いてトレーサビリティシステムを構築することができる。

しかし、調達する製品種やボリュームが大きくなれば、実施するのは困難となり、トレーサビリティシステムを構築するまでには時間とコストを要する。そこで現状では、多くの場合、③の方法を選ぶことになる。ただし、③は、調達者としての自主責任において信頼性を確保していくことになり、最も手間のかかる方法でもある。③の方法を行うためには、仕入先企業と緊密なコミュニケーションと協力関係をとりながら、仕入先企業においても適切な調達体制を整備し、フェアウッド調達を確実に実施してもらわなければならない。そのためには、次に述べるような質問表に基づいて、仕入先に1つ1つ要求と確認をとりながら、着実に改善していくことが大切である。

仕入先業者への調査

　輸入商社を除けば多くの企業の場合、伐採業者から木材を直接購入してはいない。そうした場合には、仕入先を通して供給ルートを調べることになる。これらの情報を調べる際、仕入先の業者が適切な確認をしないまま回答する可能性もある。回答された内容に虚偽や誤りがないかはもとより、仕入先が信頼できる情報を提供しうるチェック体制をとってそれを適切に実施してい

表6－6　共通質問票Ⅰの例

1）仕入先基本情報	
会社名	
住所	
電話・FAX	
メール	
WEB	
代表者名	
担当責任者名	
弊社との取引期間	

2）環境・社会経営方針、木材調達方針	
ISO14000、9000 の有無	有　無　（有ならコピー添付）
環境・社会経営方針の有無	有　無　（有ならコピー添付）
木材調達方針や行動規範の有無	有　無　（有ならコピー添付）
FM、CoC 認証の有無	有　無　（有ならコピー添付）

3）弊社との取引商品リストの調達管理状況									
製品種別	品名	仕入先会社名	仕入先国・地域	原産地地区	樹種	伐採方法	認証	その他証明	仕入量

表6−7　高リスク製品取り扱いの場合の追加質問票Ⅱの例

4）方針の実施	
方針の実施体制・手順書の整備	有　無　（有ならコピー添付）
従業員への教育	有　無　（有ならコピー添付）
調達先への貴社調達方針の徹底	有　無　（有ならコピー添付）
各方針実施状況の確認・公表	有　無　（有ならコピー添付）
5）調達材の入出荷・分別管理	
調達材のサプライチェーン確認規定	有　無　（有ならコピー添付）
調達材の仕入・分別管理規定	有　無　（有ならコピー添付）
管理規定の遵守確認	有　無　（有ならコピー添付）
6）伐採・森林管理の遡及確認	
伐採・森林管理の確認規定/チェックリスト	有　無　（有ならコピー添付）
管理規定の遵守確認、第三者監査	有　無　（有ならコピー添付）

るかどうか、時には仕入先やその上流の業者や伐採地を実際に訪問して自らの目で確認することも必要である。

　仕入先を調べる際、ステップ2で行った樹種と生産地による調達製品ごとのリスク評価から、リスクの高低に応じて優先度をつけて対応していくことが現実的である。リスクが低い製品のみを供給している仕入先には、会社の基本的な方針を確認する共通質問票Ⅰ（表6−6）だけとするが、リスクが高い製品を供給している仕入先の場合には、より詳細な調達管理の状況を確認する追加質問表Ⅱ（表6−7）も送付するような対応をとることで、優先度の高いものから段階的にリスクを回避することができる。

　なお、質問表Ⅱの各項目については、表6−8に詳しい解説をした。

対策編

表6－8　追加質問表Ⅱの内容

4) 方針の実施　仕入先企業は、木材の調達方針を持っているだけではなく、その方針を適切に実施しているか？	
方針の実施体制・手順書の整備	仕入先企業は、木材の調達方針を適切に実施するため、社内に管理体制（責任者、指示系統など）を構築し、手順書を整備しているか？
従業員への教育	仕入先企業は、木材調達方針を適切に実施するため、関係するすべての従業員に対して、木材製品の選定、調達、入出庫、加工、販売などに関わる必要な手続きや配慮事項を教育しているか？
調達先への貴社調達方針の徹底	仕入先企業は、その調達先に対して、自らの調達方針を周知してもらうため、関係者に対して文書連絡や訪問によるコミュニケーションを行っているか？
各方針実施状況の確認・公表	仕入先企業は、自らの調達方針の実施状況を定期的（少なくとも年に一度）に集計・評価し、社内外に対して報告を公表しているか？
5) 調達材の入出荷・分別管理　仕入先企業は、木材製品の調達に際して、調達木材の情報（樹種、生産地、供給ルート、合法性や持続可能性など）を適切に確認し、分別管理を行っているか？	
調達材のサプライチェーン確認規定	仕入先企業は、調達する木材製品のサプライチェーン（生産地からの供給ルート）を遡及確認するための規定（手順書）を持っているか？
調達材の仕入れ・分別管理規定	仕入先企業は、調達する木材製品を仕入・受領、移送・加工、販売・出荷する際に、サプライチェーンを確認した製品と非確認製品を適切に分別するための規定（手順書）を持っているか？
管理規定の遵守確認	仕入先企業は、上記の各確認規定が各担当者によって適切に実施されていることを定期的に確認（内部監査）しているか？
6) 伐採・森林管理の遡及確認　仕入先企業は、生産地まで遡及確認できた木材について、生産時の合法性や持続可能性を適切に確認しているか？	
伐採・森林管理の確認規定／チェックリスト	仕入先企業は、サプライチェーンを遡及確認した木材について、伐採や森林管理が合法／持続可能に行われていることを判断するためのチェックリストや規定（手順書）を持っているか？
管理規定の遵守確認、第三者監査	仕入先企業は、上記の各確認規定が調達担当者によって適切に実施されていることを定期的に確認（内部監査）しているか？

仕入先質問票の回収と評価

質問票を送付し、回収した回答については、以下の4項目について評価をする。

①木材調達方針の有無…共通質問票Ⅰの2）

②木材調達方針の実施状況…追加質問票Ⅱの4）

③調達材の入出荷・分別管理と実施状況…追加質問票Ⅱの5）

第6章　フェアウッド調達のすすめ方

表6－9　仕入先のリスク評価と対応策の例

評価	評価指針 ①〜④の合計点	対応策		
A	11〜12点	取引を推進		
B	8〜10点	改善項目をフィードバック。取引は継続		
C	6〜7点	改善要求を示し、1年以内に改善が行われなければ当該製品の取引は停止。それまでの取引は継続		
D	4〜5点	改善要求を示し、サプライチェーンの遡及確認を行う。6ヵ月以内に改善が行われかつサプライチェーンの遡及確認できなければ、当該製品の取引は停止。それまでの取引は継続		
E	0〜3点、または いずれかの項目が0点	改善要求を示し、30日以内に改善への承諾が得られなければ当該製品の取引は停止。改善への承諾が得られたらサプライチェーンの遡及の確認を行い、3ヵ月以内に改善が行われかつサプライチェーンが遡及確認できなければ、当該製品の取引は停止		
区分 評点	①木材調達方針の有無	②木材調達方針の実施状況	③調達材の入出荷・分別管理と実施状況	④伐採・森林管理の遡及確認と実施状況
3点	木材調達方針に、絶滅危惧種の回避、違法木材の回避、生産地生態系の保全、生産地地域社会の尊重、森林認証への取り組みのいずれも明示されている	方針の実施体制・手順書の整備、従業員への教育、調達先への周知、方針の実施状況確認のいずれも十分な証拠が提示されている	調達材のサプライチェーン確認規定及び調達材の分別管理規定が整備されており、それら管理規定が遵守されていることの十分な証拠が提示されている	伐採・森林管理の確認規定／チェックリストを整備しており、合法性及び持続可能性に関する基準が適切であり、サプライチェーンの確認管理規定が遵守されていることの証拠が提示されている
2点	木材調達方針を持っており、違法木材の回避が明示されている	方針の実施体制・手順書の整備、従業員への教育、調達先への周知、方針の実施状況確認のいずれかが不十分	調達材のサプライチェーン確認規定の整備、調達材の分別管理規定の整備、それら管理規定の遵守確認のいずれかが不十分	伐採・森林管理の確認規定／チェックリストの整備、管理規定の遵守確認、合法性に関する基準のいずれかが不十分
1点	環境方針を持っているが、木材調達方針は持っていない	調達方針はないが、合法性の証明要求に対しては個別に対応する	調達材のサプライチェーン確認規定や調達材の分別管理規定は整備されていないが、サプライチェーンの確認要求に対しては個別に対応する	伐採・森林管理の確認規定／チェックリストは整備されていないが、森林管理の確認要求に対しては個別に対応する
0点	環境・社会に関する方針は一切持っていない。または、質問表へ無回答など調査に非協力的	合法性の証明要求に対して対応が不十分。または、質問表へ無回答など調査に非協力的	サプライチェーンの確認要求に対して対応が不十分。または、質問表へ無回答など調査に非協力的	森林管理の確認要求に対して対応が不十分。または、質問表へ無回答など調査に非協力的

④伐採・森林管理の遡及確認と実施状況… 追加質問票Ⅱの6）

各項目0～3点で評価すれば、仕入先ごとにとるべき対応が得点に応じて自動的に判断できるようになる。その際、評価結果はそれぞれの仕入先にフィードバックし、改善して欲しい点を明確に示すことが大切である（表6－9参照）。

STEP 4　サプライチェーン管理

サプライチェーン管理の構築

　リスクの高い樹種や産地からの木材を使用しており（ステップ2）、かつ仕入先への質問表調査（ステップ3）からも調達管理が不十分でリスクが高いと判断された場合には、違法伐採など望ましくない木材がサプライチェーンのどこかで混入している可能性は免れない。したがって、該当する木材製品をその仕入先から調達することは停止するか代替製品や他の仕入先に切り替えるべきである。

　しかし、どうしても代替材がなく、十分な確認を行っている仕入先もないが、木材調達を続けざるを得ない場合には、比較的リスクの少ない仕入先（評価区分BやC）を通して当該製品のサプライチェーンの遡及確認を行っていく必要がある。サプライチェーンを遡及確認するにあたっては、以下のポイントが重要である。

・サプライチェーンの各取引段階の業者（特に伐採から輸出まで）において、製品の分別管理や入出庫管理の方法が定められ、適切に運用されているか？
・管理方法と適切な運用があるならば、それはどのように確認されているのか？
・確認されていることが裏付けできる記録や証拠は得られるか？

第 6 章　フェアウッド調達のすすめ方

　特に製品のリスクが高く、調達量も多いなど、重要度の高いサプライチェーンに対しては、仕入先とも協力しながら実際に各取引段階の業者を訪問して調査することが望ましい。

　訪問調査の際には、現場確認のためのチェックリストを用意しておき、調査者の主観や感情が入らないように客観的に評価できるようにしておく。

　調達材の入出荷・分別管理の実施状況（追加質問票Ⅱの5）と、伐採・森林管理の遡及確認状況（追加質問票Ⅱの6）について、責任者に対する聞き取りはもとより、現場の責任者や従業員からも適切に実施されているかどうか、書類は管理されているかどうかをチェックする。チェックした評価結果は、調査先に速やかに伝え、仕入先が望ましい方向に向かって対応できるように促すべきである。

　繰り返しになるが、違法伐採のリスクは高いが十分な遡及確認がとれない

表6−10　サプライチェーンの遡及確認のための製品管理シートの例

製品種類	フローリング			製品名			
仕入先	フローリングメーカーA社			仕入先担当			
仕入先連絡先	電話番号、FAX、Eメール、所在地						
調達部署				連絡先	内線、Eメール		
記入者名				記入日	年　　月　　日		
サプライチェーン	サプライチェーンの説明			調達方針、環境方針などの有無	分別管理の有無	確認・証明方法（誰が？どのように？）	証拠の提供
一次調達先	メーカーA	フローリング製造・販売	東京都○○区	○「A社木材調達方針」	○「A社分別管理規定」	CoC認証取得	認証マークおよびCoC認証証書の写し
二次調達先	商社B	ラワン合板輸入	東京都□□区			CoC認証取得	
三次調達先	合板メーカーC	合板製造、輸出	××国××州××			CoC認証取得	
伐採地	合板メーカー森林部門	伐採、森林管理	××国××州××			FM認証取得	

対策編

場合には、調達を停止し、代用樹種へ変更をするという断固とした決断が求められる。「グレーではあるが黒ではないから」という理由で取引を継続してしまうことが、違法伐採を助長することになる。

CoC 認証

　仕入先を通してサプライチェーンの遡及確認を行う代わりに、該当製品の木材生産地が森林認証を取得していれば、CoC 認証制度を活用することもできる。CoC 認証を取得するにはコストもかかるが、独自にサプライチェーンを遡及確認する手間と信頼性を鑑みれば、むしろ合理的な対応策である。

　CoC 認証（Chain of Custody：「管理の連鎖」）とは、伐採地で合法性や持続可能性が確認されて生産された木材（認証材や合法証明材）が、運搬・取引を重ねるうちに不確かな木材と混合することのないように、取引企業間において入出荷時の分別管理が適切に実施されていることを認証する制度である。伐採地での合法性や持続可能性が確認された木材が、CoC 認証を得た企業を順次経ていくことで、確実に最終消費者に木材製品が届けられることになる。

　CoC 認証を取得するためには、企業内において、認証材の入出荷確認や分別管理の手続きが規定され、実施体制が確立し、従業員へ周知教育され、その規定どおりに実施されている記録が残っていることなどが必要とされる。

　日本国内でみられる FSC や PEFC、SGEC などの主要な森林認証制度には、CoC 認証制度も組み込まれており、最終製品にはそれぞれの認証ラベルが表示できるようになっている。消費者はラベルを確認することで、製品の安全性を客観的に知ることができる。森林認証制度については、「資料 2 森林認証への対応」（227 ページ）に解説しているので参照されたい。

電子管理によるトレーサビリティシステム

第6章　フェアウッド調達のすすめ方

　バーコードやICチップを利用したトレーサビリティシステムは、すでに食肉や生鮮野菜などの分野で実用化されている。このような近年の流通業界におけるサプライチェーン・マネジメントの様々な技術は、木材の生産地からの履歴管理についても利用されるようになってきており、分別管理の省コスト化が図られている。

　例えば、TFT（Tropical Forest Trust）が開発したTracEliteは、バーコードによるトラッキングシステムであり、伐採された木材が加工・流通過程を経て、欧州で製品として販売されるまでの流通プロセスがデータベース上で管理されている（写真）。欧州最大のDIYストアであるB&Q社では、熱帯材を使用したガーデニング家具の調達においてTracEliteシステムを採用しており、英国本社のパソコン画面上で伐採地から加工製造を経て納品されるまで、サプライチェーンのすべての取引をリアルタイムに監視している。

　また、インドネシアでは、英国政府の支援により2003年に一次元バーコードによるトラッキングシステムの実証試験が行われた。現在は日本政府の支援により二次元バーコードによるトラッキングシステムの開発が進められている。

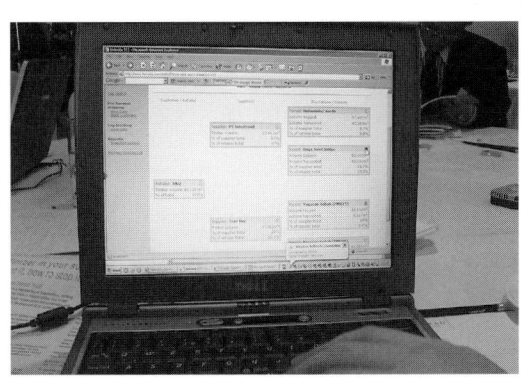

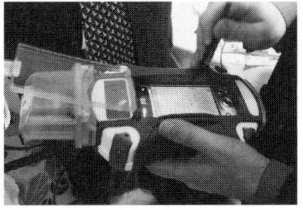

TFTが開発したTracEliteは木材の生産地までの流通を管理できるツール

対策編

　日本でも静岡県の天竜において、伐採地から住宅までの履歴を管理するバーコードトラッキングシステムを導入している例がある。

　ただし、注意しなければいけないのは、バーコードやICタグは単なるハードウェアであり、これを使用するだけではサプライチェーンを確認することにはならないことだ。各取引段階で適切に運用され、全体として意味のある監視ができるように仕組み（ソフトウェア）を設計し、導入しなければいけない。

生産者との直接契約取引

　木材の生産流通履歴を確保するには、必ずしもCoC認証やバーコードトレーサビリティシステムを利用しなくてもよい。生産者との直接契約に基づく取引（いわゆる産直木材など）の取り組みは、最もシンプルで信頼性の高い方法である。木材の生産地が明確であり、森林管理や伐採・施業の状況が直接確認できる。

　熊本県の小規模工務店グループ「生地の家」職人'Sネットワークは、宮崎県諸塚村と産直取引を行い、同村内でFSC認証を取得した山林から伐採・製材・乾燥された製材品をグループ内工務店が共同で購入している。

　同じく熊本県では、年間約200棟を建築する有力ビルダーである新産住拓も、県内の素材生産業者と年間契約に基づいて原木を購入し、葉枯らし乾燥された丸太を伐採地で必要な長さに玉切りした後、契約先の製材工場に直送して製材し、その後自社のストックヤードで天然乾燥させている。

　大都市の有力ビルダーと生産地との直接取引の事例では、この他にも、福岡・北九州・下関で年間150棟ほどの建築を手がける安成工務店が大分県上津江のトライウッド社と行っている例や、大阪で年間50棟ほどを建築しているKJワークスが熊本県小国町の森林組合と産直取引を行っている例がある。

第6章　フェアウッド調達のすすめ方

　これらの事例は、いずれも生産地側と調達側が市場を通さない安定的な取引関係を築いている。生産地側では、一定の生産規模を確保することで計画的に森林管理や木材生産が実現され、調達側では品質性能基準に合った製品がばらつきなく安定的に確保できるようになる。

　しかし、国産材だけでは賄えない木材製品もある。家具や建材の場合には、広葉樹を使うことが多く、原木はロシアや東南アジアで生産されるが、製品は中国やベトナム等のメーカーが委託製造して輸入しているケースが多い。これらの国々では、違法な丸太を集材して違法な手続きで貿易を行うブローカーが暗躍しており、サプライチェーンの中に違法な木材が紛れ込んでいる可能性は非常に高い。この場合、ロシアの信頼できる生産者から中国のメーカーへ素材を直送させれば、不透明な取引を回避できるし、生産地の森林管理レベルを向上させる要求も通りやすくなる。

　中国から家具を輸入販売しているある大手通販企業も、産直取引的な取り組みについて視野に入れている。担当者は、「オリジナルの商品について、原材料から自ら確保していくような取り組みを始めるべきかもしれない。つまり、信頼できる原材料を選定し、生産までも視野に入れて考えることが求められている。会社の基本は流通業であるが、新たな取り組みを始める必要性も感じている」と話している。

　ただし、産直取引であっても、生産者まかせにせず、購入者も森林管理について判断する基準を持つ必要がある。生産者の言葉を鵜呑みにするのではなく、客観性を持ってみていく姿勢が大切だ。特に海外の大規模な生産者との取引の際には注意が必要となる。他国であることから森林管理も相手任せになりやすいが、伐採地周辺で住民などとトラブルが生じていることもある。そうした情報をキャッチしながら自らの判断基準を持って森林管理の状況を見ていくべきである。トラブルが生じている場合は、生産者に対して適切に対処を促し、問題が速やかに解消されるようにしなければならない。

対策編

STEP 5　合法性・持続可能性の確認

合法性の確認

　サプライチェーンが遡及できたら、合法性を確認する。森林認証制度に基づく CoC 認証で対応する製品に関しては、生産地（伐採地）の合法性や持続可能性については、認証制度の基準と指標に基づいて行われており、通常は問題ないとみなすことができる。

　一方、独自に仕入先との協力でサプライチェーン管理を行っている場合や、バーコードなどによるトレーサビリティシステムを導入していたり、生産者との直接契約取引をしている場合にも、生産地の森林管理の合法性や持続可能性は別途確認する必要がある。

　供給ルートを遡及確認できるように管理することと、遡及先の生産地で合法・持続可能に木材が生産されていることは別であり、どちらの確認も不可欠である。

　生産地であれば以下のような点がポイントとなる。

・伐採地となる森林には合法的な利用権や所有権または伐採権を持っているだろうか？
・施業規則に則った適切なオペレーションを行っているだろうか？
・伐採された木材は適切な手続きで輸送・取引がされているだろうか？
・必要なロイヤルティや手数料・税金は支払われているだろうか？
・上記の各項目について伐採地で遵守されているとすれば、それはどのように確認がされているだろうか？
・確認されていることが裏付けできる記録や証拠は入手できるだろうか？
　（例：伐採権や操業許可を示す書類、森林施業計画を示す書類、環境影響評価の実施報告書など）

第6章 フェアウッド調達のすすめ方

　また、生産地の森林管理の合法性とともに、加工流通の合法性も確認する必要がある。表6－11、表6－12に、それぞれ生産地の森林管理、加工流通の合法性確認のためのチェックリストの例を示す。これらの表に示しているように、合法性においては、段階的に確認する方法をとることもできる。

　このような、段階的なアプローチによって合法性の第三者証明を行っているプログラムについては、表6－13のように様々な認証審査機関が開発してサービスを提供している。自社で合法性の証明を行うことが困難な場合は、こうした第三者機関に依頼することもできる。

　なお、合法性に関しては、いくつかの生産国において合法性の基準を策定する動きが出てきているので、そうした基準を採用することも検討すべきである。例えば、インドネシアでは、2005年からマルチステークホルダーによる合法性基準策定の検討が進められ、2007年1月に最終合意された。これは木材合法性基準（WLS：Wood Legality Standard）と呼ばれるものである。近い将来、この基準に基づいて合法性証明システム（TLAS：Timber Legality Assuarance System）の運用が開始されると期待されている。

　このインドネシアの動きは、EUが違法伐採対策（「FLEGT行動計画」2003年5月に欧州委員会で公表）の一環として支援している取り組みである。EUは違法伐採が深刻な主要生産国との間で自主的パートナーシップ協定（VPA）の締結を目指して交渉中であるが、それと同時に各生産国におけるマルチステークホルダーの合法性基準策定を促し、これによる合法証明ライセンス（FLEGTライセンス）の発給制度構築を支援している。2008年3月の時点で、インドネシア以外にVPA締結に向け、マレーシア、ガーナ、カメルーンとの間でも交渉が行われている。FLEGTライセンス制度は、EU向けに開発されるものではあるが、EU以外の調達者も同制度に基づく証明を要求することは可能となると思われる。日本の輸入業者や調達者としても、

表6－11　合法性確認のためのチェックリスト（森林管理）の例

合法性の確認事項	遵守	確認・証明方法	証拠の提供
段階1：土地の所有権と利用権の証明			
当該森林管理区域が、商業生産、土地利用転換もしくは植林地としての利用に、法的に区分されていることの証拠	○または×	具体的に記載（誰がどのように？）	○または×どのように入手するか記載
当該企業が定められた森林区域における管理又は伐採に関する免許もしくは許可を保有していることの証拠。免許は管理または伐採の期間を通じて有効でなければならない			
当該森林区域が、土地の利用権または使用権について第三者と争われていないことの証拠			
段階2：森林に関する法令及びその他の関連する規則の遵守			
関連する地域及び国の法律、規則、適用できる場合には、伐採施業規則もしくは、土地開拓の条件を遵守していることの証拠			
関連する地域及び国の環境、社会、労働に関する規則を遵守していることの証拠。規則には、環境影響評価や絶滅が危惧される種の保護策、地域社会の伝統的権利の承認や慣習法の尊重、労働者の安全・健康・雇用条件等が含まれる			
森林施業や木材伐採に関するすべてのコンセッション料、税金が支払われていることの証拠			
社会的、環境的影響を緩和する手段が、森林管理・伐採計画に組み込まれ、承認されていることの証拠			
段階3：森林管理計画と施業の承認			
森林管理・伐採計画が適切な政府当局に承認されていることの証拠			
伐採計画が、当該森林全体と生産区域、さらに保護区域、伐採量、伐採対象樹種、伐採可能直径、その他適切な要求事項について定義していることの証拠			
伐採及び施業が承認された計画に厳格にしたがって行われていることの証拠			
段階4：木材の識別とトレーサビリティ（追跡性）			
それぞれの丸太にラベル、タグ等による適切な識別がなされ、認可された伐採地まで遡って確認できることの証拠			
政府の規則に従い、伐採地から木材加工施設までを通じて丸太が移送されたこと及びその総量を示す証拠			

第6章 フェアウッド調達のすすめ方

表6-12 合法性確認のためのチェックリスト（加工産業）の例

木材加工産業の合法性	遵守	確認・証明方法	証拠の提供
段階1：木材加工産業の操業			
操業のために必要かつ有効な認可を有していることの証拠	○または×	具体的に記載（誰がどのように？）	○または×どのように入手するか記載
現行の加工能力に基づいた操業に対する法的許可を有していることの証拠			
当該組織が林産物の貿易に関与している場合には、所管する政府当局に適切な登録がなされていることの証拠			
関連する地域及び国の環境、労働に関する規則を遵守していることの証拠。規則には、環境基準、労働者の安全・健康・雇用条件等が含まれる			
段階2：原材料の購入と受領			
受領し、生産に供した原材料の記録に関する証拠			
購入したすべての木材について、認可された伐採区域まで遡って確認できる適切な木材識別がなされていることの記録に関する証拠			
丸太が積み降ろされる前に、加工場の入り口においてすべての丸太が確認、特定された記録に関する証拠			
段階3：マテリアル・フローの処理、計画、管理			
使用された原材料と最終製品の量に関する生産ユニット（作業段階）ごとの記録に関する証拠			
生産ユニットの定義とそれぞれの生産ユニットに割り当てられた原材料の記録に関する証拠			
生産ユニットから次の生産ユニットに移送される材料の識別と記録に関する証拠			
進行中のすべての作業を特定する作業段階番号及びその法的地位に関する証拠			
段階4：丸太と木材製品の移送			
供給源の詳細とそれぞれの丸太の識別票（ラベル、タグ等）に対応する有効な丸太移送文書に関する証拠			
木材製品移送のための有効な許可に関する証拠			
段階5：販売と出荷			
生産ユニットごとにすべての製品を特定する記録に関する証拠			
生産された製品の生産ユニットごとの販売記録に関する証拠			
販売インボイスや梱包明細書のような有効な出荷文書に関する証拠			
必要な場合は、木材及び木材製品の輸出許可に関する証拠			

表6-13 合法証明のプログラム

プログラム名称	実施機関	主な対象生産国
合法性証明（Verification of legality）スマートステップ（SmartStep）	スマートウッド（Smartwood）	ガーナ、中国、ボリビア
合法証明・木材追跡プログラム（Legal Verification and Wood Tracking Program）	GFS（Global Forestry Service）	マレーシア、タイ、ギアナ
トラック・エリート（TracElite）	TFT（Tropical Forest Trusut）	インドネシア、マレーシア、ベトナム、ラオス、コンゴ、ガボン
林業監査プログラム（Forestry Monitoring Programme）	SGS	ロシア・ハバロフスク、カメルーン、中央アフリカ、コンゴ、PNG、エクアドル

積極的に使用していくべきだろう。特に、中国など第三国で加工された木材製品については、その出所を確かめるのは非常に難しい状況にあるが、木材の生産国でFLEGTライセンスが発給されていれば、それを第三国の製品加工業者に求めることで、原料木材の合法性を確認できるようになる。

持続可能性の確認

　合法的に生産された木材であっても、森林生態系や地域社会に大きな悪影響や被害をもたらすようなケースも数多くみられる。特に、違法伐採が深刻な国では、そもそも法制度が矛盾していたり、度重なる制度改正が行われたり、不正や腐敗が横行している社会背景があったりして、書類上では合法材とされていても、問題を生じていることも多い。したがって、書類上の合法性のみを目的化してしまうと、違法伐採問題の解決にはつながらない。最終的な目的は、持続可能な森林管理が実現されることであるので、合法性だけではなく、持続可能性の確認をすることが望ましい。

　特に、森林環境への負荷リスクが高い場合には、サプライチェーンを遡及確認し、生産地の場所や伐採業者を把握し、伐採業者が適切な施業計画と適

第6章　フェアウッド調達のすすめ方

表6-14　持続可能性確認のためのチェックリストの例

持続可能性の確認事項	遵守	確認・証明方法	証拠の提供
森林管理単位 (FMU) レベルで定義され幅広く認められている国際的な原則と指標に基づいた持続可能性の定義がある	○または×	具体的に記載（誰がどのように？）	○または×どのように入手するか記載
森林管理は生態系への損害を最小限にしなければならない。この実現のため以下が含まれなければならない： a. 適切な影響評価と影響を最小化する計画 b. 土壌、水、生物多様性の保護 c. 自然林の植林地や他用途への転換の禁止 d. 化学物質の適切かつコントロールされた使用と可能な場合統合農薬管理の適用 e. 遺伝子組み換え生物の使用の禁止 f. 負の影響を最小限にする適切な廃棄物処理			
森林管理は森林の生産性が維持されていることを保証する。このため以下の要求事項が含まれなければならない： a. 管理計画と管理の実施が森林の生産性に重大な負の影響を及ぼさない b. 要求項目への遵守を確認する十分なモニタリングとレビュー及び計画へのフィードバック c. 施業が森林資源とその機能への影響を最小化する d. すべての従業員、請負業者への十分な教育 e. 適切なインベトリーと成長収穫データを基にした森林の長期的な生産能力を超えない伐採レベル			
森林管理は森林生態系の健全性と活力が維持されなければならない。この実現のため以下が含まれなければならない： a. 森林生態系の健全性と活力を維持するための管理計画 b. 自然のプロセス（火災、病害虫）の管理 c. 違法伐採や違法採掘、違法利用などの違法行為からの十分な保護			
森林管理は生物多様性が維持されていなければならない。この実現のため以下が含まれなければならない： a. 希少、危機的、絶滅危惧の種を保護するセーフガードの実施 b. 主要な生態系、生息地を自然状態で保全／保護する c. 主要な、または卓抜した生態系の特徴や種を保全する			
森林管理は、森林の伝統的・文化的価値が尊重され、地域社会や森林労働者への便益が長期にわたって確保されなければならない。この実現のため以下が含まれていなければならない： a. 先住民の法的及び慣習的権利が認められること b. 食料・資材、レクリエーション、災害防止など地域社会にとって重要な便益の持続的利用の確保 c. 森林労働者に対する安定的な雇用と安全・衛生的な労働作業の確保			

213

切な実施・点検体制を持っているかを確認するようにすべきである。

表6-14に、持続可能性確認のためのチェックリストの例を示す。持続可能性については、何を持って持続可能というのか論議を呼ぶことが多いため、自社として持続可能性を判断するために、このようなチェックリストを整備して明示しておくことが非常に重要である。このようなチェックリストを利用して、仕入先とも協力しながら、自社の責任において持続可能性を確認することになる。

あるいは、森林認証制度を活用することでも持続可能性の確認ができる。ただし、それぞれの認証制度ごとに認証の基準や指標、審査手続きなどが異なる。一律に、認証材であれば同じ確認がされているということではないことに注意する必要がある。認証制度については、「資料2 森林認証への対応」（227ページ）に説明をしているので参考にされたい。

STEP 6　実施状況の検証と情報公開

フェアウッド調達方針及びそれを実施する調達管理制度がどんなにレベルの高いものであったとしても、実際の運用が伴っていなければ意味をなさない。表面的な方針ではないこと、適切に実施していることを説明することが求められる。

そのため、制度を運用した結果、実際の調達がどのように改善されたかを定期的に取りまとめ（少なくとも年1回）、目標に対する達成度を把握する必要がある。また、その結果に誤りや不正がないようにすることも大切である。実際に調達された木材製品を事後評価し、適切に合法性・持続可能性が証明・確認されているかどうかを独立した部署により公正にチェックできるような仕組みにすることが望ましい。もし調達された木材製品の合法性に疑義が生じた際には、仕入先に合法性を証明する書類の提出を要請するなどの対応が必要である。このようなチェック機能が働かなければ、制度は形骸化

第6章　フェアウッド調達のすすめ方

してしまう。

　このような事態を避けるためには、社内のチェック体制を整備するとともに、外部の第三者機関（NGOや認証審査機関など）と連携した調達改善活動を行い、CSR報告書やウェブサイトで公表することが有効である。このような体制を整えることで、顧客・消費者に対して説明責任を果たし、企業への信頼と安心をより増幅させることができる。

　英国の木材輸入業者の協会である木材貿易連盟（TTF）では、協会が定めた「責任ある調達方針（RPP）」に署名した企業らが、毎年の進捗状況を監査機関に報告し、監査機関はその企業において調達管理制度が適切に運用されているかどうかを監査し、その結果を公表している。このような取り組みとあわせて、同連盟では「Forests Forever（永遠なる森林）」というキャッチコピーを使って木材利用を推進するためのイメージアップキャンペーンも展開している。

STEP 7　ロードマップと行動計画作成

　ここまで、調達方針を策定し、製品ごと、あるいは仕入先ごとのリスク評価を行い、サプライチェーンを生産地まで遡及確認する管理方法について説明してきた。一連の手続きを経ることで、これまで社内で調達していた木材製品の全体像や個々の製品や仕入先のリスクや課題がみえてくる。

　最後のステップは、把握された現状から明らかになった課題を着実かつ速やかに改善し、最終的にすべての木材製品の安全性を自信を持ってアピールできるようにするための目標設定とロードマップの策定である。どのような課題を、いつまでにどのように改善し何を達成しようとしているのか、スケジュールと数値目標を明確に示す必要がある。これにより社員や調達先が、いつまでにどのレベルまで対応したらよいかが明確になる。図6-3ようにロードマップを示すと、目標を共有するのに役立つ。

対策編

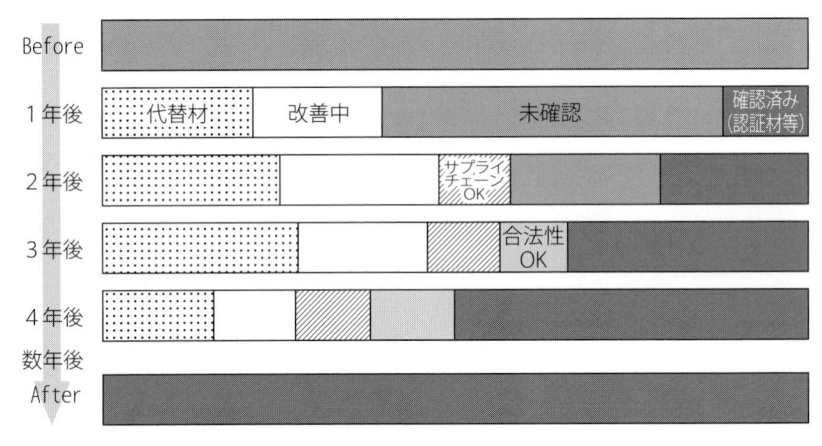

図6-3 ロードマップのイメージ

また、以下のような具体的な作業スケジュールもあわせて設定しておくと良い。

- 木材・紙製品の原料の調査を完了させる期日
- 調達方針において利用を削減・停止することを決めた製品（原料）の削減目標と期日
- 調達方針において利用を推進することを決めた製品（原料）への切替目標と期日

以上、各種の環境負荷リスクをクリアして選ばれた木材を、最終的に調達して利用する際には、無駄なく、長く、大切に使うようにしたい。原木からの歩留まりを高めること、残廃材を有効利用すること、長期にわたって使用することは、言うまでもないことである。

対策編

資料1　リスク評価のためのツール・情報源

　ここでは、製品ごとのリスクについて評価をする際に有効な情報やツールを紹介する。

貴重樹種・規制樹種リスク

　これまでの過剰伐採や違法伐採による累積的影響により、絶対的個体数が減少し、絶滅が危惧されるような樹種も存在する。そのような、個別樹種の貴重性については、IUCN（国際自然保護連合）のレッドリストによって判断することができる。2007年版レッドリストにおける各カテゴリ別の木材種の数は、「CR：絶滅危惧IA類」が976種、「EN：絶滅危惧IB類」が1,319種も存在している（表6－15）。CRカテゴリの樹種は取引を速やかに停止すべきである。最新のレッドリストの情報を検索するためのオンライン検索システム（英語）も提供されている（http://www.iucnredlist.org/）ので活用されたい。

　表6－16の樹種については、これまでの過剰伐採や違法伐採により、伐

表6－15　IUCNレッドリスト カテゴリ別木材種の数

IUCNカテゴリ	木材種数
Extinct（絶滅）	77
Extinct in the wild（野生絶滅）	18
CR（Critically Endangered　絶滅危惧IA類）	976
EN（Endangered　絶滅危惧IB類）	1,319
VU（Vulnerable　絶滅危惧Ⅱ類）	3,609
LR/NT（Lower Risk: near threatened　低リスク/準絶滅危惧）	752
LR/CD（Lower Risk: conservation dependent　低リスク/保全対策依存）	262
Data Deficient（データ不足）	375
小　計	7,388
LR/LC（Lower Risk: least concern　低リスク：軽度懸念）	1,971
Not evaluated（未評価）	732
調査済みの木材種数	10,091

資料：IUCNのウェブサイト（http://www.iucnredlist.org）より作成

第6章 フェアウッド調達のすすめ方

表6-16 CITES付属書掲載樹種リスト

樹　種	付属書	用途
ARAUCARIACEAE（ナンヨウスギ科）		
Araucaria araucana チリマツ、アローカリア	I	
BERBERIDACEAE（メギ科）		
Podophyllum hexandrum ヒマラヤハッカクレン	II	医薬
CARYOCARACEAE（バターナット科）		
Caryocar costaricense コスタリカバターナットノキ	II	木材
CUPRESSACEAE（ヒノキ科）		
Fitzroya cupressoides パタゴニアヒバ	I	木材
Pilgerodendron uviferum チリヒノキ	I	木材
JUGLANDACEAE（クルミ科）		
Oreomunnea pterocarpa オレオムンネア・プテロカルパ	II	木材
LEGUMINOSAE（*FABACEAE*）（マメ科）		
Dalbergia nigra ブラジリアンローズウッド	I	木材
Pericopsis elata アフロルモシア、アフリカンチーク	II	木材
Platymiscium pleiostachyum パナマローズウッド	II	木材
Pterocarpus santalinus レッドサンダー	II	木材/医薬
MAGNOLIACEAE（モクレン科）		
Magnolia liliifera var. obovata（ネパール）	III	
MELIACEAE（センダン科）		
Swietenia humilis メキシカンマホガニー	II	木材
Swietenia macrophylla オオバマホガニー	II	木材
Swietenia mahagoni マホガニー	II	木材
Cedrela oborata スパニッシュシーダー、セドロ（コロンビア、ペルー、グアテマラ）	III	
PALMAE（*ARECACEAE*）（ヤシ科）		
Chrysalidocarpus decipiens クリュサリドカルプス・デキピエンス	II	
Neodypsis decaryi ミエミツヤヤシ	II	
PINACEAE（マツ科）		
Abies guatemalensis グアテマラモミ	I	木材
PODOCARPACEAE（イヌマキ科）		
Podocarpus parlatorei アンデスイヌマキ	I	
Podocarpus neriifolius インドマキ（ネパール）	III	
ROSACEAE（バラ科）		
Prunus africana アフリカンチェリー	II	木材/医薬
RUBIACEAE（アカネ科）		
Balmea stormiae バルメア・ストルミアイ	I	木材
TAXACEAE（イチイ科）		
Taxus wallichiana インドイチイ、ヒマラヤイチイ	II	医薬
Taxus chinensis チュウゴクイチイ	II	
Taxus cuspidate イチイ	II	木材
Taxus fauna タクスス・フアナ	II	
Taxus sumatrana タクスス・スマトラーナ	II	
THYMELAEACEAE（*AQUILARIACEAE*）（ジンチョウゲ科）		
Aquilaria malaccensis アガーウッド、沈香	II	医薬
Gonystylus spp. ラミン	II	木材
Gyrinops spp. ギリノプス	II	
ZYGOPHYLLACEAE（ハマビシ科）		
Guaiacum. spp リグナムバイタ	II	木材

資料：CITESのウェブサイト（http://www.cites.org/eng/resources/species.html）より作成

対策編

採管理や更新状況が悪いため、ワシントン条約（CITES）に掲載されて国際的に取引が規制されている（CITES ウェブサイト http://www.cites.org/eng/resources/species.html）。極めてリスクが高い樹種であると言える。

違法伐採リスク

　違法伐採のリスクは、様々な文献やレポートで発表されている推定違法伐採割合や、国際 NGO のトランスペアレンシー・インターナショナル（TI）が毎年公表している腐敗認知指数（CPI）などから判断することができる。

　推定違法伐採割合については、主に違法伐採問題が顕著な生産国において調査された種々のレポートの中で言及されている違法伐採の推定割合を引用し、一覧表にまとめている。

　国ごとの推定違法伐採推定割合は、すべての国において調査・報告されてはおらず、表6−17にリストされていない生産国でも、違法伐採が存在しないというわけではない。未報告の生産国における違法伐採リスクを判断す

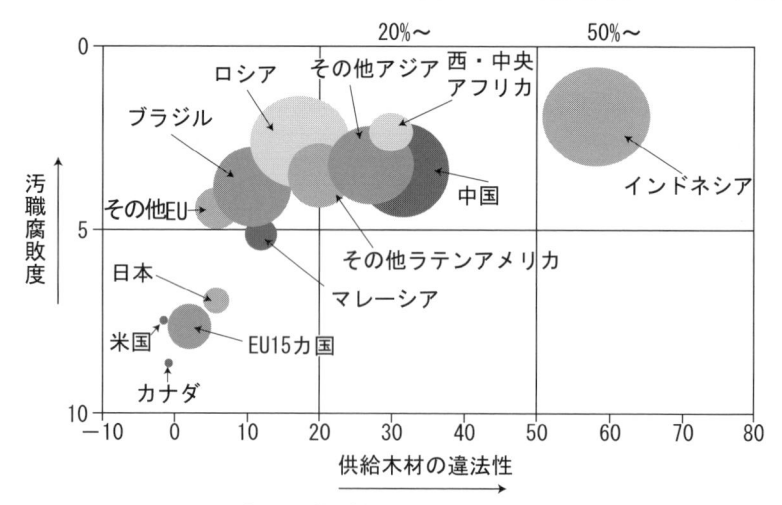

円の大きさは輸入材も含めた木材推定量を示す
資料：Seneca Creek Associates（2004）

図6−4　汚職腐敗と違法伐採割合の関係

第6章　フェアウッド調達のすすめ方

表6－17　推定違法伐採割合

国		違法伐採材の割合（推定%）	出典
アフリカ	ベナン	80	SGS, 2002
	カメルーン	50 50	European Commission, 2004 WWF International, 2002
	ガーナ	最低66 60	Birikorang, G. 2001 WWF International, 2002
	モザンビーク	50 － 70	Del Gatto, 2003
	赤道ギニア	50	WWF International, 2002
	ガボン	70	WWF International, 2002
	リベリア	80	WWF International, 2002
アジア	カンボジア	90 94	Global Wittnes, 1999 World Bank Study, 1999
	インドネシア	最大66 73 － 88	World Bank, 2006 Schroeder-Wildberg and Carius, 2003
	マレーシア	最大33	Dudley, Jeanrenaud and Sullivan, 1995
	ミャンマー	80	Brunner et al, 1998
	中国	20	WWF International, 2002
	韓国	30	WWF International, 2002
	台湾	45	WWF International, 2002
	フィリピン	46	Worldbank
	ベトナム	22 － 39	Forest Sector Review Vietnam, 2000
	ラオス	45	WWF estimates, 1998/99
ラテンアメリカ	ボリビア	80	Contreras-Hermosilla, 2001
	ブラジル	アマゾンで80 パラ州で66	Viana, 1998 Greenpeace, 2003
	コロンビア	42	Contreras-Hermosilla, 2001
	エクアドル	70	Thiel, 2004
	ホンジュラス	広葉樹の75-85 針葉樹の30-50	Richards et al, 2003
	ニカラグア	40 － 45	Richards et al, 2003
	コスタリカ	25	MINAE, 2002
	ペルー	80	The Peruvian Environmental Law Society, 2003
ヨーロッパと北アジア	アルバニア	90	Blaser et al, 2005
	アゼルバイジャン	非常に大きい	Blaser et al, 2005
	ブルガリア	45	WWF, 2005
	グルジア	85	Blaser et al, 2005
	ロシア	20 － 40 欧州部 27 極東・東シベリア 50	Blaser et al, 2005 WWF Latvia, 2003 WWF Russia, 2002
	エストニア	50	Estonian Green Movement, 2004
	ラトビア	15 － 20	WWF Latvia, 2003、WWF International, 2002

資料：OECD Round Table on Sustainable Development, "THE ECONOMICS OF ILLEGAL LOGGING AND ASSOCIATED TRADE", 2007、WWF European Forest Programme, "SCALE OF ILLEGAL LOGGING AROUND THE WORLD CURRENTLY AVAILABLE ESTIMATES", 2004 より作成

表 6 - 18　TI の CPI 国別スコア（抜粋）

順位	国名	2006 年	主要品目
1	Finland	9.6	ホワイトウッド、レッドウッド（欧州アカマツ）の製材、ラミナ
1	New Zealand	9.6	ラジアータパインの製材、丸太
4	Denmark	9.5	家具等加工製品
5	Singapore	9.4	加工製品
6	Sweden	9.2	ホワイトウッド、レッドウッド（欧州アカマツ）の製材、ラミナ
9	Australia	8.7	ユーカリ、ラジアタパイン、ジャラ
9	Netherlands	8.7	家具等加工製品
11	Austria	8.6	ホワイトウッド、レッドウッド（欧州アカマツ）の製材、ラミナ
14	Canada	8.5	ベイマツ、ベイツガ、ベイヒバ、ベイスギ（WRC）、シトカスプルース、SPF
15	Hong Kong	8.3	加工製品
16	Germany	8.0	ホワイトウッド、レッドウッド（欧州アカマツ）の製材、ラミナ、ビーチ（ブナ）加工品
17	Japan	7.6	杉、桧、唐松、赤松、トドマツ
18	France	7.4	針葉樹製材
20	Chile	7.3	ラジアータパインの製材、丸太
20	USA	7.3	ベイマツ、ベイツガ、ベイヒバ、ベイスギ（WRC）、シトカスプルース、SPF、オーク、メープル、ウォールナット、サザンパイン
24	Estonia	6.7	針葉樹製材
34	Taiwan	5.9	
44	Malaysia	5.0	南洋合板（ラワン合板）、メランティ、ホワイトセラヤ等丸太
45	Italy	4.9	家具
49	Latvia	4.7	ホワイトウッド、レッドウッド（欧州アカマツ）の製材、ラミナ
51	South Africa	4.6	
59	Colombia	3.9	
61	Poland	3.7	針葉樹製材
63	Thailand	3.6	ラバーウッド、チークなど
70	Brazil	3.3	イペ、マホガニー、ブラジリアンローズウッド
70	China	3.3	ナラ、タモ、カバ、アカマツ等北洋材または南洋材の床板、建具、家具等加工製品
70	Ghana	3.3	サペリ、アフリカンマホガニー、ブビンガ、など
70	Mexico	3.3	
70	Peru	3.3	
84	Romania	3.1	針葉樹製材
90	Gabon	3.0	
111	Laos	2.6	チーク、ラオス松、カリン、タガヤサンなど
111	Viet Nam	2.6	家具
121	Honduras	2.5	
121	Phillipines	2.5	家具
121	Russia	2.5	ラーチ（カラマツ）、欧州アカマツ、エゾマツ、トドマツ、ナラ、タモ、シナ、セン、チョウセンゴヨウ
130	Central African Republic	2.4	
130	Indonesia	2.4	南洋合板（ラワン合板）、ウリン、セランガンバツ、メラピ、チーク等製材
130	Papua New Guinea	2.4	メランティ
130	Zimbabwe	2.4	
138	Cameroon	2.3	サペリ、アフリカンマホガニー、ブビンガ、など
138	Venezuela	2.3	
142	Congo, Republic	2.2	
151	Cambodia	2.1	
156	Congo, Democratic Republic	2.0	
160	Guinea	1.9	
160	Myanmar	1.9	チーク、カリン、タガヤサン

資料：TI のウェブサイト（http://www.transparency.org/policy_research/surveys_indices/cpi/2006）より作成

るためには、その国の汚職腐敗のレベルを参照することができる。その理由は、違法伐採問題がその国の行政統治のレベルや汚職腐敗と密接な関係を示しているからである（図6－4）。

表6－18に、TIが毎年公表している腐敗認知指数（CPI：Corruption Perceptions Index）の国別スコア一覧を紹介する。CPIは、TIが毎年調査公表しているもので、各国の公共セクターの腐敗度を示している。数値は0～10点の範囲で、点数が低いほど腐敗レベルが高いことになる。木材主要生産国では、インドネシア／パプアニューギニア2.4点（130位）、マレーシア5.0点（44位）、中国3.3点（70位）、ロシア2.5点（121位）、ミャンマー1.9点（160位）などとなっている。

森林環境影響リスク

保護価値の高い森林（HCVF）

世界的に森林の減少・劣化が進み、残された森林の保全・保護・利用のありかたが問われている。それら森林の持つ環境的・社会的機能の維持・向上を図るために、特に重要な森林を「保護価値の高い森林（High Conservation Value Forest）」として、適切な保護が求められるようになってきている。

そのような保護価値の高い森林のタイプとして、以下のような6つの分類がなされている。各種木材の生産地がこれらで定義される重要な森林地域に重なっている場合には環境リスクが高いとみなされ、森林管理には一層の配慮が求められる。

HCV1：世界的、地域的、全国的に生物多様性の価値が非常に高い

保護区として管理されている森林、絶滅危惧種が存在している森林、地域の固有種が存在している森林、特定の種にとって季節的な利用に欠かせない森林など。

対策編

HCV 2：世界的、地域的、全国的に非常に広大な森林

人為の影響が少なく森林の断片化・劣化のない、自然度の高い非常に広大なまとまりを維持している森林。

HCV 3：希少あるいは地球上から失われる恐れがある生態系

気候、地理的条件から、世界的に非常にユニークな生態系を構成する森林。

HCV 4：危機的な状況において基本的な自然の機能を果たす森林地域

水源涵養や洪水防止、土壌流出防止などの機能維持のために重要な森林。重要な集水域にある森林、急斜面など土砂災害や雪崩防止に重要な森林、火災に対する防壁として重要な森林。

HCV 5：地域社会の基本的ニーズを満たすために欠かせない森林地域

地域社会にとって、生活に不可欠な燃料や食糧、飼料、薬、建築用材料を森林から得ており、他の入手可能な代替物もない場合。

HCV 6：地域社会の伝統的文化的アイデンティティに非常に重要な森林地域

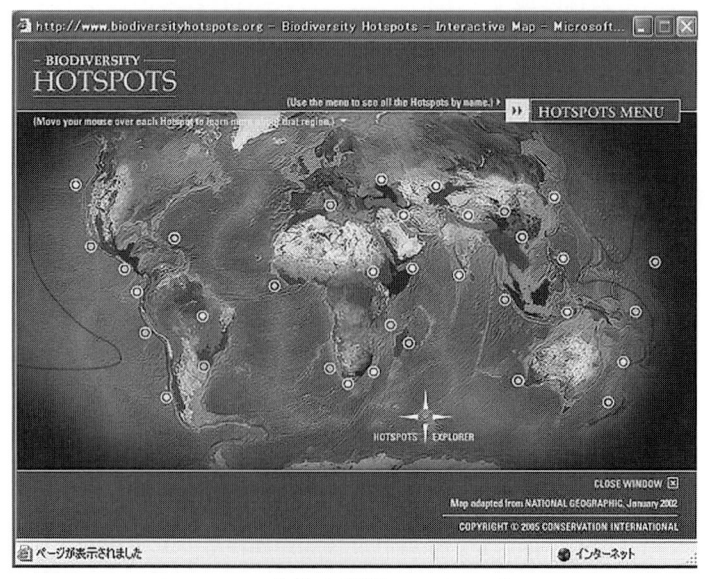

図6－5　生物多様性ホットスポット

第6章　フェアウッド調達のすすめ方

森林が失われれば、地域社会が受け入れがたい文化的な変化を被り、その代わりとなるものがない価値を森林が提供している場合。

生物多様性ホットスポット／CI

http://www.biodiversityhotspots.org/xp/Hotspots

国際的な自然保護 NGO であるコンサベーション・インターナショナル（CI）が選定した、生物多様性保全の観点から世界で最も重要かつ危機的状況にある地域。上記保護価値の高い森林分類で「HCV1」や「HCV3」に該当する。

グローバル 200 ／ WWF

http://www.nationalgeographic.com/wildworld/global.html

世界自然保護基金（WWF）が生物多様性の保全の観点から世界的に重要な地域を選定したもの。陸域、淡水域、海洋の 3 分類で、約 200 の地域が挙げられている。上記保護価値の高い森林分類で「HCV1」や「HCV3」に該

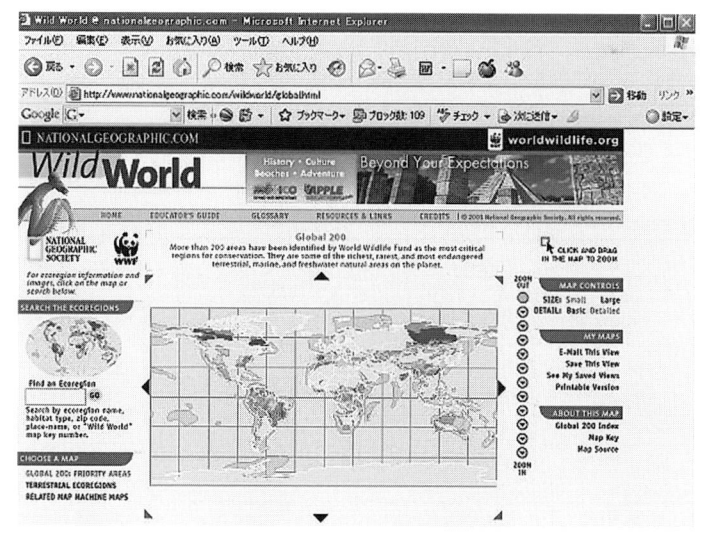

図6－6　グローバル 200

対策編

当する。

未開拓林マップ、WRI

http://www.globalforestwatch.org/english/interactive.maps/index.htm

未開拓の森林は地球上で1～2割未満まで減少してしまったが、その貴重な未開拓林について、ある一定規模以上残っている地域をGIS解析によって特定した地図である。上記保護価値の高い森林分類で「HCV2」に該当する。

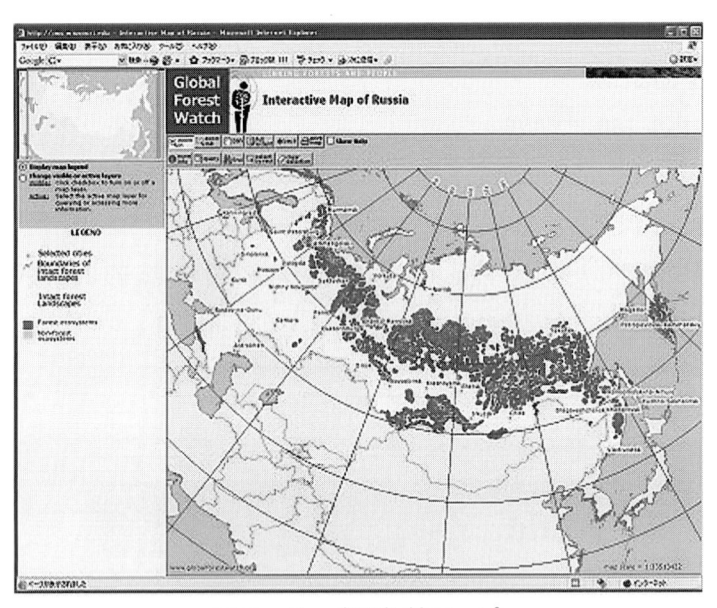

図6-7　未開拓林マップ

第6章　フェアウッド調達のすすめ方

資料2　森林認証への対応

森林認証制度とは？

　市民の環境への関心が高まり、企業の社会的責任（CSR）が厳しく問われる中で、森林認証制度への期待が高まっている。森林認証制度とは、持続可能な管理がなされた森林と、そこから切り出される木材に証明（認証）を発行し、ラベルをつけることで、消費者に環境に配慮した木材を選んで買う機会を提供する制度である。認証審査は認証組織自体ではなく、認定された専門の第三者機関が、原則や基準に従って厳正に行っている。認証発行後も有

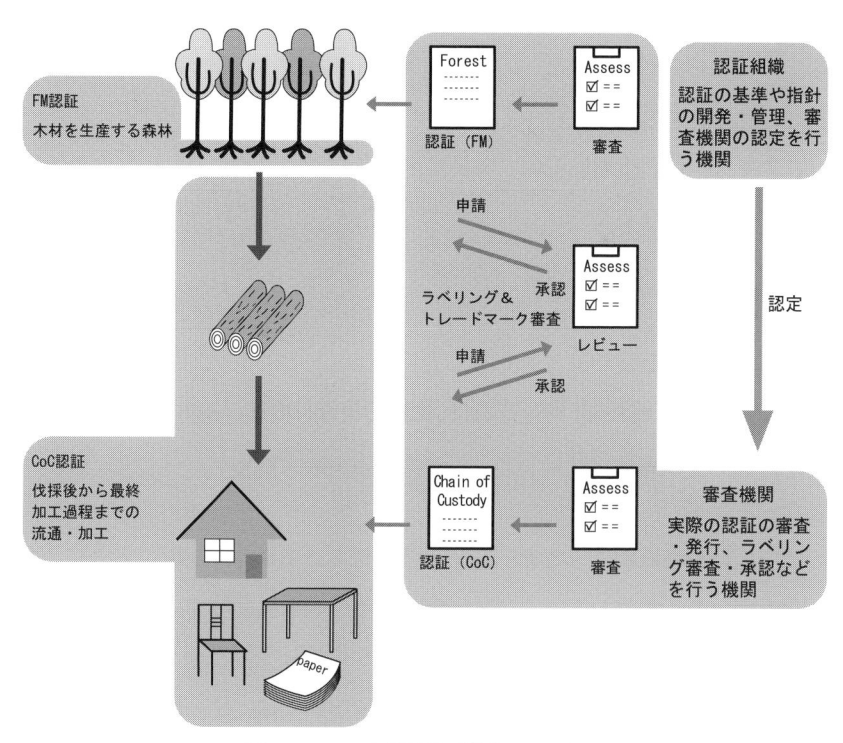

図6-8　森林認証制度のしくみ

効期間中は毎年監査が行われ、より健全で持続的な森林管理・木材加工流通に向けた取り組みが継続的に実施されている。

　森林認証の種類には、森林に対する認証（FM認証）のほか、認証された森林から生産された木材の加工・流通プロセスに対する認証（CoC認証）がある。FM認証では環境、地域住民などに配慮した森林管理の状態を評価し、CoC認証では認証材が非認証材と混ざらずきちんと区別されて取り扱われているか、ラベルがきちんとルール通りに貼り付けられているかを確認する。FM認証は林業会社、森林組合、市町村林、大手製紙・住宅会社の社有林など、CoC認証については特に製紙、製材、建築、家具加工など、木材や紙・パルプに関連する多種多様な企業が取得し、持続可能な森林づくりを目指しながら、消費者への積極的なエコ・アピールの手段として活用している。しかし、1990年代後半以降、世界的・地域的に様々な森林認証制度が誕生し、現在は乱立状態のようになってしまっている。

　ここでは、日本市場に関係する認証制度を中心に、それぞれの制度の特徴や違いなどを紹介する。

森林認証面積の推移

　世界の森林認証面積は年を追うごとに増加しており、2006年末の時点で約3億ha近くに達している。これは、世界の全森林面積の約8％に相当する。このうちFSC（森林管理協議会）が8.4千万ha、PEFCが合計19.3千万haとなっている。

　認証面積を地域別にみると、北米と欧州におけるPEFC認証が突出して多くなっている。木材の主要生産輸出国であるこれらの地域では、戦略的に認証面積を拡大してグローバル市場に認証材を供給していこうとしている。しかし、森林破壊が問題となっている途上国においては、認証面積がまだまだ少ない。これら途上国の森林管理のレベルを向上させるためには、需要側か

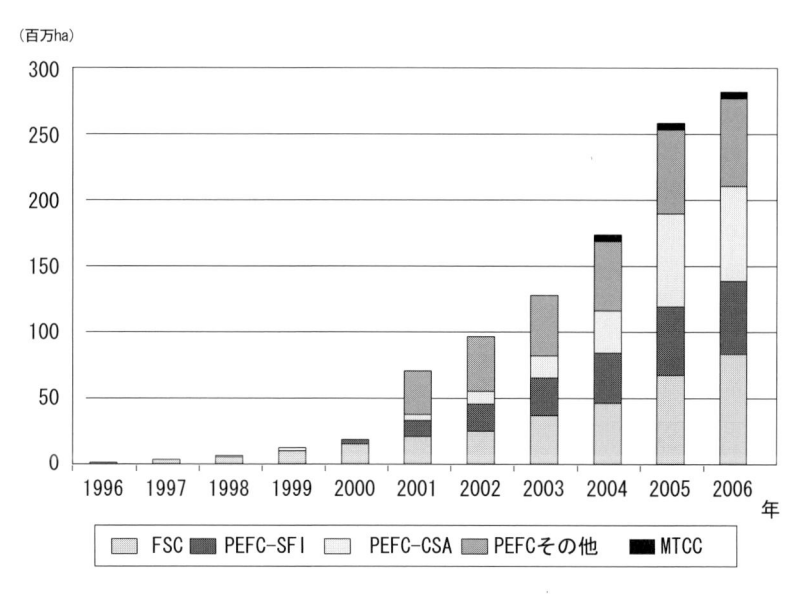

第6章　フェアウッド調達のすすめ方

図6-9　世界の森林認証面積の推移（主要5認証制度）
資料：http://www.forestrycertification.info

らの認証材の要求や認証取得へのサポートが欠かせない。

認証制度の種類と違い

　現在、世界各地に様々な森林認証制度が存在しているが、代表的な制度としては、FSCとPEFCの2つがあげられる。

　FSCは、森林減少など世界の森林が抱える問題や市民の環境意識の高まりを背景として、1993年に設立された先駆的な森林認証制度である。環境影響や地域社会、先住民の権利などを含む10原則56基準に沿って、第三者機関により厳密な審査が行われている。最近では、国や地域の状況にある程度適応させた国別基準や、小規模経営者向けの審査手順など、多様な森林や所有者をカバーできる仕組みが発展し、認証プロセスの効率化が進んできている。例えば日本でも、2002年から国内暫定基準が適用され、現在も作成

対策編

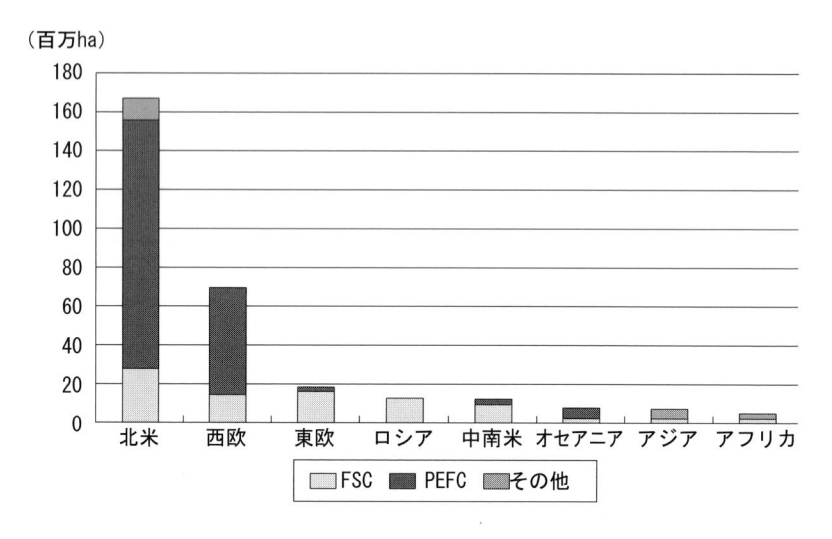

```
(百万ha)
```

図6－10　地域別の森林認証面積（2006年）

資料：http://www.forestrycertification.info

作業が進められている。

　認証取得後も改善活動が義務化されており、維持には大変な作業を伴うが、結果的に森林の状況はよりよくなっていると評価されるなど、政府、NGO、産業界や先住民グループの意見では、現在最も信頼性が高い認証制度といわれている。しかし、設立時に環境保護団体の影響が強かったためか、FSCに対して抵抗や難色を示す業界もある。

　一方、PEFCは、元々は「Pan European Forest Certification Schemes（汎ヨーロッパ森林認証制度）」という名称で、ヘルシンキプロセスを基準にフィンランドなどが中心となって1999年に成立した制度である。この制度の特徴は、個別の森林管理単位を認証するのではなく、各国の認証制度自体との相互承認をすることである。2003年に非ヨーロッパ諸国の参加もあり、PEFCという略語はそのままに「Programme for the Endorsement of Forest Certification Schemes」に名称を変更した。以来、様々な国の独自の認証制

第6章 フェアウッド調達のすすめ方

表6－19 世界的な森林認証制度と国別の森林認証制度

制度名	FM認証 件数	FM認証 面積（ha）	CoC認証 件数	概要
世界的な森林認証制度				
FSC（森林管理協議会）	899	87,184,660	382	世界共通の原則・基準に基づいた国際的な森林認証制度
PEFC（PEFC森林認証プログラム）	1,102	196,050,829	2,936	世界33ヵ国の認証制度が参加するアンブレラ型の相互認証プログラム
国別森林認証制度				
AFS（Australian Forestry Standard）オーストラリア ※PEFCメンバー	13	8,541,296	3	関連政府機関、林業団体の協力で2003年に設立された認証制度
CERFLOR（Sistema Brazileiro de Certificação Florestal）ブラジル ※PEFCメンバー	6	762,657	2	民間から始まり、政府認定制度に発展。2003年発足。INMETROという国立機関が実際の運営を担う
Certfor（Certificación Forestal en Chile）チリ ※PEFCメンバー	6	1,531,239	14	政府、業界、研究機関が協力し、2000年設立。2002年に現在の認証基準を策定。2004年よりPEFCとの相互承認
CSA（Canadian Standards Association）カナダ ※PEFCメンバー	69	73,413,005	36	1996年にCSA（カナダ標準化協会）が開発した森林認証制度
MTCC（Malaysian Timber Certification Council）マレーシア ※PEFCメンバー	8	4,730,000	101	FSC基準を参考に2001年設立。認証材の輸出実績は欧州を中心に06年末時点で計130,881m³
SFI（Sustainable Forestry Initiative）アメリカ／カナダ ※PEFCメンバー	106	54,376,769	0	1994年に全米林産物製紙協会が策定、会員企業に実施を要求。99年には第三者による審査システムを創設
LEI（Lembaga Ekolabel Indonesia）インドネシア	10	1,046,098	1	1998年、ITTOやFSCの基準を参考に策定したインドネシア独自の基準・指標
SGEC（『緑の循環』認証会議）日本	41	391,780	64	2003年発足。日本の森林状況に応じた認証制度

注：これらの情報は2007年3月時点で確認できたもの

度を傘下に入れることで急速に拡大している。2008年1月現在、参加メンバーは32ヵ国あり、そのうち22ヵ国の制度が相互承認を受けている。相互承認制度とはいっても、各制度の内容にはばらつきがあり、環境面、社会面の評価方法についてNGOなどから批判を受けている制度もある。

　PEFCは、日本国内では森林管理（FM）認証は行っておらず、CoC認証のみである。しかし、世界でPEFC認証が拡大するにつれ、日本に輸入されるPEFC認証材の量が増加している。

対策編

　これら2つの認証制度のほかにも、国ごとに開発された様々な制度がある。それらの多くがPEFCのメンバーとなり、相互承認を得ているが、インドネシアのLEIや日本のSGECのように独自の道を進んでいる制度もある（表6－19）。

　SGECは、国際的な認証であるFSCが浸透するにつれ、日本の森林状況に合った独自の認証制度への希望が高まり、2003年に誕生した日本独自の認証制度である。7つある基準では、特に生物多様性と水土保全を中心に捉え、森林施業計画制度に基づく施業計画を活用して効率的な審査を目指している。主に製紙・住宅メーカーなどの社有林や森林組合、市町村林などがSGECの森林管理認証を取得しており、CoC認証に関しては、認証森林周辺の製材・加工や建築、販売などの業者が取得している。

　このように様々な森林認証制度が存在しているが、それぞれつくられた背景や目的が異なっており、認証する内容やその手続きについても違いがある。

　基準と指標の策定経緯と内容、認証審査機関の登録認定手続き、認証審査の単位レベル、現場での審査内容、審査報告の透明性、製品への認証材以外の原料の混合など違いがあることを理解し、それぞれの認証制度やその認証森林が、調達製品のリスクを十分にクリアできるかどうかを判断して、各制度の特徴をうまく生かして活用していく必要がある。

　認証制度の評価については、世界銀行が認証制度の評価ツールをつくったり、欧州のいくつかの政府調達制度において評価が実施されており、参考にすることができる。ここでは、フェアウッド・キャンペーンが「森林生態系に配慮した木材調達に関する共同提言」で推進する6項目をもとに選定した以下の7つの比較項目に基づいて、日本市場で普及している3制度（FSC、PEFC、SGEC）の認証基準を比較してみた。

・違法伐採でないことの確保
・貴重な森林生態系の保護

第6章　フェアウッド調達のすすめ方

表6－20（1）　日本市場で見られる認証制度の認証基準比較

	FSC		PEFC		SGEC	評価基準
	違法伐採でないことの確保					
A	①ロイヤルティなどの支払い（1.2）無許可行為からの森林の保護（1.5） ②（原則1） ③環境に関する法律の順守(1.1,1.3)労働者の安全確保に関する法律（4.2）	B	①明確な記載なし ②（Annex3-3.2） ③ILO条約（Annex3-3.3） 生物多様性や京都議定書（Annex3-3.4）	A	①（4-1-3） ②（5-1） ③環境面での法律(5-1)労働者の安全確保に関する法律（5-4）	①伐採の合法性の確保 ②森林管理に関する法律 ③環境社会面の法規制 A：いずれも要求 B：①②のみ要求 C：①のみ要求またはいずれも要求なし
	貴重な森林生態系の保護					
A	①HCVFの定義内－絶滅危惧種、固有種など（HCV1） ②（HCV2） ③（HCV4, 10.6） ④（3.3）	B	①「貴重」の定義は不明(4-1-b) ②なし ③（基準5） ④（6-1-d）	B+	①「貴重」の定義は不明（2-3-1,2-4-1） ②（2-1-2,2-2） ③（基準3） ④（6.4）	①世界的に貴重な生態系 ②未開拓林 ③水源・土壌の保護 ④伝統的慣習的価値の高い森林 A：いずれも要求 B：一部のみ要求 C：要求なし
	森林利用をめぐる地域住民との紛争対立の回避					
A	①（原則2, 3） ②（原則4） ③（2.3,4.5）	B+	①（6.1-b） ②（6.1-e） ③紛争対立地に関する規定は特に定まっていない。訴訟、苦情、紛争の処理手順（Annex3-6）		①（5.2） ②（6.7） ③紛争対立地に関する規定は特に定まっていない。紛争解決のメカニズムは規定されていない。	①慣習的利用権の尊重 ②地域社会との調和 ③紛争対立地の認証不可 A：いずれも要求 B：一部のみ要求 C：要求なし

・森林利用をめぐる地域住民との紛争対立の回避

・天然林の大規模な皆伐回避、天然林の転換の禁止

・希少種（樹種、動植物）の保護

・天然生態系への重大な影響（薬物、GM）回避

・認証製品のトレーサビリティ

　それぞれの項目について、認証基準で要求しているか、また、そのレベルはどの程度かを、公開されている基準・指標からA～C評価で比較してみた結果を表6－20に示した。

対策編

表6-20（2） 日本市場で見られる認証制度の認証基準比較

	FSC		PEFC		SGEC	評価基準
	天然林の大規模な皆伐回避、天然林の転換の禁止					
B	①皆伐を禁止する規定はないが、経済面・環境面などから、間接的に伐採作業は持続可能であることが求められている（5.1,5.6,6.3）②1994年11月以降に天然林から人工林に更新された森林については認証の対象とはならない（10.9）土地転用・植林地化は原則不可。ただし、例外措置あり。長期的に確実に保全便益をもたらす転換である場合は例外許可（6.10）	C	①皆伐を禁止する規定はないが、経済面・環境面などから、間接的に伐採作業は持続可能であることが求められている（1.2-a,3.2-b,4.2-e）②規定なし	B	①天然林に限らず大面積皆伐を回避すること（4.1）②基準には含まれないが、日本の森林登記、計画の条件として、土地利用転換は原則的に禁止されていると考えてよい	①天然林大規模皆伐の禁止 ②天然林のプランテーション・土地利用転換禁止 A：いずれも要求 B：一部のみ要求 C：要求なし
	希少種（樹種、動植物）の保護					
A	CITES、生物多様性条約などをの国際条約締約国の順守。絶滅危惧種、生息地の保護（1.3,6.2）	A	地域ごとに適用されるリストに規定される絶滅危惧種の生息地の把握、管理計画への反映（4.1-b）	A	絶滅危惧Ⅰ、Ⅱ種、準絶滅危惧種の属する種、生息地の保護（2.3）	①希少樹種（レッドリスト、CITES）の保護 ②希少動植物（レッドリスト）の保護 A：いずれも要求 B：一部のみ要求 C：要求なし
	天然生態系への重大な影響（薬物、GM）回避					
B+	①可能な限り使用しない（6.6）容器の処理についても適切な対応を求める（6.7）②禁止（6.8）③禁止ではないが、在来種を優先とし、外来種の方が好ましい場合もモニタリングの実施を要求（6.9）	B	①可能な限り使用をしない（5.2-b）②規定なし ③悪影響の回避、最小限利用を要求（4.2-b）	C	①可能な限り使用をしない（4.8）②規定なし ③規定なし	①禁止農薬・肥料・除草剤の使用禁止 ②遺伝子組換種の使用禁止 ③外来樹種利用の規制 A：いずれも要求 B：一部のみ要求 C：要求なし
	認証製品のトレーサビリティ					
A	①Chain of Custody（管理の連鎖）②2004年10月よりミックス品製造時に混合する非認証材（Controlled Wood）の条件が承認・実施されている。FSC-STD-40-005に規定。同時にControl Wood向けの森林管理認証基準も設定されている（FSC-STD-30-010）	A	①Chain-of-Custody ②「問題のある由来を含む原材料の調達を回避するための要求事項の実施」という基準が2007年5月発行（Annex4付属書7）	B	①分別・表示システム ②混合する非認証材に関する規制は設けられていない	①認証材原料が認証森林から生産・流通 ②混合する非木材原料への高リスク木材（違法伐採、地域社会影響、生態系影響）の禁止 A：いずれも要求 B：一部のみ要求 C：要求なし

・A（すべて要求）、B（一部要求）、C（要求なし）
・PEFCについては、相互認証されている各国制度が満たすべき基礎的規定を対象にしている
・具体的に言及されている原則・基準等の番号を表示している

森林の見える木材ガイド

「森林の見える木材ガイド」とは？

　フェアウッド・キャンペーンでは、日本国内で流通している木材樹種の環境性能を評価した「森林の見える木材ガイド」をウェブ上に開設しています（http://www.fairwood.jp/woodguide）。
　建築・建設に携わる方や家づくりを考えている方が、木材を選ぶ際に伐採地の環境に配慮できるように、原産地の森林環境や社会状況に由来する環境情報に合わせて、樹種の物理的性質や強度などの情報を紹介しています。5つの指標（違法伐採リスク、伐採地環境負荷リスク、樹種の希少性、耐朽性、輸送負荷）で樹種ごとの環境性能を評価し、レーダーチャートで示しているのが、このガイドの特徴です。
　各樹種の検索は、五十音別の樹種名検索に加え、世界9地域に分けた産地別、構造材や造作材など用途を9つに分類した用途別からの検索もできます。

【レーダーチャートの見方】

レーダーチャートは、5点を結んだ面積が大きいほど環境性能が高いことを示しています。

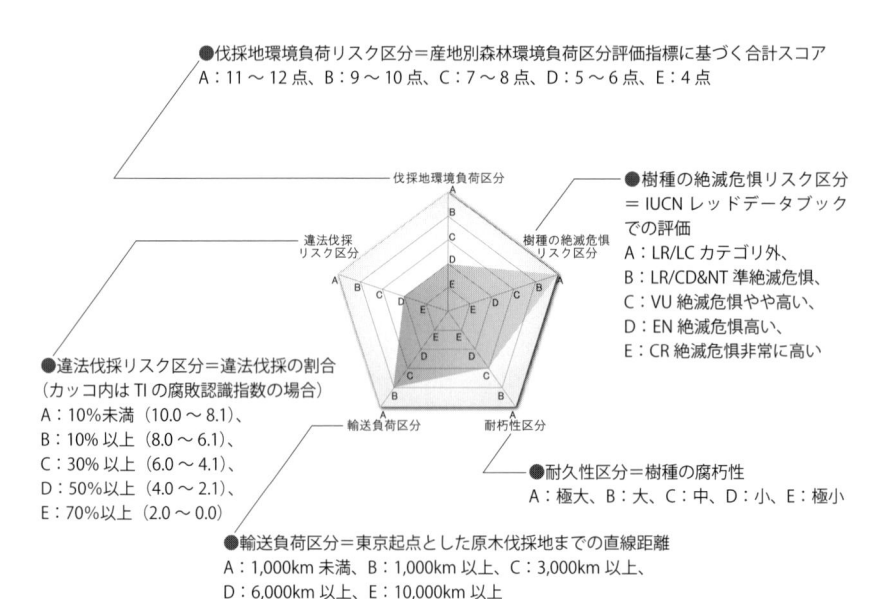

●伐採地環境負荷リスク区分＝産地別森林環境負荷区分評価指標に基づく合計スコア
A：11〜12点、B：9〜10点、C：7〜8点、D：5〜6点、E：4点

●樹種の絶滅危惧リスク区分＝IUCNレッドデータブックでの評価
A：LR/LC カテゴリ外、
B：LR/CD&NT 準絶滅危惧、
C：VU 絶滅危惧やや高い、
D：EN 絶滅危惧高い、
E：CR 絶滅危惧非常に高い

●違法伐採リスク区分＝違法伐採の割合
（カッコ内はTIの腐敗認識指数の場合）
A：10%未満（10.0〜8.1）、
B：10%以上（8.0〜6.1）、
C：30%以上（6.0〜4.1）、
D：50%以上（4.0〜2.1）、
E：70%以上（2.0〜0.0）

●耐久性区分＝樹種の腐朽性
A：極大、B：大、C：中、D：小、E：極小

●輸送負荷区分＝東京起点とした原木伐採地までの直線距離
A：1,000km 未満、B：1,000km 以上、C：3,000km 以上、
D：6,000km 以上、E：10,000km 以上

シベリアカラマツの場合

森林の見える木材ガイド

- 違法伐採リスク区分ランクの評価は、以下の優先順位に基づいています。
    ① 国別違法伐採比率推定値（％）：WWF European Forest Programme, "SCALE OF ILLEGAL LOGGING AROUND THE WORLD CURRENTLY AVAILABLE ESTIMATES", March 2004
    ② 国別違法伐採比率推定値（％）：OECD Round Table on Sustainable Development, "THE ECONOMICS OF ILLEGAL LOGGING AND ASSOCIATED TRADE", January 2007
    ③ 上記①、②で違法伐採データが明示されていない国（途上国、先進国を問わず）に関してはトランスペアレンシー・インターナショナル（TI）のCPI（腐敗認識指数）の最新版
- 伐採地環境負荷リスク区分ランクの評価は、4項目のサブ評価項目（①保護価値の高い森林伐採（HCVF定義の1＆2に相当、生物多様性および未開拓林の視点）、②森林生態系に影響ある天然林皆伐、③森林植生回復、④地域住民との紛争・対立地域の伐採（HCVF定義の5に相当、地域住民の森林利用権の視点））の評点の合計点で評価しています（下表参照）。

伐採地環境負荷リスク評価指標

区分評点		3点	2点	1点
①	保護価値の高い森林（HCVF、ここでは生物多様性および未開拓林の視点）における伐採リスク(注1)	当該樹種の原産地には指定地域は含まれない、または、指定地域に含まれていても域内の森林で木材生産（伐採）は行われていない。	当該樹種の原産地には指定地域が含まれており、域内の森林で一部木材生産（伐採）が行われているか、木材生産用の対象地に一部割り当てられている。	当該樹種の原産地には指定地域が含まれており、域内の森林で大規模に木材生産（伐採）が行われているか、木材生産用の対象地に大規模に割り当てられている。
②	生態系を撹乱する大規模な天然林伐採リスク(注2)	当該樹種の原産地では、生態系を撹乱する大規模な天然林伐採はない。	当該樹種の原産地では、生態系を撹乱する大規模な天然林伐採が一部で行われている。	当該樹種の原産地では、生態系を撹乱する大規模な天然林伐採が広く行われている。
③	伐採前の森林植生への回復リスク	伐採前の植生への回復はおおむね良好。	伐採前の植生への回復が不良な林地が一部見られる。	伐採前の植生への回復が不良な林地が多く見られる。
④	地域社会との紛争・対立地域リスク	当該樹種の原産地では、過去10年間に地域社会・住民（先住民含む）との森林開発・伐採に係わる目立った紛争・対立は報じられていない(注3)。	当該樹種の原産地では、過去10年間に地域社会・住民（先住民含む）との紛争・対立が一部の地域で報じられている。	当該樹種の原産地では、過去10年間に地域社会・住民（先住民含む）との紛争・対立が多数の地域で報じられている。

注1　保護価値の高い森林とは、Global 200(WWF)、Intact forest map(WRI)、Biodiversity Hotspots(CI)、Biosphere Reserve(UNESCO) のいずれかに指定されている地域内の森林とする
注2　「生態系を撹乱する大規模な天然林伐採」とは、天然林における木材生産（伐採）により野生動植物の個体数や種の多様性が顕著に減少している状態
注3　「報じられている」とは、過去10年間の報道・研究報告などで紛争・対立が明示的に取り上げられていること
※　引用資料は261ページを参照

- 輸送負荷区分ランクの評価は、原木産出国・地域から日本（東京起点）までの概略直線距離をベースに区分ランク分けしてあります（ウッドマイレージリニアLに準拠）。
- 絶滅危惧リスク区分ランクの評価は、IUCNのレッドリスト・データベース（2006年時点）カテゴリ評価をベースに区分ランク分けしてあります。

対策編

ウェブ樹種一覧表（地域別・五十音順）

北洋材		アムールシナノキ、シナノキ、シナ
	★	エゾマツ、北洋エゾマツ
		カバ、マカンバ
	★	タモ、ヤチダモ
		トドマツ、北洋トドマツ
	★	ナラ、モンゴリナラ、ミズナラ
		ニレ、ハルニレ
		ベニマツ、チョウセンゴヨウ
	★	北洋アカマツ、欧州アカマツ、ヨーロピアンレッドウッド
	★	ラーチ、北洋カラマツ、シベリアカラマツ、グイマツ
南洋材	★	アカシアマンギューム
		アガチス
		アローカリア
		イエローメランチ
	★	ウリン、ボルネオ鉄木、ビリアン、ブリアン
	★	カプール、カポール
		クルイン、アピトン
		ゴムノキ
		シタン（ローズウッド）
		ジョンコン
		セプター、セペチール
	★	セランガンバツ、パラウ
	★	チーク
		ナーラ、カリン、パドウク、インド紫檀
		ニヤトー
	★	ファルカータ、アルビジア、センゴン
		ペルポック
		ベンゲットマツ、カシヤマツ
		ホワイトセラヤ
	★	ホワイトメランチ、メラピ（ラワン）
		ホワイトラワン
		マグノリア
		マトア
		メルクシマツ、ミンドロマツ
		メルサワ、パロサピス
		ラミン
	★	レッドメランチ、レッドラワン
北米材		イースターンヘムロック
		イースタンホワイトパイン、ストローブマツ
		ウエスタンヘムロック、ベイツガ
		ウエスタンレッドシーダー、ベイスギ
		エンゲルマンスプルース、ベイトウヒ、SPF群
		オールダー、オーラダー、レッドオルダー
		シュガーパイン
		ショートリーフパイン、エキナータマツ、サザンパイン群
		スラッシュマツ、サザンパイン群
		ソフトメープル、レッドメープル
		ノーブルファー、ベイモミ
		ハードメープル、ロックメープル、ブラックメープル
		バルサムファー、ベイモミ
		ヒッコリー
		ブラックウォールナット
	★	ベイトウヒ、シトカスプルース
	★	ベイヒバ、アラスカシーダー、イエローシーダー
	★	ベイマツ、ダグラスファー、オレゴンパイン
		ポートオーフォードシーダー、ベイヒ、オレゴンシーダー、ホワイトシーダー、ローソンサイプレス
		ホワイトアッシュ
		ホワイトオーク
		レッドウッド、センペルセコイア、アカスギ
		レッドオーク
		ロッジポールパイン、SPF群
		ロブロリパイン、テーダマツ、サザンパイン群
		ロングリーフパイン、ダイオウショウ、サザンパイン群
欧州材	★	アカマツ、欧州アカマツ、レッドウッド（パイン材）
		ブナ、ビーチ、ヨーロピアンビーチ
	★	ホワイトウッド、ドイツトウヒ
		ヨーロピアンホワイトオーク、ヨーロピアンオーク、ホワイトオーク、イングリッシュオーク、欧州ナラ

森林の見える木材ガイド

国産材	アカガシ
	アカマツ
	アサダ
	アスナロ、ヒバ
	イスノキ
	イタヤカエデ
	エゾマツ
	カツラ
	カヤ
	カラマツ
	キリ
	クスノキ
	クリ
	クロマツ
	ケヤキ
	コウヤマキ
	サクラ
	サワグルミ
	サワラ
	シイノキ、スダジイ、イタジイ
	シオジ
	シナノキ
	★ スギ
	タブノキ
	ツガ
	トチノキ
	トドマツ
	ネズコ
	ハリギリ、セン
	ハルニレ
	★ ヒノキ
	ヒメコマツ
	ブナ
	ホオノキ
	マカンバ
	★ ミズナラ
	ミズメ
	モミ
	★ ヤチダモ

その他（アフリカ材、南米材、NZ・豪州材、中国材）	アゾベ、エッキ、ボンゴン
	アフリカンマホガニー、アカジョアフリカ
	アムールシナノキ、シナノキ、シナ
	オクメ
	カバ、マカンバ
	キリ
	サペリ
	ジャラ
	タイヒ
	★ ナラ、モンゴリナラ、ミズナラ
	ニレ、ハルニレ
	バルサ
	マコレ
	★ マホガニー、ホンジュラスマホガニー
	ユーカリ
	ラジアタマツ、ラジアタパイン
	リグナムバイタ

★は本書掲載樹種

対策編

エゾマツ、北洋エゾマツ
（学名：*Picea jezoensis* ／科目：マツ科 *Picea* 属）

　シベリア、中国東北部、沿海地方、サハリン、千島などに分布する。

　主な生産地は極東ロシアの沿海地方からハバロフスク州の南部である。中国東北部にも分布しているが、天然林保護プログラムにより伐採が制限されており、中国もロシアから輸入している。

　ロシア沿海地方は、日本海をはさんで日本列島の対岸に位置し、ナラやタモの広葉樹とエゾマツ・トドマツの針葉樹が混交した冷温帯林である。年間降水量は千mm程度、植物の生育に適した環境であり、ヒョウ、トラ、クマなどの大型哺乳類も生息する生物多様性の高い森林生態系である。

　ロシア沿海地方は、WWFの「グローバル200」やユネスコの「生物圏保護区」に指定されている。また、WRIの「Intact Forest」にも未開拓の森林が残っている地域として示されており、極めて保護価値の高い森林であるといえる。

　違法伐採のリスクについては、エゾマツの場合、組織的盗伐の対象となるような樹種ではないが、沿海地方では森林管理行政が行き届いておらず、違法伐採の割合が5割に達するといわれており、商業伐採においても許可量以上の伐採など、注意が必要である。

　伐採は数～数十ha規模で皆伐されることも多く、また伐採後は人為原因による森林火災も多発しており、森林劣化によりアムールトラなど貴重な野生動物への影響も懸念される。

　生物種としての希少性については、IUCNの「レッドリスト」では「低リスク(LR/LC)」と評価されており、絶滅危惧リスクはない。

　日本までの輸送距離は1,500km程度である。

　耐朽性は「極小」であり通気性に十分な配慮をすることが必要である。建築一般、特に造作材等に用いられる。

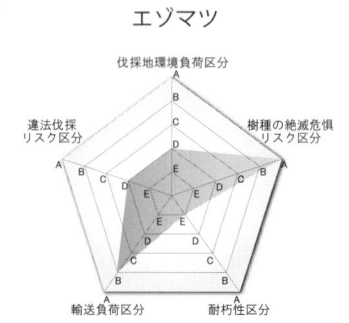

タモ、ヤチダモ
(学名：*Fraxinus mandshurica* ／科目：モクセイ科トネリコ属)

　日本では北海道と、長野以北の本州に分布。海外では中国、朝鮮半島やロシア沿海地方にかけての北東アジアに分布する。

　現在の日本ではタモ材の生産は北海道の国有林など一部に限られており、流通は少ない。日本で一般に流通しているタモ材の多くはロシア沿海地方産と考えられる。

　ロシア沿海地方は、WWFの「グローバル200」やユネスコの「生物圏保護区」に指定されている。また、WRIの「Intact Forest」にも未開拓の森林が残っている地域として示されている。

　河畔林をはじめとする天然林を択伐するが、資源量は他樹種に比べ非常に少なく、高価な広葉樹であるため明らかな過伐の状態にある。違法伐採のリスクはきわめて高い。特に大径材は伐採対象となりやすく、かなり奥地まで行かないと残っていない状況である。

　生物種としての貴重性については、IUCNの「レッドリスト」では評価対象とされておらず、絶滅危惧リスクはない。

　国産の場合、東京までの輸送距離は1,000km未満。ロシア産のものは1,500km程度。

　耐朽性は「中」であり、通気性に配慮すれば長期間の使用に耐えることができる。

森林の見える木材ガイド

北洋材

ロシア産

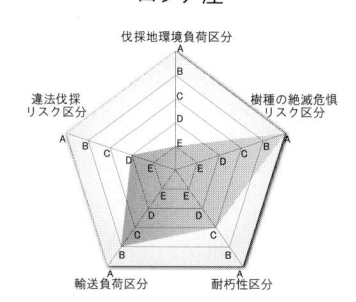

対策編

ナラ、モンゴリナラ、ミズナラ
（学名：*Quercus crispula*（日本）、*Quercus mongolica*（大陸部）／
科目：ブナ科コナラ属）

日本では北海道の平地から、本州、四国、九州の山地から亜高山帯に分布。ブナとともに日本の冷温帯を代表する樹種で、ブナと混交する。中国、朝鮮半島やロシア沿海地方にかけての北東アジアに分布するモンゴリナラの変種とされる。

現在残っているミズナラ林はかつて薪炭材やパルプ材として伐採された二次林が多く、大径木が残っている森は少ない。現在の日本ではミズナラの生産は北海道や東北の国有林など一部に限られており、流通は少ない。日本で一般に流通しているナラ材の多くはロシア沿海地方産か中国産のモンゴリナラと考えられる。パルプ用材としては東北の民有林で他の広葉樹とともに数 ha 程度の皆伐がされることもある。

ロシア沿海地方は、WWF の「グローバル 200」やユネスコの「生物圏保護区」に指定されている。また、WRI の「Intact Forest」にも未開拓の森林が残っている地域として示されている。

家具用の広葉樹として非常にポピュラーであり、特に世界の家具製造地となっている中国から旺盛な需要がある。高価に取引されるため違法伐採のリスクはきわめて高い。特に大径材は伐採対象となりやすく、アクセスの良いところはかなり伐採されてしまっている。

IUCN の「レッドリスト」では評価対象とされておらず、絶滅危惧リスクはない。

国産の場合、東京までの輸送距離は 1,000km 未満。大陸産のものは 1,500km 程度。

耐朽性は「中」であり、通気性に配慮すれば長期間の使用に耐えることができる。

モンゴリナラ（大陸産）　　　ミズナラ（日本産）

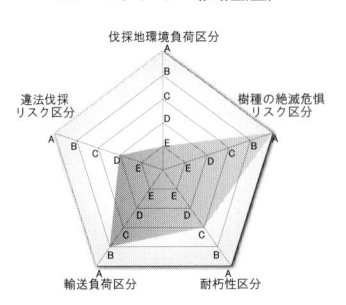

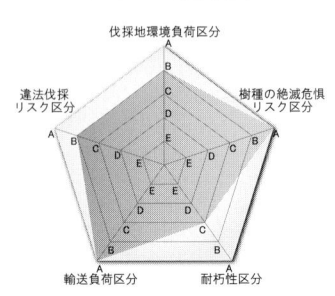

北洋アカマツ、欧州アカマツ、ヨーロピアレッドウッド
（学名：*Pinus sylvestris* ／科目：マツ科 *Pinus* 属）

　ロシアのタイガ林を構成する主要な樹種であるが、東シベリアのイルクーツク州やクラスノヤルスク州以西に分布している。日本向け原木の主な生産地はイルクーツク州が中心で、バイカルアムール鉄道またはシベリア横断鉄道により日本海まで運ばれる。

　この地域は、WWFの「グローバル200」に指定されている。また、WRIの「Intact Forest」にも未開拓の森林が残っている地域として示されており、保護価値の高い森林であるといえる。

　違法伐採のリスクについては、森林管理行政が行き届いておらず、違法伐採の割合が5割に達するといわれており、注意が必要である。

　また、商業伐採では数～数十ha規模で皆伐されることが多い。比較的成長の早いアカマツだが、寒冷な気候のため伐採後の更新には長い年月を要する。また、伐採後も人為的原因による森林火災が多発しており、各地で森林劣化が著しい。森林資源の劣化により、伐採地が奥地・北部化する傾向にあるが、凍土上の森林が伐採されると泥湿地となって更新が困難になることもある。

　生物種としての希少性については、IUCNの「レッドリスト」では「低リスク（LR/LC）」と評価されており、絶滅危惧リスクはない。

　日本までの輸送距離はおよそ4,000km程である。

　耐朽性は「中」であり、通気性を確保すれば長期間の使用も可能である。北欧諸国に分布するアカマツと同種であり、特徴は類似しているが、肌目が欧州産のものに比べ細かい。建築一般に広く用いられている。

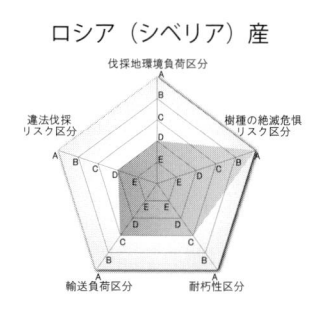

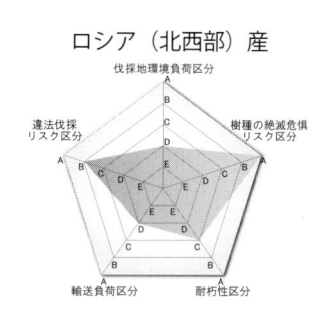

対策編

ラーチ、北洋カラマツ、シベリアカラマツ、グイマツ
(学名：*Larix gmelinii, Larix dahurica* ／科目：マツ科 *Larix* 属)

ロシアのタイガ林を構成する主要な樹種であり、東シベリア〜極東ロシアの中部以北にかけて分布しているが、日本向け原木の主な生産地は、ハバロフスク州を中心に、アムール州を経てイルクーツク州までのバイカルアムール鉄道沿いである。厳しい寒さのため、分布域の北部では永久凍土が広がっている。

この地域は、WWF の「グローバル 200」に指定されている。また、WRI の「Intact Forest」にも未開拓の森林が残っている地域として示されており、保護価値の高い森林であるといえる。

違法伐採のリスクについては、森林管理行政が行き届いておらず、違法伐採の割合が 5 割に達するといわれており、注意が必要である。

また、商業伐採では数〜数十 ha 規模で皆伐されることが多いが、伐採後の更新には寒冷な気候のため極めて長い年月を要する。また、伐採後も人為原因による森林火災が多発しており、各地で森林劣化が著しい。森林資源の劣化により、伐採地が奥地・北部化する傾向にあるが、凍土上の森林が伐採されると泥湿地となって更新が困難になることもある。

生物種としての希少性については、IUCN の「レッドリスト」では「低リスク(LR/LC)」と評価されており、絶滅危惧リスクはない。

日本までの輸送距離はハバロフスクでは 1,500km 程度であるが、イルクーツク産になると 4,000km 程度になる。

耐朽性は「中」であり、通気性を確保すれば長期間の使用も可能である。合板用の主要樹種の一つである。

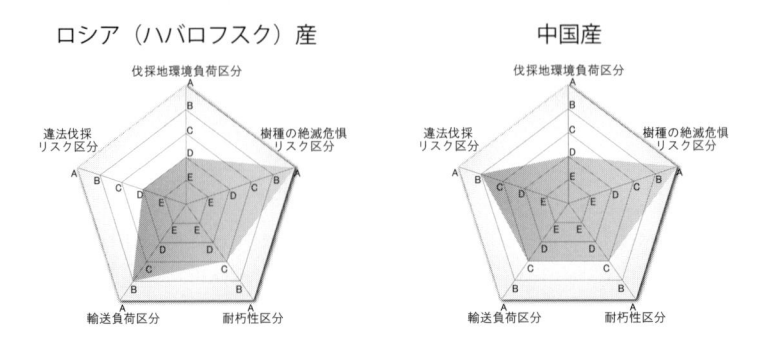

アカシアマンギューム
（学名：*Acacia mangium* ／ 科目：マメ科（ネムノキ科）アカシア属）

オーストラリア、ニューギニア、モルッカ諸島原産とされているが、アカシア属は約600種が熱帯から温帯にかけ、特にオーストラリア大陸に多く分布する。生長が早いことから、東南アジア諸国で植林されている。

この種が分布する地域は、生物多様性に富み、その価値を世界に認められているものであり、WWFの「グローバル200」、ユネスコの「生物圏保護区」、CIの「生物多様性ホットスポット」に指定されている保護価値の高い地域である。WRIの「Intact Forest」にも未開拓の森林が残っている地域として示されている。

違法伐採のリスクについては、各生産国の森林管理行政の状況によって差はあるが、とりわけ様々なアクターによる癒着、汚職により、森林管理行政が阻害されているインドネシアは、そのリスクは高い。

実際のところ、この樹種の分布はほとんどが植林地であるため、生産地における環境負荷は天然林に比べ低い。しかしながら、その植林地を確保するために保護価値の高い天然林が造林地に転換されており、その植林地の履歴を含めた環境負荷への配慮が必要である。

生物種としての希少性については、IUCNの「レッドリスト」では評価対象とされておらず、絶滅危惧リスクは低いといえよう。

東京までの輸送距離は直線距離で6,000kmを超え、近年は中国を経由した加工貿易が盛んなこともあるため、それ以上とも考えられる。

耐朽性は「中」。これまでは、紙・パルプ用材として植林されてきたが、近年、床材やエクステリア（ウッドデッキ）用材としての用途が広がっている。

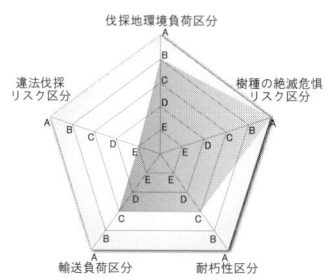

対策編

ウリン、ボルネオ鉄木、ビリアン、ブリアン
(学名：*Eusideroxylon zwageri* ／科目：クスノキ科)

ボルネオ島（インドネシア、マレーシア）、および周辺の島々に分布する。

この地域は、WWFの「グローバル200」、ユネスコの「生物圏保護区」、CIの「生物多様性ホットスポット」に指定されている保護価値の高い森林地域である。WRIの「Intact Forest」にも未開拓の森林が残っている地域として示されている。

有数の熱帯木材生産地であるインドネシア・マレーシアにおいて、違法伐採・貿易問題の根は深く、様々なアクターによる癒着、汚職により、森林管理行政が阻害されているため、そのリスクは限りなく高い。特に高級樹種として扱われているウリンの生産・流通には、地域住民も関与するケースが多く、生産・流通経路が極めて不透明な事例が多い。

この樹種は天然林から生産されるものであり、合法・違法を問わず、択伐とはいえ大規模に天然林施業が行われており、その生態系への影響は少なくない。

伝統的に地域住民に利用されてきた樹種。超重硬で優れた耐久性を持つが、反面、成長は著しく遅く、また造林にあまり適さないため更新には適切な管理が必要である。IUCNの「レッドリスト」では、「絶滅危惧やや高い（VU）」と評価され、その急激な分布域の減少等が危惧されている。

東京までの輸送距離は直線距離で6,000kmを超え、近年は中国を経由した加工貿易が盛んなこともあり、それ以上とも考えられる。

耐朽性は「極大」で、長期間の使用に耐え、特に耐水性に優れている。伝統的利用においては、屋根材、構造材、および水回りに用いられている。外部造作、ウッドデッキ材として注目されている。

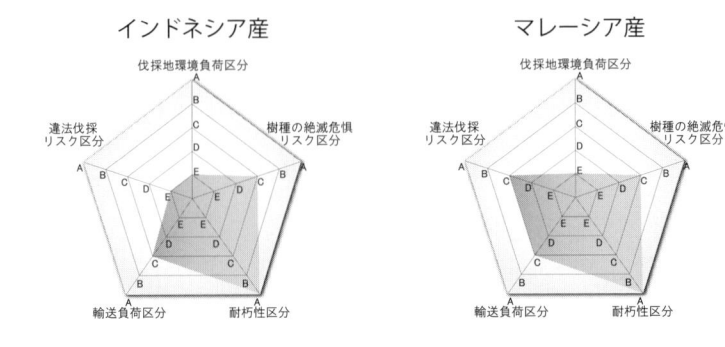

カプール、カポール
(学名：*Dryobalanops spp.*／科目：フタバガキ科 *Dryobalanops* 属)

分布域はインドネシア、マレーシア（ボルネオ（カリマンタン、サバ、サラワク）、スマトラ、パプア）。フタバガキ科の有用樹種の一つ。

この地域は、WWFの「グローバル200」、ユネスコの「生物圏保護区」、CIの「生物多様性ホットスポット」に指定されている保護価値の高い地域である。WRIの「Intact Forest」にも未開拓の森林が残っている地域として示されている。この樹種は天然林から生産されるものであり、合法・違法を問わず、択伐とはいえ大規模に天然林施業が行われており、その生態系への影響は少なくない。

一般的に *Dryobalanops* 属の7種が、カプールまたはカポールとして流通しているといわれており、限られた分布域、および近年の急速な森林減少・劣化により、IUCNの「レッドリスト」では「絶滅危惧非常に高い（CR）」と評価され、その希少性が危惧されている。

有数の熱帯木材生産地であるインドネシア・マレーシアにおいて、違法伐採・貿易問題の根は深く、様々なアクターによる癒着、汚職により、森林管理行政が阻害されているため、そのリスクは限りなく高い。

東京までの輸送距離は直線距離で6,000kmを超え、近年は中国を経由した加工貿易が盛んなこともあり、それ以上と考えられる。

耐朽性は「中」で、床材、造作材、建具、家具、合板など様々な用途に用いられる。

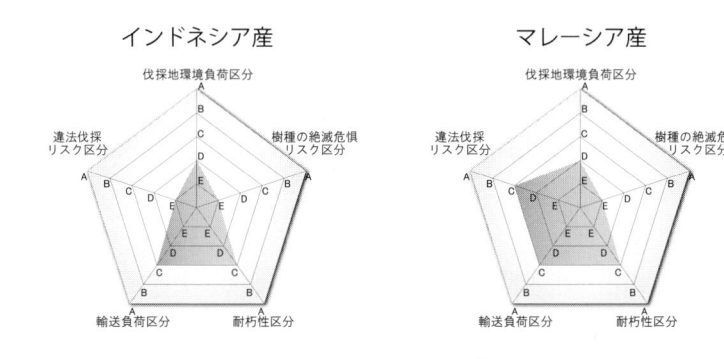

対策編

セランガンバツ、パラウ

（学名：*Shorea spp.* または *Shorea maxwelliana, Shorea laevis,* ／
科目：フタバガキ科 *Shorea* 属）

広く東南アジアに分布するフタバガキ科の代表的な有用樹種である。

この地域は、WWFの「グローバル200」、ユネスコの「生物圏保護区」、CIの「生物多様性ホットスポット」に指定されている保護価値の高い地域である。WRIの「Intact Forest」にも未開拓の森林が残っている地域として示されている。

有数の熱帯木材生産地であるインドネシア・マレーシアにおいて、違法伐採・貿易問題の根は深く、様々なアクターによる癒着、汚職により、森林管理行政が阻害されているため、そのリスクは限りなく高い。

この樹種は天然林から生産されるものであり、合法・違法を問わず、択伐とはいえ大規模に天然林施業が行われており、その生態系への影響は少なくない。

この樹種は南洋材の代表樹種メランティの亜属だが、各種メランティとは性質が異なり、重硬である。この名称で呼ばれる樹種も数種である。その蓄積は、熱帯林の減少・劣化とともに減少しており、IUCNの「レッドリスト」でも「絶滅危惧高い（EN）」と評価される樹種もあるほど、その希少性は危惧されている。

東京までの輸送距離は直線距離で6,000kmを超え、近年は中国を経由した加工貿易が盛んなこともあり、それ以上と考えられる。

耐朽性は「大」。セランガンバツの「バツ」とは、石という意味。とても重硬で、床材やデッキ材を中心に用いられている。海外では造作材など用途の幅も広いようだ。

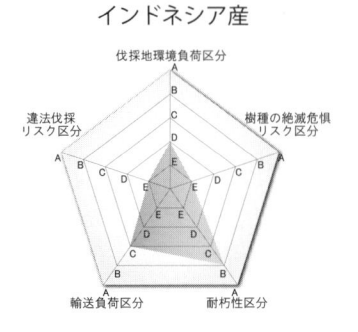

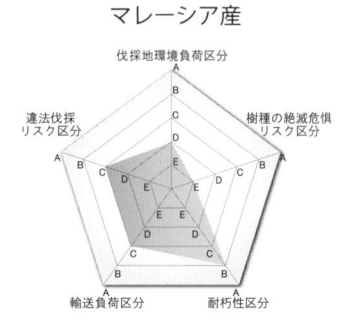

インドネシア産　　　　マレーシア産

森林の見える木材ガイド

チーク
(学名：*Tectona grandis* ／科目：クマツヅラ科 *Tectona* 属)

原産地はインド、ミャンマーで、古くから有用樹種として注目され、アジア各国において造林されてきたため、タイ、インドシナ、ジャワなど多く分布している。

この地域は、WWFの「グローバル200」、ユネスコの「生物圏保護区」、CIの「生物多様性ホットスポット」に指定されている保護価値の高い地域である。WRIの「Intact Forest」にも未開拓の森林が残っている地域として示されている。

違法伐採のリスクについては、各生産国の森林管理行政の状況によって差はあるが、様々なアクターによる癒着、汚職により、森林管理行政が阻害されているインドネシア、ミャンマーなどでは、そのリスクは限りなく高い。

現在市場を流通するチークには、天然林から生産されたものと、人工林から生産されたものがあり、生産地の環境負荷を考慮する際は、区別して考える必要がある。高級樹種として知られるチークは、造林適木としてその分布域を広げているものの、一方で天然木伐採も依然続いている。

IUCNの「レッドリスト」ではフィリピン固有種の *Tectona philippinensis* が「絶滅危惧高い（EN）」と評価され、天然木の希少性が危惧されている。

東京までの輸送距離は直線距離で6,000kmを超え、近年は中国を経由した加工貿易が盛んなこともあり、それ以上と考えられる。

耐朽性は「極大」。家具材、デッキ材、建具、船体など様々な用途に利用される。

インドネシア産植林材　　ミャンマー産天然材

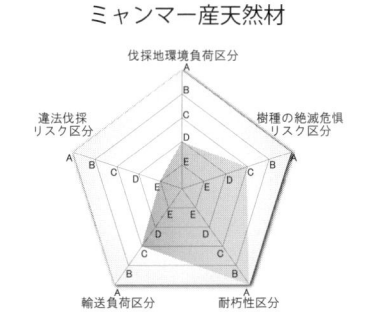

249

対策編

ファルカータ、アルビジア、センゴン
（学名：*Albizia falcataria* , *Paraserianthes falcataria* ／科目：マメ科）

　原産は、ビスマルク諸島、モルッカ諸島、ニューギニア島、ソロモン諸島など。生長が早いために造林種として重宝され、近年は、熱帯アジアから太平洋地域にかけて広く分布している。日本ではナンヨウギリとも呼ばれている。

　この地域は、WWFの「グローバル200」、ユネスコの「生物圏保護区」、CIの「生物多様性ホットスポット」に指定されている保護価値の高い地域である。WRIの「Intact Forest」にも未開拓の森林が残っている地域として示されている。

　違法伐採のリスクについては、各生産国の森林管理行政の状況によって差はあるが、とりわけ様々なアクターによる癒着、汚職により、森林管理行政が阻害されているインドネシアは、そのリスクは高い。

　現在市場を流通するファルカータの多くは人工林から生産されたものであり、生産地の環境負荷は天然林木と比較して小さい。
生物種としての希少性については、IUCNの「レッドリスト」では評価対象とされておらず、絶滅危惧リスクは低いと言えよう。

　東京までの輸送距離は直線距離で6,000kmを超え、近年は中国を経由した加工貿易が盛んなこともあるため、それ以上とも考えられる。

　耐朽性は「小」。材は軽軟で、加工性はよいため、合板、繊維板、削片板の芯材として用いられている。

インドネシア産

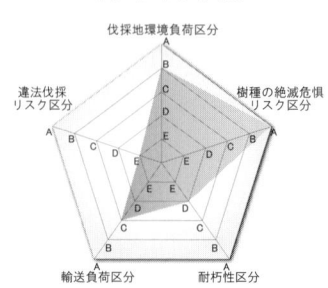

ホワイトメランチ、メラピ（ラワン）
（学名：*Shorea spp.* ／科目：フタバガキ科 *Shorea* 属）

広く東南アジアに分布するフタバガキ科の代表的な有用樹種である。

この地域は、WWF の「グローバル 200」、ユネスコの「生物圏保護区」、CI の「生物多様性ホットスポット」に指定されている保護価値の高い地域である。WRI の「Intact Forest」にも未開拓の森林が残っている地域として示されている。

有数の熱帯木材生産地であるインドネシア・マレーシアにおいて、違法伐採・貿易問題の根は深く、様々なアクターによる癒着、汚職により、森林管理行政が阻害されているため、そのリスクは限りなく高い。

この樹種は天然林から生産されるものであり、合法・違法を問わず、択伐とはいえ大規模に天然林施業が行われており、その生態系への影響は少なくない。

この樹種は南洋材の中で最も取引されている樹種であり、この名称で呼ばれる樹種は約 30 種とも言われている。近年、日本に丸太で輸入されるものはマレーシア、サバ州産が主流なため、「メラピ」とも呼ばれる。日本市場にとって重要な熱帯樹種の一つであり、熱帯林の減少・劣化はこの樹種の取引に直結するものである。IUCN の「レッドリスト」でも、「絶滅危惧非常に高い（CR）」や「絶滅危惧高い（EN）」と評価されている種が多く、その希少性が危惧されている。

東京までの輸送距離は直線距離で 6,000km を超え、近年は中国を経由した加工貿易が盛んなこともあり、それ以上と考えられる。

耐朽性は「小」。主に合板用に加工されるほか、造作材や床材としても用いられる。

対策編

レッドメランチ、レッドラワン
(学名：*Shorea spp.* ／科目：フタバガキ科 *Shorea (Rubroshorea)* 属)

広く東南アジアに分布するフタバガキ科の代表的な有用樹種である。

この地域は、WWFの「グローバル200」、ユネスコの「生物圏保護区」、CIの「生物多様性ホットスポット」に指定されている保護価値の高い地域である。WRIの「Intact Forest」にも未開拓の森林が残っている地域として示されている。

この樹種は天然林から生産されるものであり、合法・違法を問わず、択伐とはいえ大規模に天然林施業が行われており、その生態系への影響は少なくない。

有数の熱帯木材生産地であるインドネシア・マレーシアにおいて、違法伐採・貿易問題の根は深く、様々なアクターによる癒着、汚職により、森林管理行政が阻害されているため、そのリスクは限りなく高い。

この樹種は南洋材の中で最も取引されている樹種であり、この名称で呼ばれる樹種は約70種とも言われている。ダークレッドメランチ、ライトレッドメランチ、レッドラワンなど、色の濃さによりいくつかの取引名に分類されるようだ。日本市場にとって重要な熱帯樹種の一つであり、熱帯林の減少・劣化は、この樹種の取引に直結するものである。

IUCNの「レッドリスト」でも、「絶滅危惧非常に高い（CR）」や「絶滅危惧高い（EN）」と評価されている種が多く、その希少性が危惧されている。

東京までの輸送距離は直線距離で6,000kmを超え、近年は中国を経由した加工貿易が盛んなこともあり、それ以上と考えられる。

耐朽性は「中」。主に合板用に加工されるほか、造作材や床材としても用いられる。

インドネシア産　　マレーシア産

南洋材

ベイトウヒ、シトカスプルース
（学名：*Picea sitchensis* ／科目：マツ科トウヒ属）

　北米太平洋沿岸の温帯雨林に分布している樹種。
　分布域は北海道よりも高緯度であるが、暖流により冬でも温暖で、かつ年間降水量は数千mmに達するため、植物の生育に適した環境であり、生物多様性の高い世界的にもユニークな森林生態系を成している。そのため、WWFの「グローバル200」やユネスコの「生物圏保護区」に指定されている。また、WRIの「Intact Forest」にも未開拓の森林が残っている地域として示されており、極めて保護価値の高い森林であるといえる。
　伐採方法は大部分が数十haの規模でこのような未開拓の天然林を皆伐するものであり、生態系への影響は少なくない。伐採後は天然更新が可能だが、伐採前と同等の森林生態に戻るまで数百年かかり、一部では更新が不良な伐採跡も見られる。違法伐採のリスクについては、アメリカ、カナダともに森林管理行政が機能しているのでほとんどない。
　生物種としての希少性については、IUCNの「レッドリスト」では「低リスク（LR/LC）」と評価されており、絶滅危惧リスクはない。
　産地から日本までの直線距離はおよそ7,000km、太平洋を越えて運ばれてくる。耐朽性は「小」であり通気性に十分な配慮をすることが必要である。造作材や楽器等に用いられることが多い。

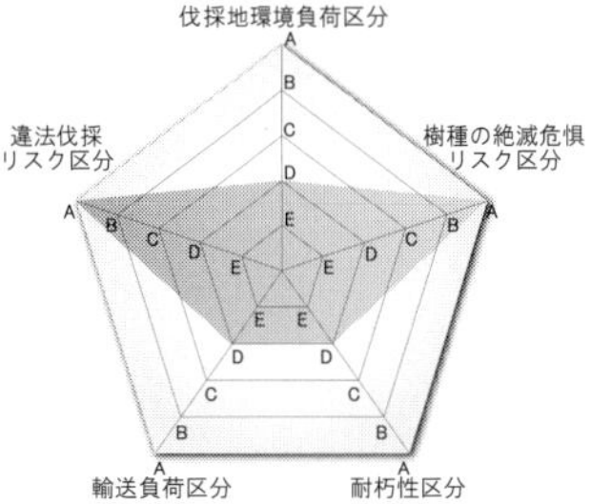

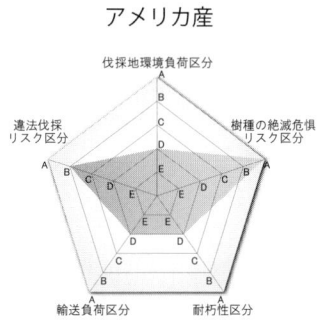

対策編

ベイヒバ、アラスカシーダー、イエローシーダー
(学名：*Chamaecyparis nootkatensis* ／科目：ヒノキ科 *Chamaecyparis* 属)

北米太平洋沿岸北部の温帯雨林に分布している樹種。

分布域は北海道よりも高緯度であるが、暖流により冬でも温暖で、かつ年間降水量は数千 mm に達するため、植物の生育に適した環境であり、生物多様性の高い世界的にもユニークな森林生態系を成している。そのため、WWF の「グローバル200」やユネスコの「生物圏保護区」に指定されている。また、WRI の「Intact Forest」にも未開拓の森林が残っている地域として示されており、極めて保護価値の高い森林であるといえる。

伐採方法は大部分が数十 ha の規模でこのような未開拓の天然林を皆伐するものであり、生態系への影響は少なくない。伐採後は天然更新が可能だが、伐採前と同等の森林生態に戻るまで数百年かかり、一部では更新が不良な伐採跡も見られる。

違法伐採のリスクについては、アメリカ、カナダともに森林管理行政が機能しているのでほとんどない。

生物種としての希少性については、IUCN の「レッドリスト」では評価対象とされておらず、絶滅危惧リスクはない。

産地から日本までの直線距離はおよそ 7,000km、太平洋を越えて運ばれてくる。耐朽性は「大」であり長期間の使用に耐えることができる。構造材、特に土台に用いられることが多い樹種である。

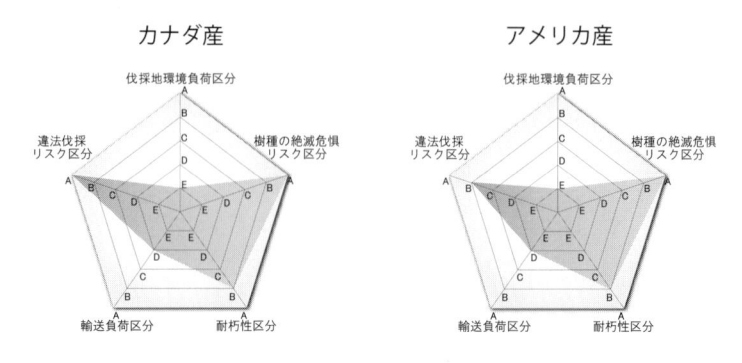

カナダ産　　　　　　　　アメリカ産

北米材

森林の見える木材ガイド

ベイマツ、ダグラスファー、オレゴンパイン
(学名:*Pseudotsuga menziesii* /科目:マツ科 *Pseudotsuga* 属)

　北米太平洋岸の温帯雨林に分布している樹種。

　分布域は北海道よりも高緯度であるが、暖流により冬でも温暖で、かつ年間降水量は数千mmに達するため、植物の生育に適した環境であり、生物多様性の高い世界的にもユニークな森林生態系を成している。そのため、WWFの「グローバル200」やユネスコの「生物圏保護区」に指定されている。また、WRIの「Intact Forest」にも未開拓の森林が残っている地域として示されており、極めて保護価値の高い森林であるといえる。

　伐採方法は大部分が数十haの規模で皆伐するものである。カナダBC州では未開拓の天然林が対象となる場合もあるが、アメリカのワシントン州やオレゴン州ではすでに多くの未開拓林は伐採されており、現在では数十年生の二次林を伐採しているものも多い。未開拓林での大規模な皆伐は生態系への影響も大きい。伐採後は天然更新が可能だが、伐採前と同等の森林生態に戻るまで数百年かかり、一部では更新が不良な伐採跡も見られる。

　違法伐採のリスクについては、アメリカ、カナダともに森林管理行政が機能しているのでほとんどない。

　生物種としての希少性については、IUCNの「レッドリスト」では「低リスク(LR/LC)」と評価されており、絶滅危惧リスクはない。

　日本までの輸送距離はおよそ7,000〜8,000km、太平洋を越えて運ばれてくる。

　耐朽性は「中」であり、通気性を確保すれば長期間の使用も可能。建築物の梁や桁などの横架材として広く用いられている。

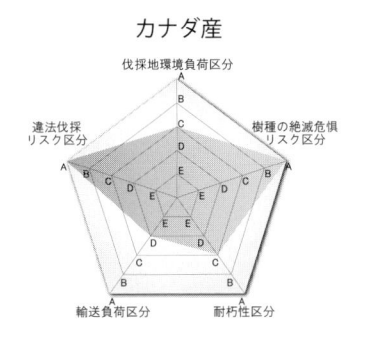

北米材

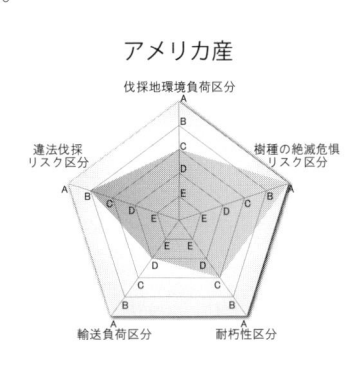

対策編

アカマツ、欧州アカマツ、レッドウッド（パイン材）
（学名：*Pinus sylvestris* ／科目：マツ科 *Pinus* 属）

スウェーデンやフィンランド、バルト海周辺国における主要な林業樹種である。

フィンランドの一部ではユネスコの「生物圏保護区」に指定されている地域もある。

スウェーデンやフィンランドでは、森林管理行政は機能しており、違法伐採のリスクはほとんどないが、ラトビアなどバルト海諸国やロシア産の木材も調達されており、これらの地域の木材には違法伐採のリスクがある。

伐採は人工林で行われており、天然林の大規模伐採のリスクは少ない。

生物種としての希少性については、IUCNの「レッドリスト」では「低リスク（LR/LC）」と評価されており、絶滅危惧リスクはない。

東京までの距離はおよそ7,000～8,000kmである。

耐朽性は「中」であり、通気性を確保すれば長期間の使用も可能である。東シベリアに分布するアカマツと同種であり、特徴は類似しているが、肌目がシベリア産のものに比べ粗い。建築一般に広く用いられている。

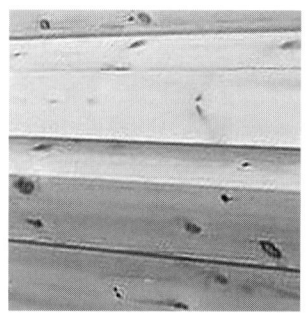

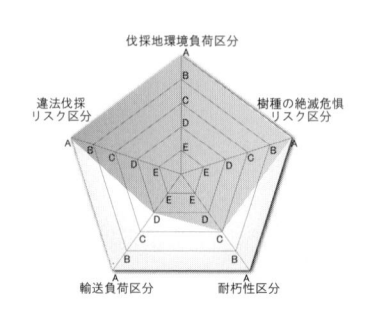

欧州材

ホワイトウッド、ドイツトウヒ、欧州トウヒ
（学名：*Picea abies* ／科目：マツ科トウヒ属）

スウェーデンやフィンランド、オーストリアなどにおける主要な林業樹種である。

フィンランドの一部ではユネスコの「生物圏保護区」に指定されている地域もある。

スウェーデンやフィンランド、オーストリアでは、森林管理行政は機能しており、違法伐採のリスクはほとんどないが、ラトビアなどバルト海諸国やロシア産の木材も調達されており、これらの地域の木材には違法伐採のリスクがある。

伐採は人工林で行われており、天然林の大規模伐採のリスクは少ない。

生物種としての希少性については、IUCNの「レッドリスト」では「低リスク（LR/LC）」と評価されており、絶滅危惧リスクはない。

東京までの距離はおよそ7,000～8000kmである。

耐朽性は「極小」であり、通気性には十分な配慮が必要である。集成材管柱等、ラミナ材として広く用いられている。

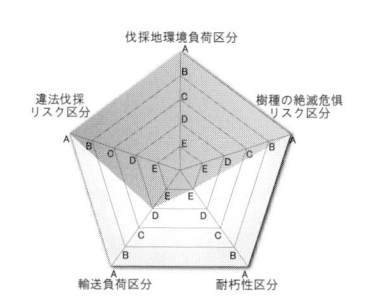

対策編

スギ
(学名：*Cryptomeria japonica* ／科目：スギ科スギ属)

　北海道の南西部から鹿児島まで日本列島に広く分布している固有の樹種。日本の主要な林業樹種として江戸時代から各地で造林されてきた。とりわけ戦後の高度経済成長期には、集中的に拡大造林が行われた。

　日本列島は年間降水量は1,000〜4,000mmにも達する温暖湿潤な気候で、植物の生育に適した環境であり、生物多様性の高い世界的にもユニークな生態系を有する。そのため、CIの「生物多様性ホットスポット」に指定されている保護価値の高い地域である。

　「伐採は数ha程度の皆伐、その後の再植林は1haあたり数千本を密植、その後10年間、下草刈り、枝打ち、間伐を繰り返す」という世界的にも稀な集約的施業により生産されるが、近年の木材価格の低下により、各生産者とも木材生産に消極的で木材生産量は低迷している。中には間伐すら行われず、光の入らない状態となっている森も多く、下草が生えず土壌が剥き出しで生物多様性も乏しい。このような森林では、土壌の流失、土砂災害、そして風雪害を受ける事例も少なくない。

　日本では、森林管理行政は機能しており、違法伐採のリスクはほとんどない。しかし厳密的には義務化されている皆伐後の再植林が放棄された林地も各地で見られるようになり、問題視されている。

　生物種としての希少性については、IUCNの「レッドリスト」では「低リスク(LR/NT)」と評価の対象にはなっているが、植林されたスギに関しては豊富すぎるほど存在しているが、近年は、中国産のスギ(雲スギ、柳スギ、冷スギなど)も多く流通している。

　東京までの輸送距離は北海道や九州でも1,000km未満である。

　耐朽性は「中」であり通気性に配慮すれば長期間の使用に耐えることができる。心材である赤身の部分の耐朽性はヒノキよりも高いといわれる。

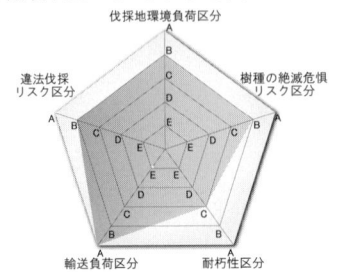

国産材

… 森林の見える木材ガイド

ヒノキ
（学名：*Chamaecyparis obtusa* ／科目：ヒノキ科ヒノキ属）

　北海道の南西部から鹿児島まで日本列島に広く分布している固有の樹種。日本の主要な林業樹種として江戸時代から各地で造林されてきた。とりわけ戦後の高度経済成長期には、集中的に拡大造林が行われた。

　日本列島は年間降水量は1,000〜4,000mmにも達する温暖湿潤な気候で、植物の生育に適した環境であり、生物多様性の高い世界的にもユニークな生態系を有する。そのため、CIの「生物多様性ホットスポット」に指定されている保護価値の高い地域である。

　「伐採は数ha程度の皆伐、その後の再植林は1haあたり数千本を密植、その後10年間、下草刈り、枝打ち、間伐を繰り返す」という世界的にも稀な集約的施業により生産されるが、近年の木材価格の低下により、各生産者とも木材生産に消極的で木材生産量は低迷している。中には間伐すら行われず、光の入らない状態となっている森も多く、下草が生えず土壌が剥き出しで生物多様性も乏しい。このような森林では、土壌の流失、土砂災害、そして風雪害を受ける事例も少なくない。

　日本では、森林管理行政は機能しており、違法伐採のリスクはほとんどない。しかし厳密的には義務化されている皆伐後の再植林が放棄された林地も各地で見られるようになり、問題視されている。

　生物種としての希少性については、IUCNの「レッドリスト」では「低リスク（LR/NT）」と評価の対象にはなっているが、植林されたヒノキに関しては豊富すぎるほど存在している。

　東京までの輸送距離は九州でも1,000km未満である。

　耐朽性は「大」であり長期間の使用に耐えることができる。

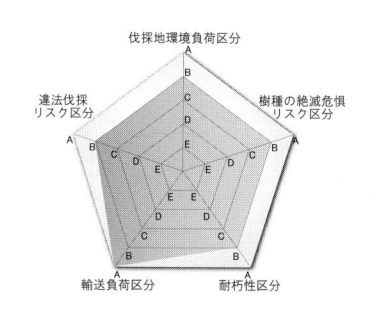

国産材

マホガニー、ホンジュラスマホガニー

(学名：*Swietenia humilis, Swietenia macrophylla, Swietenia mahagoni* ／
科目：センダン科マホガニー属)

メキシコ南部から、コロンビア、ベネズエラ、ペルー、ボリビア、ブラジルなど中南米に分布している。また世界の熱帯各地に造林されており、重要な造林樹種のひとつである。天然木もまだ市場で見られるが、造林されたものが多くなってきている。*Swietenia mahagoni* は西インド諸島などに分布する。

世界の三大熱帯林に数えられる南米の熱帯林を含むこの樹種の分布域は、生物多様性に富み、保護価値の高い森林生態系を育んでおり、WWFの「グローバル200」、CIの「生物多様性ホットスポット」にも指定されている地域である。

違法伐採のリスクについては、この樹種の市場価格が高価なことから、移民等による盗伐が絶えないため、そのリスクは高く、十分な配慮が必要である。また、森林資源をめぐっての政府と先住民との衝突も多く報じられており、社会的リスクも考慮する必要がある。

IUCNの「レッドリスト」では、*Swietenia mahagoni* が「絶滅危惧高い（EN）」、*Swietenia humilis* と *Swietenia macrophylla* は「絶滅危惧やや高い（VU）」と評価されており、その急激な分布域の減少等が危惧されている。また、ワシントン条約（CITES）の付属書Ⅱにも掲載され、商業取引についても厳しく制限されている樹種である。

東京までの輸送距離は直線距離で10,000kmを超え、長距離輸送を強いられ、環境負荷は小さくない。

耐朽性は「大」。材は丈夫で加工しやすく、特に心材は赤みをもった美しい光沢を示すことから、高級家具やギターなど楽器用材として高い人気がある。また銘木は造作材などにも使用される。

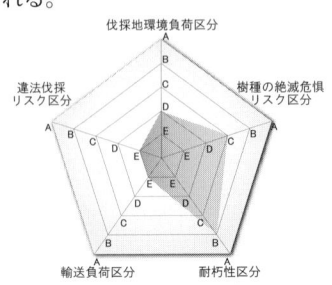

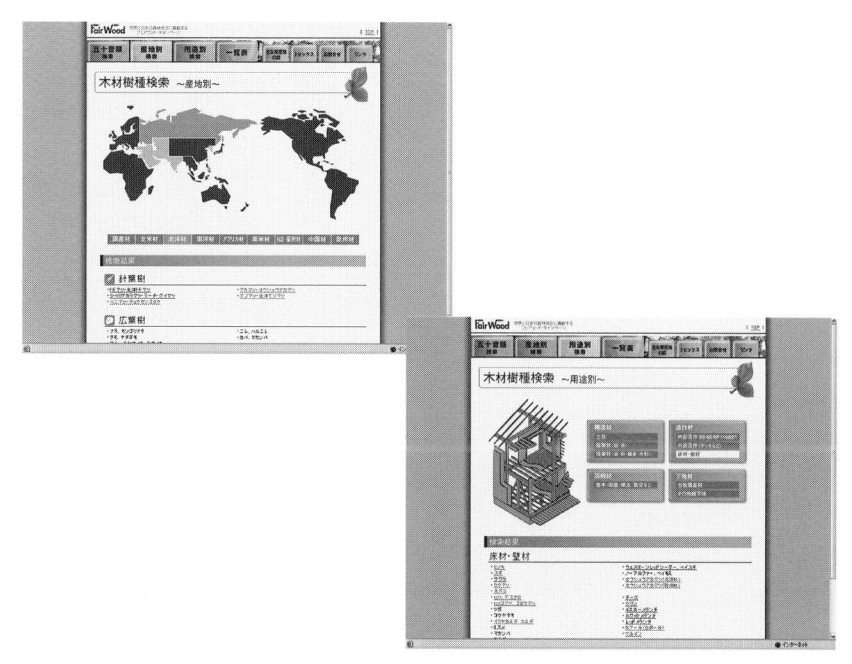

【引用資料の解説】
- ●世界自然保護基金（WWF）「グローバル 200」
  WWF が世界各地の代表的な自然環境を含んでいる地域を、陸域、淡水域、海洋、それぞれから生息している生物の種数や地域などに偏らずに選んだもの。
- ●世界資源研究所（WRI）「Intact Forest」
  WRI が未開拓な森林分布を地図にまとめたものである。
- ●コンサベーション・インターナショナル（CI）「生物多様性ホットスポット」
  CI が地球規模で緊急かつ戦略的に保全すべき地域として特定した地域。日本を含む世界 34 ヵ所が特定され、地表面の 2.3％しかカバーしないにもかかわらず最も絶滅が危惧される哺乳類、鳥類、両生類の 4 分の 3 がこれらの地域に集中している。
- ●国際自然保護連合（IUCN）「レッドリスト」
  IUCN が世界規模で作成する、絶滅のおそれのある野生生物種のリスト。自然保護の優先順位を決定する手助けとなる。
- ●ユネスコ（UNESCO）の「生物圏保護区（Biosphere Reserve）」
  ユネスコの「人および生物圏の計画（Programme on Man and the Biosphere, MAB）」に基づいて成立した国際的な保護区。2006 年 12 月現在で 102 ヵ国 507 保護区が登録されている。

おわりに
～フェアウッド・キャンペーンが成し遂げたこと、その先にあるもの～

(満田夏花／地球・人間環境フォーラム)

■互いの強みを活かして

　フェアウッド・キャンペーンは、私が経験した環境保全運動としては、掛け値なしに最も成功したものの一つである。2003 年ごろから、国際環境 NGO FoE Japan と、環境省所管の環境団体である(財)地球・人間環境フォーラムが協働して進めてきたこのキャンペーンは、国際的なネットワークを有し森林の「現場」情報に強い FoE Japan と、国内的なネットワークを有し事務能力や運動の「組織化」に強い地球・人間環境フォーラムの両者の長所が相乗効果となって、大きな効果をあげてきた。さらにここに、2006 年から日本の誇る環境研究機関である、(財)地球環境戦略研究機関(IGES)が加わったことは幸いであった。

■川上から川下まで～現場情報の発信に成功

　フェアウッド・キャンペーンは、木材の川上である、ロシアやインドネシア・マレーシアなどの生産国の情報を、効果的に発信し、木材製品の下流側である、日本の企業や行政への提言につなげることに成功している。つねに「需要者としての責任」「需要者としての力」を辛抱強く言い続け、現場情報を発信し続けた。欧米にも調査に出かけ、需要者・消費者としての、政府、業界、企業の取り組み事例を収集した。

　日本国内では企業の社会的責任(CSR)を求める世論の波にのり、多くの関係企業の注意を引き、いくつかの企業に行動を開始させることに成功した。キャンペーンがあげたもっとも大きな成果は、「グリーン購入法」の基本方針に木材・紙製品の原料に関する事項(合法性の確認、持続可能性への配慮)

おわりに

を入れたことであろう。これは私にとっても思い出深い経緯がある。

■イギリス出張でのこと

　事の発端は 2004 年 6 月、FoE Japan の中澤健一さん、熱帯林行動ネットワーク（JATAN）の小浜崇宏さんと三人で、イギリスに調査出張に行ったことだと考えている。イギリスは、世界の森林資源保全という観点から、違法伐採対策で世界を牽引していた。イギリス政府はいち早く、政府木材調達方針を策定し、木材産業団体である TTF（木材貿易連盟）は、「責任ある木材調達方針」を打ち出していた。木材関係のホームセンターやガーデンファニチャーなどを扱う企業は、それぞれ自社の方針を策定し、公表していた。これらの方針の内容や効果・障害などの聴き取りが出張の目的だった。

　私たちは、イギリス政府や業界団体、B&Q（第 2 章参照）やマークス＆スペンサーなどの名だたる企業を訪問した。出てきた各機関・企業の担当者は、なぜ需要側で違法伐採対策や認証木材の推進が必要かについて熱弁をふるい、効果を自慢し、日本やその他の消費国でも対策が必要であると強く訴えた。彼らの、まるで NGO のような発想と熱意に、私たちは呆然とし、かつ感動したものである。

　もちろんイギリスといえども、政府や企業、業界団体がはじめからこのような発想をしていたわけではない。大半の場合、環境 NGO からの、ときに痛烈で手厳しい批判やキャンペーンにさらされることが、取り組みのきっかけだった。

　政府は、公共建築物の中の扉が、違法伐採された木材であることをある NGO にすっぱ抜かれた（そんなことは日常茶飯事らしい）。全英で 500 店以上のスーパーマーケットを展開するマークス＆スペンサーは、グリーンピース UK の訪問を受け、「おたくで取り扱っているガーデン・ファニチャーは違法伐採からの木材も多いようです。また破壊的な林業からの木材である可

おわりに

能性もあります。何らかの措置をとらないと、キャンペーンの対象とします」と言われた。現在ではもっとも先進的な取り組みで業界をリードするB&Qでさえ、取り組みのきっかけはFoE-UKによるキャンペーンだった。

■NGOに必要とされるもの

イギリスの政府や企業が、なぜこれほどNGOを恐れるのか。

「イギリスのNGOは、独立した資金源を持ち、科学的な調査能力を持っています。彼らは、確実に市民から信頼され、多くの支持者を持っています。ふつうの買い物客が、財布の中に、グリーンピースの企業評価カードを入れ、買い物のときの参考にしているのです。私だってそうですよ」とマークス＆スペンサーのCSR担当者はそう説明してくれた。

この話は面白くはあったが、私たちを勇気づけるものではなかった。「日本とはあまりに違う…」。日英のNGOを取り巻く状況のあまりの差に呆然とし、不安を感じ、どちらかというと意気消沈したものである。立て板に水のように勢いよく話すNGOの担当者と会い、再び度肝を抜かれたあと、中澤さんがポツリとつぶやいたことをよく覚えている。

「僕ら、なんだか大人の世界に迷い込んだ幼稚園児みたいだね」。

資金力、調査力、動員力、企業や行政とのパイプ、マーケティング力。そして何よりも社会からの幅広い支持。NGOに必要とされるさまざまな力は、いずれも私たちには足りないものばかりであった。

■なりふりかまわぬ政策提言活動

とはいうものの、帰国後、私たちはそれぞれの立場から懸命の活動を展開していった。環境省、林野庁、国土交通省の担当部課を訪問し、イギリスでの調査結果や、森林生産地の状況などについて、誰かれかまわずインプットし、「日本でも、政府の木材調達方針が必要」と説いてまわった。

おわりに

　それぞれがもつささやかなメディアに記事を書いたり、行政の検討会で報告を行ったりもした。WWFジャパンやグリーンピース・ジャパンなど、いくつかのNGOで協力しあい、紙や木材に関する「共同宣言」を出したり、紙の研究会を開催したりしたのは、関連企業とのパイプを築く上でも大きな成果だったと思う。

　しかし、行政側の対応は芳しいものではなかった。関係者は口をそろえて言ったものだ。「政府の木材調達方針をつくるという意義はわかる。が、イギリスのようなわけに、日本ではいかない。日本で何かのルールをつくるためには、その実施可能性について厳密に検討をし、業界の支持を得るために根回しをしないとだめだ。それには相応のコストもかかる。ある程度の社会的要請があればまだしも、残念ながらこのテーマは決して社会の関心が高いものではない」。

自民党の違法伐採対策検討チーム

　そんな中で状況を変えたのは、自民党の違法伐採対策検討チームとの対話である。当時、故・松岡利勝議員を座長としていたこの検討チームは定期的に会合を開き、違法伐採問題に関する「勉強」を重ねていた。このチームは、森林保全に関する国際的な動向を取り扱ってはいたが、当初は、国内林業の衰退にはどめをかけたい、いわゆる「国内農林族」的な色彩が強かったように思う。座長の松岡議員が「NGOの話も聞きたい」とFoE Japanなどのエンゴを招聘し、対話が始まったように記憶している。フェアウッド・キャンペーン側からは、生産国の状況、欧米などの消費国におけるさまざまな取り組みについて情報提供をさせていただいた。

　これがどの程度、功を奏したかは不明であるが、2005年に入ってからの同チームの活動はにわかに活発化した。「グリーン購入法に違法伐採対応を入れる」という明確な目標のもと、業界団体、企業、行政とヒアリングを繰

り返した。行政も議員からハッパをかけられて、にわかにやる気になった。

2005年の秋ごろには、方針は固まり、林野庁がグリーン購入法の木材製品に関するガイドラインを策定。このガイドラインをめぐっても、行政とNGO、業界の間には大議論、といわぬまでも、綱引きが展開された。私たちも、なりふりかまわず、自民党や関係各省宛に要請文を連発し、個別に働きかけ、せっかく作るのであれば少しでも良いものをと、なんとかこちらの意を伝えようとがんばったものだ。2006年にはグリーン購入法の基本方針に、木材の原料配慮についての内容が盛り込まれた。これは大きな社会的インパクトをもたらしたし、重要な一歩であった。が、未だにその内容や行政側の確認手法については、私たちとしては大いに改定の余地があると考えている。

■ その後のフェアウッド・キャンペーン

その後、私自身は、パーム油や鉱物資源、国際金融機関の環境社会配慮などのテーマに気をとられてしまい、フェアウッド・キャンペーンには片足を置いたような中途半端な状況で関わってきた。しかし、キャンペーンに関わるスタッフの専門性は高まり、活動の内容はますますその質を高めていったと思う。何よりも活動を継続的に行うことにより、多方面でのネットワークが構築されていった。

国内で林業に取り組む各地の林業家たち。地場産の木材を使おうとするやる気のある工務店。森林問題をテーマに研究活動に取り組む研究者。とりわけ中露国境の木材流通の実態を、自費で長年研究してきた山根正伸さん。自社の購入方針を検討する企業。インドネシア、ロシア、中国、マレーシア、イギリス、アメリカなどの海外のNGOの仲間たち。

これらのネットワークがフェアウッド・キャンペーンの活動の質を支え続けていると思う。また、多くのインターンやボランティアが、調査や翻訳、セミナー開催などに活躍し、活動を力強く支えてくれている。

おわりに

▎岐路に立つ日本のNGO

　古株の森林関連NGOの関係者は、よく1980年代の後半ごろの熱帯材をめぐる国内世論の盛り上がりを懐かしそうに口にする。連日のようにマスコミが熱帯材問題を取り上げ、NGOが元気よくキャンペーンを行い、熱帯材を使い捨てにしてきた自治体や企業を糾弾。この効果があり、多くの自治体が、公共工事に使用していたコンクリート型枠の熱帯材パネルを使用しない方針を打ち出した。

　そのころのような世論の盛り上がりは今はない。海外の森林破壊の問題も、木材の持続可能性の問題は、一部のNGOが真剣に取り組んではいるが、めったにマスメディアは取り上げないし、国民の関心は、より自分たちの生活に直結する問題に向けられる。海外の問題には関心はうすく、NGOのことをボランティアであると考えている。よってNGOに寄付をするような風潮はあまりない。

　企業は「CSR」を合言葉に、環境社会的な取り組みを強化してはいる。その中でNGO連携の重要性がさかんに強調されてはいる。しかし、ここでいう「NGO連携」で求められているのは、たいていは例えば植林を一緒にやる、社会貢献活動を一緒にやる、使い勝手のよいパートナーだ。ブランド名があればなおさらよい。企業活動の根幹にかかわる「調達」行為にうるさいことを言うNGOは、あまり歓迎されない。ときには危険視される。

▎フェアウッドの未来

　そんな日本社会の現在は、政策提言型のNGOにとっては生存の危機である。フェアウッド・キャンペーンにとってもまた然り。相変わらず資金力はない。が、調査能力や専門性はかなり向上してきた。国内外のネットワークもできてきた。その中でフェアウッドはいったい何を目指すのか。

おわりに

　テーマとして、需要側から「持続可能な森林経営」「世界の森林の保全」に寄与することは不変だろう。機能としてはどうだろう？　行政・企業にとってのよきアドバイザー。社会性・専門性を持ったコンサルタント集団。いずれも一つの選択肢であろう。

　しかし、私としてはそれだけでは留まりたくない。やはり私たちの根本はNGOである。行政、企業のよきパートナーでありつつも、常にあるべき姿を問いかけ、指し示し、ときには批判・糾弾し、対話し、議論し、緊張感のある関係を維持していきたい。そして、そうした活動を維持するためには、やはり社会からの支持が必要なのである。

　フェアウッド・キャンペーンは、日本における小さな市民運動として、限られた人的資源を主に行政や企業とのやりとりに費やしてきた。その戦略は正しいと思う。しかし、一般消費者への働きかけという意味では、必ずしも何かをしてきたわけではない。やみくもに何かをするということは意味がないが、工夫の余地はあるだろう。これからは、フェアウッドが消費者への働きかけという意味でも活動し、そのときどきの国際的な要請に即した形で、世界の森林保全に需要側から取り組む日本型社会運動として発達していってほしい。フェアウッド担当者の一人として、また、フェアウッドの成長を見守ってきた者としてそう思うこの頃である。

索　引

A

AAC　153
APL　122
AQ　92

B

B&Qの木材購入方針　70
BRIK　117

C

CASBEEシステム　91
CI　26、225
CITES　26
CoC認証：Chain of Custody　204、228
Common Auditing Framwork　56
CPET：Central Point of Expertise on Timber　51
CPI　193
CSA　70

D

DFID　40
DKB　121

E

EIA：Environmental Investigation Agency　126
Environmental Timber Purchasing Policy　56
EPAT：Environmental Paper Assessment Tool　77
EU-FLEGT：EU-Forest Law Enforcement and Governance Prade　40

F

FAO森林資源評価2005　23
FFCS認証　68
FLEGTライセンス　212
FLEG地域閣僚プロセス　34

索 引

FM認証　228
FSC　70、228

G

G8　23
G8森林行動プログラム　31、32
GFTN：Global Forest and Trade Network　69、70、131
Global Timber　29
GLOBE　33、36
GPN　89
GPNガイドライン　85、89

H

HCVF：High Conservation Value Forest　223
HD　22
HPH　114
HTI　116、118

I

IB　22
IFF　30
ILO　119
IMF　127

IPF　30
IPK　116
ITTO　31
IUCN　145
IVLT　132

J

JAS　92
JIS　22

K

KBNK　122

L

LEI：Lembaga Eco-Label Institute　69
LHC　121
LHP-KB　121
LOV　128
LPI　127
LVL　21
LVP　132

M

MDF　22

MEP　45
MTCC　69、71

O

OLB：Origine et Legalite des Bois　74
OSB　21

P

PEB　124
PEFC：Pan European Forest Certification Schemes　70、230
PHAPL　127
Programme for Endorsement of Forest Certification Schemes　230
PSL　21
PWG：Paper Working Group　76

Q

Quest方式　70

R

REACH規則　82
RIIA　41

RKT　121
RoHS指令　82
RPP：Responsible Purchasing Policy　56
RPPオンライン　60

S

SFI　70
SKSKB　123
Supply Chain Audit　132

T

Talapak　27
TFT：Tropical Forest Trust　63、205、212
TI：Transparency International　59、193
TLAS：Timber legality Assurance System　44、209
TracElite　132、205
TTAP：Timber Trade Action Plan　56、63
TTF：Timber Trade Federation　45、55、56、59

273

索　引

U

UNEP 生物多様性に関する報告書　25
UNFF　30

V

VPA：Voluntary Partnership Agreement　42、209

W

WLS：Wood Legality Standard　209
WRI　26、226
WSSD　32
WWF　26、225

あ

アカシアマンギューム　245
アカマツ　256
アジア森林パートナーシップ　34
アブラヤシ　24
アラスカシーダー　254
アルビジア　250
イエローシーダー　254

インシュレーションファイバーボード　22
インドネシアエコラベル協会　128
ウリン　246
英国王立国際問題研究所　41
英国国際開発省　40
英国木材貿易連盟　45
エコシステムアプローチ　26
エコマーク基準　87
エコマーク制度　85
エゾマツ　240
欧州アカマツ　243、256
欧州トウヒ　257
オールドグロース　14
オレゴンパイン　255

か

カーボンストック　20
カーボンニュートラル　20
化学物質の登録、評価、認可及び制限に関する欧州議会及び理事会の規則　82
紙調達に関するワーキンググループ　76
カプール　247

索 引

カポール 247
環境に配慮した木材業者協会 174
環境木材調達方針 56
気候変動と経済に関するスターン・レビュー 23
貴重樹種リスク 192
共通した監査枠組み 56
許容伐採量 153
グイマツ 244
国等による環境物品等の調達の推進等に関する法律 36
グリーン購入ネットワーク 88
グリーン購入法 36
グリーン調達 80、82
グリーンピース・ジャパン 84
グレンイーグルス・サミット 33
グローバル200 26、225
グローバル森林トレードネットワーク 131
建築物の総合環境評価研究委員会 91
原料供給証明書 86
合法原産地検証システム 129
合法証明ライセンス 209
合法性検証プログラム 132

合法性証明システム 212
合法丸太証明 123
国際自然保護連合 145
国際通貨基金 127
国際熱帯木材機関 31
国際労働機関 119
国連環境開発会議 30
国連環境計画 25
国連森林フォーラム 30
コントロールウッド基準 70
コンゴ川流域森林パートナーシップ 34
コンサベーション・インターナショナル 26

さ

サプライチェーン管理 202
産業用植林事業権 116
産業用造林 118
自主的パートナーシップ協定 42、209
持続可能天然林管理 127
持続可能な調達タスクフォース 53
持続可能な開発に関する世界首脳会議 32

275

索 引

シトカスプルース　253
シベリアカラマツ　244
集成材　21
主要国首脳会議　23
森林に関する政府間パネル　30
森林違法伐採対策に関するG8閣僚声明　33、34
森林管理協議会　228
森林原則声明　30
森林事業権　114
森林条約　30
森林生態系に配慮した紙調達に関するNGO共同提言　83、232
森林に関する政府間フォーラム　30
森林認証制度　227
森林の違法伐採に関する声明　92
森林フォンド　147、150
森林法施行、ガバナンス及び貿易に関するEU行動計画　34
森林法の施行に関する東アジア閣僚会議　31
スギ　258
ストップ・ラミン！キャンペーン　27
生物多様性条約　26

生物多様性ホットスポット　26、225
世界資源研究所　26
世界自然保護基金　26
責任ある調達方針　56
絶滅のおそれのある野生動植物の種の国際取引に関する条約　26
セランガンバツ　248
センゴン　250
全米林産物製紙協会　28

た

第三者検証プログラム　132
第三者合法木材確認　132
ダグラスファー　255
タモ　241
他用途地域　122
チーク　249
地球サミット　30
地球環境国際議員連盟　33
チャイニーズ・ペネトレーション　156
チャタムハウス　41
チョウセンゴヨウ—生命の樹　175
電気・電子機器に含まれる特定有害

物質の使用制限に関する欧州議会
及び理事会指令　82
ドイツトウヒ　257
独立評価機関　127
トラックエリート　132
トランスペアレンシー・インターナ
ショナル　193

な

ナラ　242
日本工業規格　22
日本農林規格　92
熱帯林行動ネットワーク　84
熱帯林トラスト　63
年次伐採計画　121

は

パーティクルボード　22
ハードファイバーボード　22
バーミンガム・サミット　31、40
パラウ　248
汎ヨーロッパ森林認証制度　230
東アジアFLEG　31
ヒノキ　259
ビリアン　246

非林業栽培地域　122
ファイバーボード　22
ファルカータ　250
フェアウッド・キャンペーン　36
フェアウッド調達方針　186
腐敗認知指数　193
プランテーション開発　24
ブリアン　246
ブリゲート　140
フロンティア森林（未開拓林）　26
ペーパーワーキンググループ　76
ベイトウヒ　253
ベイヒバ　254
ベイマツ　255
保護価値の高い森林　223
北洋アカマツ　243
北洋エゾマツ　240
北洋カラマツ　244
ボルネオ鉄木　246
ホワイトウッド　257
ホワイトメランチ　251
ホンジュラスマホガニー　260

ま

マホガニー　260

277

索引

丸太伐採報告書　121
マルチステークホルダー林業プログラム　45
マレーシア木材認証協議会　69
未開拓林マップ　226
ミズナラ　242
ミディアムデンシティファイバーボード　22
ミレニアム生態系評価　26
メタファー　76
メルバウ　126
メラピ　251
木材・木材製品の合法性、持続可能性の照明のためのガイドライン　37
木材供給経路監査　132
木材合法性基準　209
木材合法性保証制度　44
木材産業活性化機構　117
木材製品自主表示推進会議　92
木材調達アドバイスノート　51
木材調達方針　186
木材貿易行動計画　56、63
木材貿易連盟　56
木材利用許可　116、122

木質建材の認証　92
モンゴリナラ　242

や

ヤチダモ　241
輸出物品申告書　124
ヨーロピアレッドウッド　243

ら

ラーチ　244
ラミン　26
ラミン伐採・取引禁止令　26
ラワン　251
立木調査報告書　121
レッドウッド　256
レッドメランチ　252
レッドラワン　252
レッドリスト　26

わ

ワシントン条約　26

2008年7月28日　第1版第1刷

フェアウッド
―森林を破壊しない木材調達―

編著者 ────── 国際環境 NGO FoE Japan
　　　　　　　　　地球・人間環境フォーラム
カバー・デザイン ── 峯元　洋子

発行所 ────── 森と木と人のつながりを考える
　　　　　　　　㈱日本林業調査会
　　　　　　　　東京都新宿区市ヶ谷本村町3－26 ホワイトビル内
　　　　　　　　TEL 03-3269-3911　FAX 03-3268-5261
　　　　　　　　http://www.j-fic.com/
　　　　　　　　J-FIC（ジェイフィック）は、日本林業
　　　　　　　　調査会（Japan Forestry Investigation
　　　　　　　　Committee）の登録商標です。

印刷所 ────── 藤原印刷㈱

定価はカバーに表示してあります。
許可なく転載、複製を禁じます。

Ⓒ 2008 Printed in Japan. FoE Japan & Global Environmental Forum

ISBN978-4-88965-182-9

再生紙をつかっています。